电子硬件工程师入职图解手册

硬件知识篇

陈韬 编著

人民邮电出版社
北京

图书在版编目（CIP）数据

电子硬件工程师入职图解手册. 硬件知识篇 / 陈韬编著. -- 北京 : 人民邮电出版社, 2023.6
ISBN 978-7-115-60829-1

Ⅰ. ①电… Ⅱ. ①陈… Ⅲ. ①硬件－岗位培训－技术手册 Ⅳ. ①TP33-62

中国国家版本馆CIP数据核字(2023)第024057号

内容提要

这是一本专为电子硬件工程师编写的书。本书先整体介绍电子硬件工程师的岗位职能和能力要求；详细介绍了电子设备的电源、温度、电子芯片电平，以及基础工具与接口等电子硬件通用知识；着重介绍了 RS485 总线知识，主要是围绕硬件故障、RS485 故障案例，通过对数据手册的研读，配合生动的图画，阐述每一个故障背后的硬件理论知识和国内外行业标准，同时讲述相关电子行业的历史故事；再介绍在工程实践中如何结合国家行业标准逐步分析并排查故障，从而提出解决方案；还以工程实践经验为素材，介绍电子硬件工程师可借鉴、应用的硬件复位、算法提炼等知识和技巧；最后按项目流程介绍了电子硬件工程师典型的工作场景。为了增强本书的趣味性，本书以电子硬件工程师的独特视角绘制了场景式的漫画，生动展示了电子硬件工程师的工作特点。

本书适合电子硬件工程师、硬件测试工程师、电子专业的学生和广大电子爱好者阅读。此外，本书还可作为电子硬件工程师的入职培训书。

◆ 编　　著　陈　韬
　责任编辑　李永涛
　责任印制　王　郁　胡　南
◆ 人民邮电出版社出版发行　　北京市丰台区成寿寺路 11 号
　邮编　100164　　电子邮件　315@ptpress.com.cn
　网址　https://www.ptpress.com.cn
　北京九州迅驰传媒文化有限公司印刷
◆ 开本：700×1000　1/16
　印张：16.25　　　　2023 年 6 月第 1 版
　字数：262 千字　　　2025 年 1 月北京第 4 次印刷

定价：79.90 元

读者服务热线：(010)81055410　印装质量热线：(010)81055316
反盗版热线：(010)81055315
广告经营许可证：京东市监广登字 20170147 号

前言

PREFACE

多年前，笔者刚走上电子硬件工程师岗位时，在电路调试、电磁兼容（Electro Magnetic Compatibility，EMC）等方面遇到了很多问题，虽然阅读了大量专业书籍，可依然有很多弄不明白的地方。工作到第二年的时候，甚至想过放弃硬件研发工作，改行去做销售或文化创意类工作，因为硬件研发工作需要的知识和技能太多、太琐碎。在最初几年的设计工作中，笔者总是遇到各种意想不到的难题，就像走在一条漆黑的道路上，看不见道路两旁的景色，也看不到路的尽头。笔者当时就期待：如果有一本书，将专业知识和新人工作中的困惑答疑结合起来，那该有多棒！这样肯定能减少新人的很多苦恼。

在电子应用领域，每一位电子硬件工程师即使面对相同的功能需求，也会有不同的设计思路，每一个设计方案都是其智慧的结晶。新人即使借用他人的电路设计，往往也要经历软硬件调试、客户故障反馈、认证测试等环节的反复磨练之后才能收获些许经验，才能明白“移植电路、借用电路，不等于100%照抄电路”的道理。

工作多年后，笔者在电子硬件设计领域渐渐地有了自己的体系化思路，了解到身边来来往往的新人的困惑，就想起自己当时的心情。笔者寻思自己或许可以为电子硬件工程师这个岗位、电子学科、电子行业做些什么，便开始准备编写本书的素材。

笔者编写本书的情怀正如中国北宋著名思想家张载所言：“为天地立心，为生民立命，为往圣继绝学，为万世开太平。”笔者认为：电子领域的标准、跨专业书籍浩如烟海，因此不能苛求每个工作者都有足够的精力、时间去一一阅读并理解。如果在某一方面能将个人学习到的实用知识进行归纳与总结，那么既能在实际工作中供自己查阅，还能供他人学习参考，亦能为电子行业做一份贡献。每个人做一份贡献，电子行业将会发展得更好。

本书在知识点中以趣味插画的形式绘制了电子硬件工程师的工作场景，希望能让阅读本书的技术工作者产生一些共鸣。

本书适合电子设计类相关专业学生，以及从事电子电路设计、产品测试的技术工作者阅读。此外，本书可作为科研企业新人入职培训的参考书。

本书是笔者根据国家标准、文献资料及多年的工作经验整理所得，但由于笔者个人能力、水平有限，见识阅历不足以涵盖各细分领域，恐书中仍有不少纰漏和问题，敬请谅解。

感谢您选择了本书，也欢迎您把关于本书的意见和建议告诉我们，电子邮箱：liyongtao@ptpress.com.cn。

陈 韬

2023年1月15日

目录

CONTENTS

绪 论

工程师要想快速成长，就要向书本学习、向实践学习、向同事学习，即阅读大量与工作相关的书籍，借鉴前辈们的经验，以获得更大的发展。

工程师设计产品时缺乏信心，主要是缺乏实践与理论相结合的经验。

在技术积累的过程中，获取知识和经验大致有两个途径：①随着工作年限的增长，参与的项目累加，被动地获取知识和经验；②在工作之余，阅读大量相关的书籍，吸取他人的经验，不断加强技术储备。

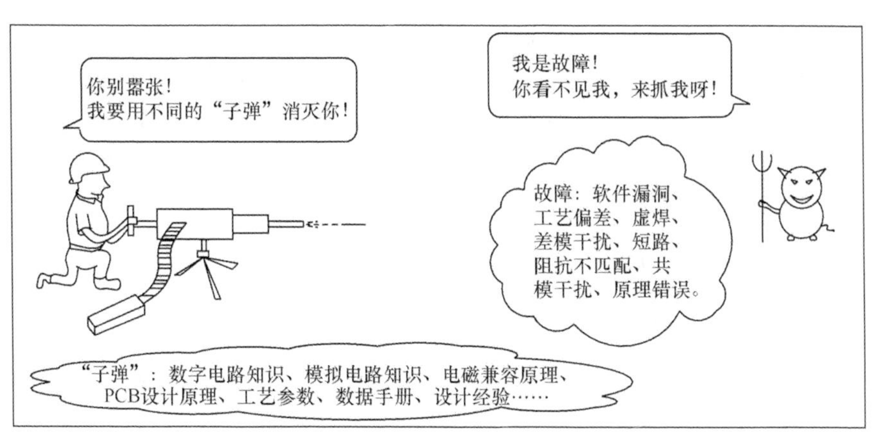

知识是解决问题的“弹药库”

电子硬件设计的可持续性发展需要满足“5可”原则，即可预测、可设计、可验证、可复用、可传承。

技术会与时俱进，会应用技术并不代表有绝对竞争力，从事技术研发及应用的开发人员应学习的是技术沉淀后的智慧和文化。任何岗位的人员在职业道路上都需要积累经验和技巧，从实践中总结规律，构建方法体系，制订出适用的规范流程，最终提炼出具有传承性的科学原理、智慧和文化。

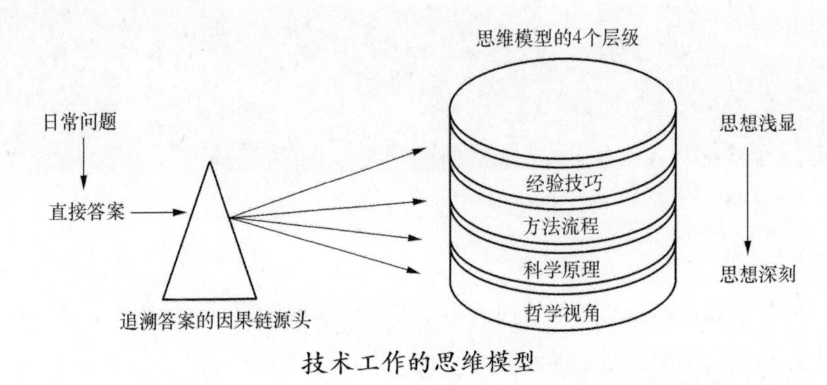

技术工作的思维模型

为了清晰而准确地讲解知识点，本书将以国际标准、国家标准、行业规范及行业中主流的芯片数据手册作为依据。此外，建议读者在阅读本书的同时多阅读相关领域的专业书籍。

期待每一位处于电子硬件设计迷途的“骑士”都能进入以国际标准、国家标准、行业规范为护栏的“高速公路”。

祝愿每一位电子硬件工程师在阅读本书后都能有所收获并在工作技能方面有所提升！

第1章 认识电子硬件工程师岗位

1.1 电子硬件工程师的职能

电子硬件工程师就像电子产品的“保姆”，参与从产品规划、印制电路板（Printed Circuit Board，PCB）设计到产品组装的全过程。相较于软件工程师，电子硬件工程师的桌上摆放了更多的工具和设备，如图1-1所示。

图1-1

在电子产品的生命周期中，如果应用业务逻辑出现故障，那么通常需要软件工程师介入进行分析；如果设备在运行过程中有抖动、异响、电磁干扰、烧毁等情况，那么通常需要电子硬件工程师介入进行分析。

在设备制造的产品研发阶段，要完成硬件驱动程序编写和硬件控制逻辑构思等工作，这些工作大多先由电子硬件工程师给软件工程师做技术“交底”，然后由软件工程师进行编程。不同的职业有不同的“武器”，如软件工程师的键盘和编程语言、电子硬件工程师的电烙铁和电子硬件知识，如图1-2所示。

图1-2

电子硬件工程师的核心工作是电路设计、PCB设计、EMC整改，如图1-3所示。

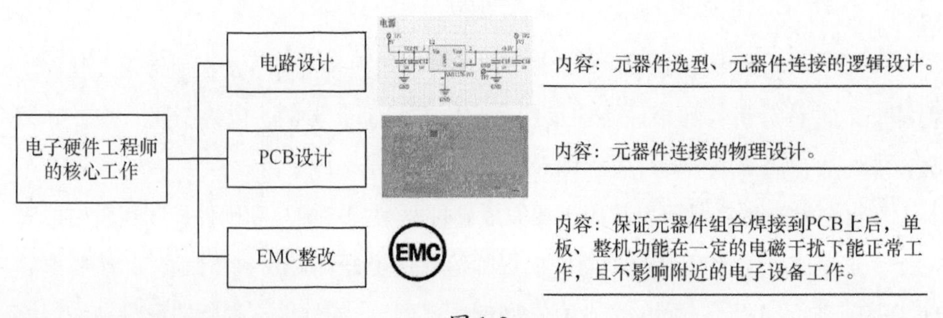

图1-3

电子硬件工程师的三大“法宝”是万用表、示波器、电烙铁，如图1-4所示。

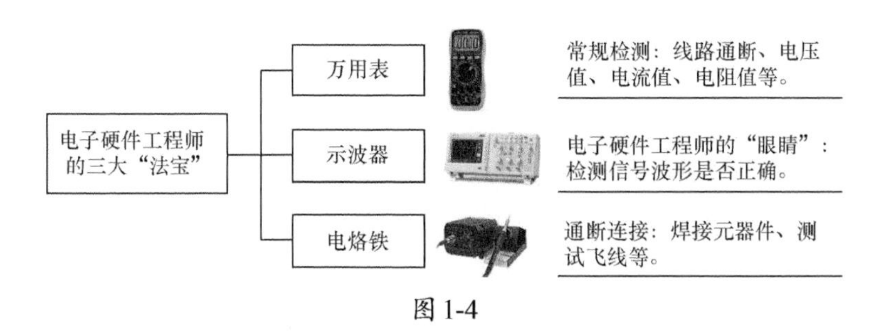

图1-4

1.2 电子硬件工程师必备的知识和能力

电子硬件工程师的知识面要广。为了更好地胜任这个岗位，电子硬件工程师需从基础的电子电路知识开始，逐渐向外发散学习。电子硬件工程师必备的知识和能力如图1-5所示。

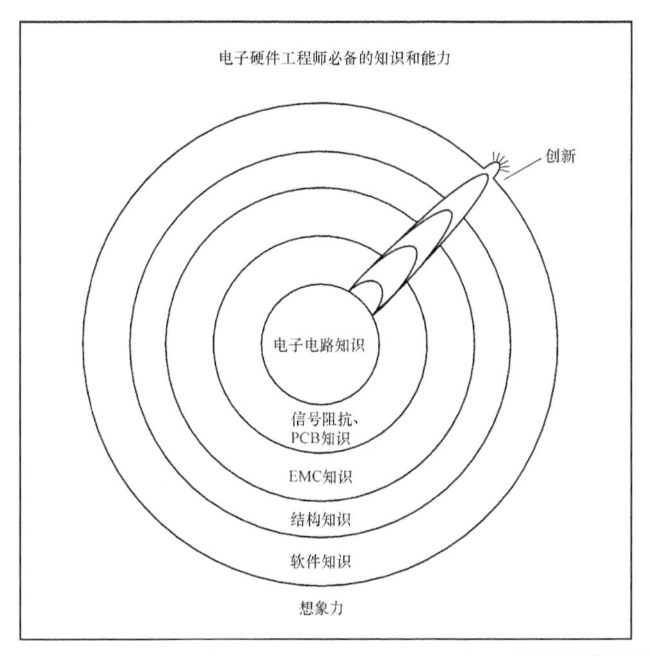

图1-5

（1）电子电路知识：包括电阻、电容、电感、磁珠、三极管、运算放大器、微控制器、逻辑芯片等与电路原理图设计直接相关的元器件知识。

（2）信号阻抗、PCB知识：包括单端阻抗、差分阻抗、微带线、PCB材质、叠层参数、锡焊膏等知识。

（3）EMC知识：包括静电、浪涌、绝缘耐压、高低温、辐射、电压暂降、传导干扰等知识。

（4）结构知识：包括钣金工艺、放样、金属材质强度、屈服强度系数等知识。

（5）软件知识：包括基本编程语言、嵌入式微控制器支持的语言编译器、宿主机组装、软硬驱动结合、操作系统（如Linux）等知识。

（6）想象力：结合生活中的新技术、新知识，组合出新的技术应用场景。

（7）创新：在新的技术应用场景中积累经验和知识，弥补现有技术的不足。

有的公司可能只要求电子硬件工程师掌握和具备上述部分知识及能力，而有的公司则要求电子硬件工程师掌握和具备多方面的知识及能力。电子硬件工程师后期可以转至平台方案工程师、产品规划工程师等与业务紧密结合的技术管理岗位。

1.3 电子硬件设计的“5可”原则

为了电子硬件工程师职业的可持续发展，设计应遵循“5可”原则：可预测、可设计、可验证、可复用、可传承。具体说明如表1-1所示。

表1-1

序号	原则	说明
1	可预测	可利用电子学科知识、专家的预测、电路原理图的等效仿真等进行预测
2	可设计	支持设计工作的软件、电子元器件可以在市场上正常获得，符合设计人员技术水平。 电路设计、PCB设计、工艺设计等符合行业制造水平
3	可验证	PCB板卡成形后关键参数可测量，元器件焊接后关键信号可测量
4	可复用	经过验证的电路原理图、元器件参数、PCB设计可供后续设计参考，以总结出经验。没有提炼和理论支撑的经验不一定能成为可复用的知识
5	可传承	将可复用的设计、可靠而稳妥的产品设计经验提炼并归纳出来，作为工程师培训的案例等

电子硬件工程师在其职业生涯中需要时刻留意的事情如下。

（1）与产品相关的、看得见的、摸得着的东西，电子硬件工程师都要管（如实物器件）。

（2）与产品相关的、看不见的、摸不着的东西，电子硬件工程师需要了解（如软件逻辑）。

（3）随时关注生活中的电子、电气设备，挖掘可以借鉴的技巧，记录、收集生活中的灵感，如图1-6所示。

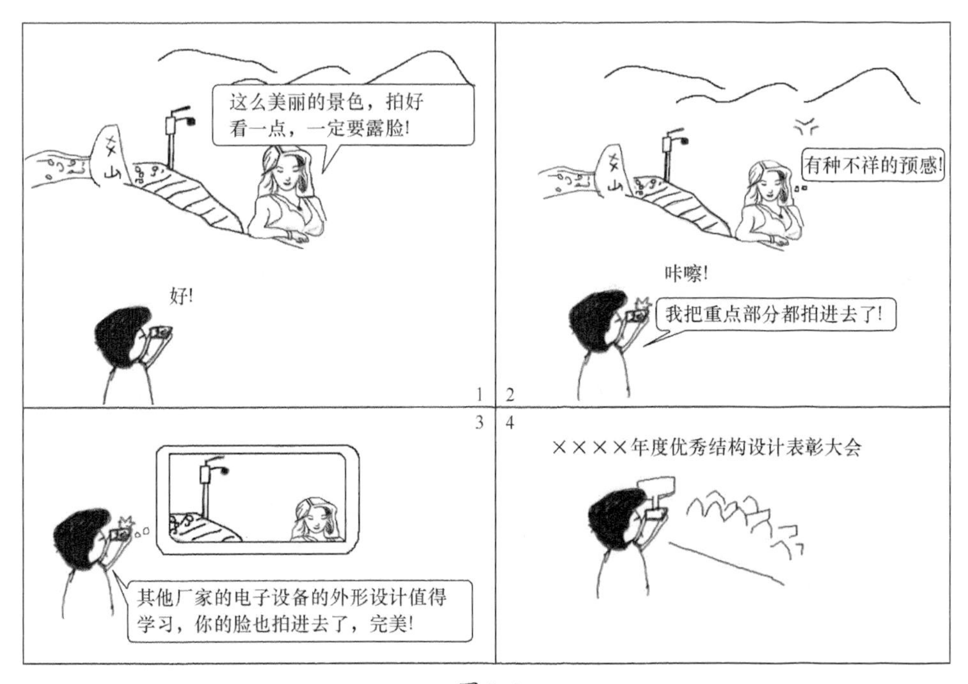

图1-6

细心观察生活，发现其他电子设备具备可学习的地方时，可以及时记录并将其融入自己的产品设计中。

1.4 电子硬件工程师参与产品研发时的工作阶段

电子硬件工程师在参与产品研发时，通常会经历3个工作阶段，如表1-2所示。

表1-2

<table>
<tr><th>阶段</th><th>工作要求</th><th>优点和缺点</th><th>困难程度</th></tr>
<tr><td>第1阶段</td><td>设计新产品</td><td>优点：
（1）电子硬件工程师能够了解产品的设计初衷和功能规划细节；
（2）针对产品出现的各种问题，能很快定位并解决；
（3）增强电子硬件工程师的工作成就感、创新使命感。
缺点：
（1）对综合技能要求较高，需要电子硬件工程师对产品涉及的技术、行业特点、加工工艺等有一定的知识和经验积累；
（2）产品研发的不确定性因素增加，如已经存在的技术在本次产品设计上的应用是否稳定</td><td rowspan="3">难
↑
易</td></tr>
<tr><td>第2阶段</td><td>维护与改善已有产品</td><td>优点：
（1）可以学习和借鉴电路图、PCB设计图；
（2）产品尺寸可以直接继承应用，产品开发风险较低。
缺点：明确结构设计的初衷，不明确功能规划的细节</td></tr>
<tr><td>第3阶段</td><td>从事辅助设计工作</td><td>优点：
（1）在资深工程师的带领和指导下开展工作，随着产品研发工作的展开，年轻工程师可以学习和借鉴电路图、PCB设计图；
（2）了解一个产品从无到有的过程，即“规划→设计→物料准备→焊接和装配→调试→测试→送检→转产”的工序；
（3）工程师能较早地形成良好的工作习惯和思维方式
缺点：业务水平不高，实战技巧提升较慢</td></tr>
</table>

在不同的公司，电子硬件工程师所承担的职责略有差异，但主要职责都包括元器件选型、设计电路图、信号完整性仿真、PCB板卡设计、准备PCB焊接的物料、焊接后的PCB硬件调试、协助软件工程师调试、完成产品的EMC测试等。在产品研发的不同阶段，电子硬件工程师的工作量也不同，产品研发过程中各岗位的参与程度如图1-7所示。

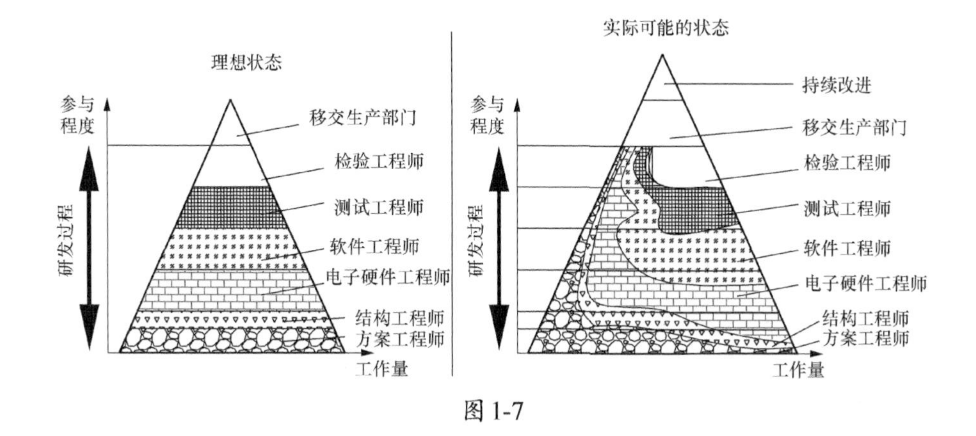

图1-7

（1）理想状态。

• 方案工程师：在详细阅读国家及行业标准和规范，并收集市场需求后，结合企业自身的技术水平，提出新产品的结构外形、产品性能、产品功能等方面的方案。

• 结构工程师：依据产品方案中的结构外形、国家及行业标准和规范，结合材料材质的特性，选取合适的材料；根据加工工艺细化结构参数，为电子硬件工程师提供PCB板卡尺寸参数。

• 电子硬件工程师：依据产品方案选取合适的元器件、设计电路图；依据结构工程师提供的尺寸参数设计PCB板卡，并确保设计的PCB板卡在调试时符合设计初衷。

• 软件工程师：依据产品方案编写代码，在电子硬件工程师设计的PCB板卡上实现产品方案中的全部既定功能。

• 测试工程师：完成产品的整机测试，包括硬件性能、软硬件配合效果的测试，进一步确认硬件、软件设计的合理性和可靠性。

• 检验工程师：进一步对测试工程师验证合格的产品进行整机测试和性能评定，为产品移交生产、批量制造做最后的检测和核查。

• 移交生产部门：将产品的加工图纸、工艺文件等资料移交给生产部门，并培训技术人员，以保障产品生产的可靠性。

（2）实际可能的状态。

在产品的实际研发过程中，每个岗位其实都全程参与整个产品的研发过程，只是在不同阶段的参与程度不同。

电子产品都需要经历电气性能测试和电磁兼容测试阶段。为了顺利通过测试阶段，电子硬件工程师除了要完成所有的电路设计、PCB设计，遵循电子半导体的基本物理规则外，在测试阶段还要花费大量的时间、精力来修改和完善设计。

例如：①为了满足PCB信号的爬电距离要求，电子硬件工程师会参与到结构设计中，要求结构工程师对结构进行修改、完善；②为了减少EMC中的静电、快速瞬变脉冲群对检测模拟信号的干扰，电子硬件工程师往往会在模拟量检测通道中增加电阻、电容、电阻-电容（Resistance-Capacitance，RC）滤波，或要求软件工程师增加滤波、防抖动算法。

典型的产品研发过程：产品规划→设计→调试→产品使用。分解后的研发过程如图1-8所示。

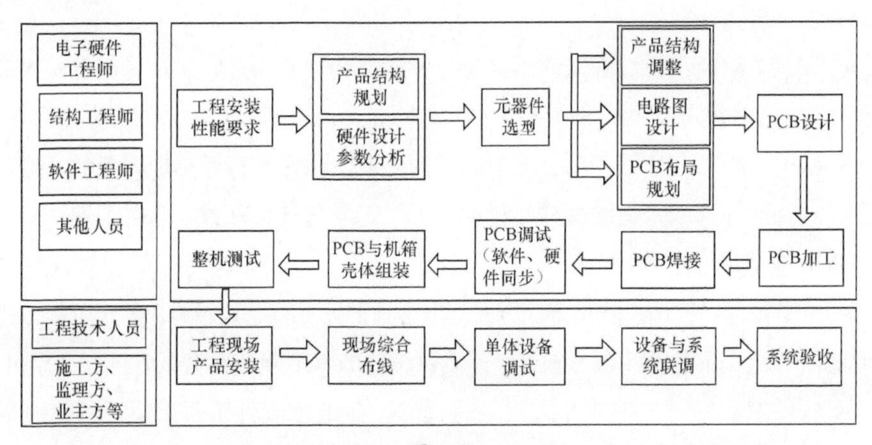

图1-8

不同的公司，其产品研发过程在图1-8所示研发过程的工作内容的基础上会有所增减。

1.5 电子硬件工程师的商务工作

电子硬件工程师除了要完成技术工作以外，还需要完成一些简单的商务工作，例如接待元器件供应商，参加产品推介会、技术研讨会、技术标准评审会等。

（1）与供应商沟通。

研发分为项目型研发和职能型研发。大多数研发公司采用矩阵模式进行管理，以职能型矩阵模式管理为主，以项目型矩阵模式管理为辅。

轻度职能型矩阵模式：如图1-9（a）所示，员工接收部门的日常任务，同时参与一个项目。每一个项目结束后，员工并非就地解散，而是再次参与职能部门分配的其他项目。

项目型矩阵模式：如图1-9（b）所示，员工以完成项目交付为主要驱动力，在项目研发的过程中，全力执行项目管理者的计划，不受部门其他任务的干扰。

重度职能型矩阵模式：如图1-9（c）所示，员工接收部门的日常任务并优先完成，同时参与多个项目，提供技术支持。研发公司的这种组织架构往往让研发管理者和员工都面临着参与项目越多、绩效输出越低的窘境。这种研发公司不适合采用项目关键绩效指标（Key Performance Indicator，KPI）考核员工，更适合采用按职能方式考核员工。

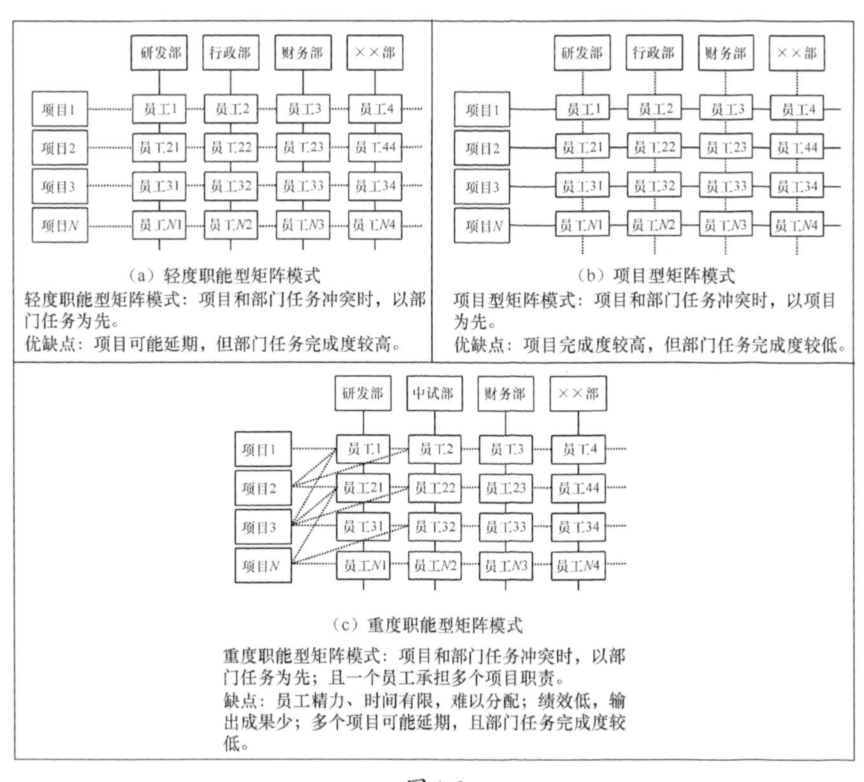

（a）轻度职能型矩阵模式
轻度职能型矩阵模式：项目和部门任务冲突时，以部门任务为先。
优缺点：项目可能延期，但部门任务完成度较高。

（b）项目型矩阵模式
项目型矩阵模式：项目和部门任务冲突时，以项目为先。
优缺点：项目完成度较高，但部门任务完成度较低。

（c）重度职能型矩阵模式
重度职能型矩阵模式：项目和部门任务冲突时，以部门任务为先；且一个员工承担多个项目职责。
缺点：员工精力、时间有限，难以分配；绩效低，输出成果少；多个项目可能延期，且部门任务完成度较低。

图1-9

无论研发公司采用哪一种组织管理模式，电子硬件工程师都需要熟悉公司的主要供应商，并与之保持互动、联系。电子硬件工程师通过与供应商保持良好的互动，能及时获取产业链的最新信息，如制造厂的元器件技术改良与淘汰等信息。

常见的商务工作场景是接待供应商，了解新元器件的应用方案，以及比较同类元器件的价格，如图1-10所示。

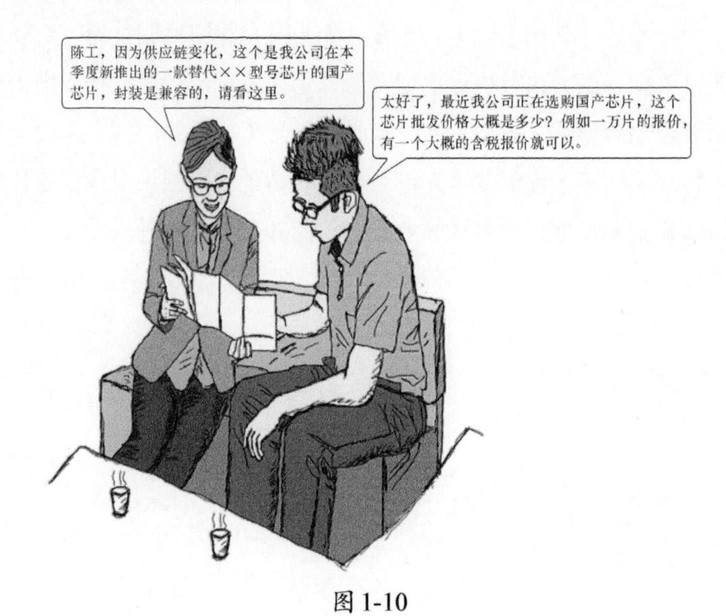

图1-10

（2）参会。

随着科技的发展，以及元器件、技术方案的更新，电子硬件工程师需要不断学习，了解行业的发展动态，主动参加行业科技展会、产品推介会等，以对比产品和技术是否顺应时代，及时改进设计方案，如图1-11所示。

图1-11

1.6 电子硬件工程师应具备的素养

智能设备的设计与制造是软件工程师、电子硬件工程师、结构工程师等技术工作者共同努力的结果。电子硬件工程师应具备的素养如表1-3所示。

表1-3

序号	素养	说明
1	扎实的电子电路知识与设计功底	承担硬件设计、电磁兼容整改等工作
2	了解电子电气的相关标准	例如，GB/T 2423—2008《电工电子产品环境试验》系列标准是电子产品试验参照的基础，GB/T 4208—2017《外壳防护等级（IP代码）》标准详细阐述了IP防护的定义，GB/T 17626—2008《电磁兼容 试验和测量技术》系列标准是电磁兼容的测试依据
3	深化专业领域的学习	技术发展具有迭代性，知识需要更新，保持对知识和技术应用的敬畏和热情
4	跨学科知识和技能的了解	了解相关联的其他工种的工作、工具的特点。例如，了解单片机C语言，以便和软件工程师沟通驱动、boot启动的问题；了解Linux操作系统移植，以及μC/OS-II等操作系统的特点；了解使用3D设计软件（如SolidWorks），以便和结构工程师沟通产品结构的问题
5	创造力及想象力	例如，结合材料学、用户界面设计等知识对现有产品结构设计进行创新
6	动手实践，勤于总结	电子硬件工程师初期大多都会遇到电路短路、封装错误、二极管接反、元器件发烫、电解电容冒烟等情况，应以平常心对待这些情况，后续工作中注意避免
7	不可恃才傲物，保持人文追求	技术工作者“精于术，勤于业”固然可贵，但不可恃才傲物，沉溺于技术。技术本身是会迭代更新和淘汰的，但技术理念和思路永不过时。 进入新岗位时，应先多学习科学技术知识，熟练掌握技术以后再多看些社科人文典籍

下面从不同的视角解释代码是如何让微控制器（Microcontroller Unit，MCU）输出高低电平的。

1. 从软件工程师的视角解释

用高级语言（C/C++、Java等）编写的程序通过编译器编译为汇编代码，进而转成二进制机器码，然后MCU就能识别并运行机器码，实现MCU的I/O口高低电平的变化。

2. 从电子硬件工程师的视角解释

MCU存储的代码实际上是特定的电平波形序列，其转换过程如图1-12所示，详细解释如下。

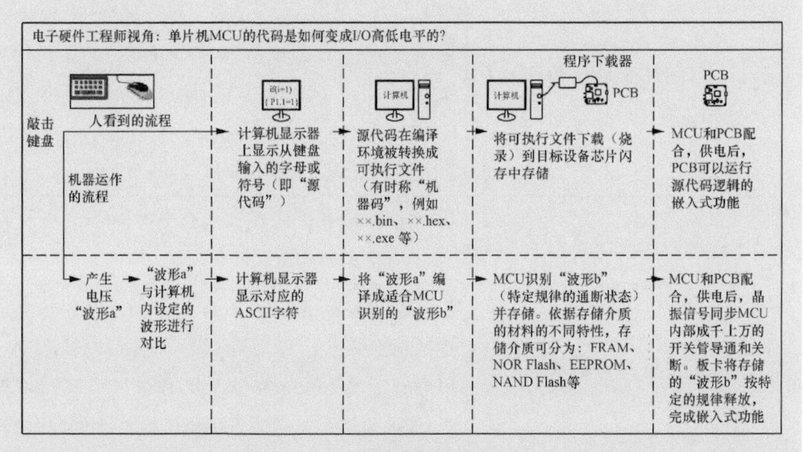

图1-12

（1）敲击键盘上的字母会产生高低电平的变化，简称“波形a”（可通过示波器测量）。计算机将敲击键盘产生的“波形a”与计算机内部设定好的波形进行对比，将识别到的波形转为人为规定的ASCII值以方便阅读。

（2）计算机安装编译器后，通过编译器或集成开发环境（如ARM芯片的MDK、IAR，51单片机的KEIL，或MCU的编译器）将ASCII编译为MCU能识别的电平“波形b”（通常为3.3V与0V，或者5V与0V），再将“波形b”（可通过示波器测量）存储到MCU的闪存中。代码是给人看的，但是代码代表的是一种有特殊规律的电平波形。闪存存储的就是“波形b”的开关量状态，当下一次MCU上电时，这种状态将再次通过电平波形传到特定的位置（这个位置被称为寄存器）。

（3）当MCU需要运行时，上电且复位启动后，晶振起振，MCU内部的逻辑电路在断电前的某个状态开始导通关闭电压，从而让内部某些晶体管（开关管）有规律地导通和关断，好像是在按照程序设计好的起始地址运行。通常，这个第一触发位置被定义为固定的地址，如0x00000000。然后开始将存储在MCU的波形释放出来，从而让MCU内部不同的逻辑开关有规律地通断配合，实现加减乘除等运算。

（4）MCU将运算的结果按所设计的逻辑运行，通过控制MCU的I/O口高低电平的变化，实现对外围元器件的控制。

第2章 电子硬件通用知识

2.1 电子设备电源

电源设计的常用标准有以下几种。

- DL/T 396—2010《电压等级代码》。
- GB/T 156—2017《标准电压》。
- GB/T 17478—2004《低压直流电源设备的性能特性》。
- GB/T 12325—2008《电能质量　供电电压偏差》。
- GB/T 13722—2013《移动通信电源技术要求和试验方法》。
- GB/T 21560.6—2008《低压直流电源　第6部分：评定低压直流电源性能的要求》。
- GB/T 5465.2—2008《电气设备用图形符号　第2部分：图形符号》。

标准中的年份随着时间的推移可能会出现变动，但都具备可追溯性。例如，GB/T 156—2017《标准电压》在50年后可能会更新为GB/T 156—2067《标准电压》。

2.1.1 电能质量偏差

标称电压为220～1000V的交流系统及相关设备的标准电压值应从表2-1中选

取。表2-1的同一组数据中，较低的数值是相电压，较高的数值是线电压；只有一个数值时，是指三相三线系统的线电压。

表2-1

三相四线或三相三线系统的标称电压/V
220/380
380/660
1000（1140*）
*1140V仅限于某些应用领域的特定系统使用

三相四线系统的相电压、线电压代表的含义如图2-1所示。

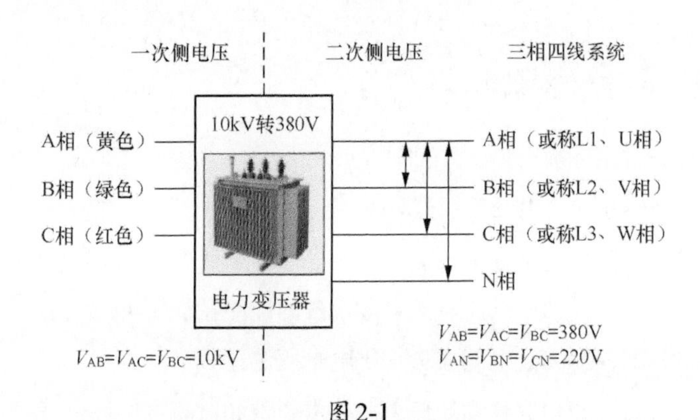

图2-1

在我国，A、B、C、N相的电缆颜色分别为黄色、绿色、红色、蓝色；A、B、C任意两相之间的相位相差120°，频率都是50Hz。

A相与N相的电压差为220V AC，A相的电压简称为220V AC，这里的220V AC是交流电压的有效值，220V AC的峰值电压为$220V\times\sqrt{2}\approx311.127V$。

在我国的供配电系统中，供电电压依据GB/T 12325—2008《电能质量　供电电压偏差》标准的要求，如表2-2所示。

表2-2

系统标称电压	供电电压偏差限值	生活场景举例
35kV及以上	正、负电压绝对值之和不超过标称电压的10%	区县、镇级常见变电站为“35kV变10kV”

续表

系统标称电压	供电电压偏差限值	生活场景举例
20kV及以下三相供电	标称电压±7%	乡镇、居民小区常见变压器为“10kV变380V”
220V单相供电	标称电压+7%、-10%，即188～235.4V	居民家庭、办公室用电等级

380（220）V AC等级线路允许电压偏差+7%、-10%，所以最高有效电压为220V×（1+7%）=235.4V AC，最高峰值电压可达235.4V×$\sqrt{2}$≈332.906V AC。例如，居民家庭的插线板标签标识的额定电压为250V AC，这里的250V AC就是标称电压220V AC偏差+7%后得到的235.4V AC的接近值，选取250V AC。

因此，设计额定电压为220V AC（均方根值）的电气设备时，电子硬件工程师选择元器件型号需要将供电系统的偏差电压也考虑进去。设计标称电压为220V AC，则应按235.4V AC及以上考虑，否则在实验室调试验证通过的设备一旦投入市场，可能就会出现因为电网电压偏差而导致损毁的情况。

A相与B相之间的线压差为380V AC，计算方式：220×$\sqrt{3}$≈381.051。

在三相四线系统中，A相、B相、C相之间的电压叫相电压，A相与B相、A相与C相、B相与C相之间的电压叫线电压。

我国的电视机、电冰箱等设备只需要一相电压就可以正常工作了。相电压220V AC经过AC—DC电源模块转变为常见的直流电压，包括48V DC、24V DC、12V DC、5V DC等。3.3V DC、1.8V DC等低电压是为设备内部的芯片准备的。

1. 额定电压值选择

交流电压低于120V或直流电压低于1500V时，额定电压值可以在国家标准推荐的电压值中选取，如表2-3所示。

表2-3

交流额定电压值/V		直流额定电压值/V	
优选值	备选值	优选值	备选值
—	—	—	2.4
—	—	—	3

续表

交流额定电压值/V		直流额定电压值/V	
优选值	备选值	优选值	备选值
—	—	—	4
—	—	—	4
—	—	—	4.5
—	5	—	5
6	—	6	—
—	—	—	7.5
—	—	—	9
12	—	12	—
—	15	—	15
24	—	24	—
—	—	—	30
—	36	36	—
—	42	—	40
48	—	48	—
—	60	60	—
—	—	72	—
—	—	—	80
—	—	96	—
—	100	—	—
110	—	110	—
—	—	—	125
—	—	220	—
—	—	—	250
—	—	400	—
—	—	—	440
—	—	—	600

在实际设计与制造过程中，从推荐的电压数值中选择时，厂家倾向于选择直流

电压为3.3V、5V、12V、24V、48V、110V、220V的几个典型数值。

（1）3.3V、5V。在电子行业发展的前期，控制器、单片机等的供电电源电压为5V；电子行业的8位、16位单片机，74HC系列芯片，AD芯片，RS485、RS232通信芯片也是以5V供电为主。半导体工艺精度高于0.5μm时，微控制器工作电压通常为5V。

随着电子行业的发展，电子芯片制造工艺进入纳米级时代，电子芯片也随之向“低电压+大电流+静态低功耗”的方向发展。各厂家纷纷推出的ARM架构芯片，意法半导体、飞思卡尔半导体、恩智浦半导体、德州仪器，以及Altera FPGA芯片、赛灵思芯片和各种控制器都使用了3.3V供电。

半导体工艺精度为0.35μm时，微控制器的工作电压通常为3.3V；半导体工艺精度为0.25μm时，微控制器的工作电压通常为2.5V；半导体工艺精度为0.15μm时，微控制器的工作电压通常为1.5V；半导体工艺精度在90nm以下时，微控制器的工作电压通常为1V左右。

（2）12V。由于大量的行业需要用到运算放大器以及正负电源供电芯片，且并非每一个运算放大器都具备轨到轨的特征（输出电平可以与电源电平一致），所以很多设备仍要求供电电源电压高于5V。在户外无交流电220V供电的地方，人们通过太阳能电池板给铅蓄电池充电，铅蓄电池供电电源的额定电压一般是12V。

（3）24V、48V。24V、48V多用于通信电源设备，这些设备可与铅蓄电池串联作为备用电源。人体的安全电压不得超过直流电压36V（依据环境略有差异），更详细的规定可参阅GB/T 156—2017《标准电压》。

（4）110V、220V。110V、220V用于电力系统的变电站、水电站等场所的继电保护装置。变电站中的直流供电系统先将交流电压转换为直流电压220V，然后再将直流电压220V提供给继电保护装置使用。直流电压220V可用来控制断路器分合闸10kV、35kV、110kV等交流电力供电线路。

2.电压偏差范围

PCB设计验证完毕后进行制造时，由于元器件批次不同，因此额定电压值通常会有一定范围的偏差。对于这个偏差的允许范围，不同的行业、公司有不同的要求。例如，额定电压±10%、额定电压±5%、额定电压±2%等。

设计研发电源模块的公司，如设计研发AC—DC电源模块的厂家，大体可以分为两大类，如表2-4所示。

表2-4

类别	说明
专业电源设计制造商	（1）掌握通用电源、部分特殊用途电源技术； （2）只做电源模块，电源模块就是厂商对外销售的产品； （3）制造各种输出电压的电源，不同输出电压的电源有不同的功率等级； （4）提供通用电源，包括±5V、±12V、±24、±48V等不同规格； （5）产品满足国家相应电源标准、行业标准规范，有相关的认证检验报告； （6）可以为客户定制特定需求的电源
非专业电源设计制造商	（1）只掌握特定用途方向的电源技术； （2）厂商自己设计电源供自己的产品使用，不对外单独出售电源模块； （3）制造特定输出电压的电源，满足自家设备所需的功率等级； （4）电源模块封装在厂商设备中一起出售； （5）产品满足国家对设备的产品标准、行业规范，有设备的认证报告，可能无单独的电源模块认证报告

电压为3.3V、5V、12V、24V、48V较为常见。电压值偏差范围越小，纹波峰值越小，越有利于设备可靠运行。

电压实际值=额定值±偏差幅值，只要在允许的偏差范围内，都可确保设备安全运行。

依据《电力系统继电保护实用技术问答（第二版）》中对电源要求的阐述，假如设备是由直流电压供电，直流输入电压V_{in}在额定值的80%～115%范围内波动，则输出电压V_{out}应满足表2-5所示的范围。

表2-5

输出电压V_{out}/V	其他	+5	+15	−15	24	其他
推荐允许范围/V	—	5±0.2	15±2	−15±2	24±2	—

在元器件没有特殊要求，供电电压V_{CC}<5V时，可按“额定电压×（1±5%）”进行设计。例如，3.3V×（1±5%）=（3.3±0.165）V=（3.135～3.465）V。通常，支持3.3V供电电压的元器件，其数据手册上标注的供电电压范围是3.0～3.6V。

无论是轻载还是满载，推荐各级输出电压的交流电压分量值都小于30mV（有效值），即测量纹波时，是看直流上叠加的交流分量。

2.1.2 人体安全电压

人体在不同环境下的耐受度不一样，所以人体安全电压也有所不同。不同使用环境下的人体安全电压如表2-6所示。

表2-6

人体安全电压（交流有效值）		使用环境
额定值/V	空载上限值/V	
42	50	在有触电危险的场所使用的手持式电动工具等
36	43	在矿井、多导电粉尘等场所使用的行灯等
24	25	人体可能触及的带电体
12	15	
6	8	

有人认为人体安全电压限值为50V（0.03A × 1700Ω=50V），这是根据人体安全电流30mA和人体电阻值1700Ω计算得出的，但是这种计算方式是错误的。

还有人认为只要带电体采用了人体安全电压，即使人体长时间直接接触带电体也不会有危险，这种想法也是错误的。毕竟人体皮肤干燥时，电阻高；皮肤出汗潮湿时，电阻会下降到1000Ω左右。

关于人体安全电压的规定，各个国家有所不同，有50V（波兰、瑞士、斯洛伐克）、40V（美国）、24V（荷兰和瑞典）等。我国依据具体环境条件，规定的人体安全电压有65V（无高度触电危险的建筑物中，如仪表装配楼、实验室、住宅等）、24V（有高度触电危险的建筑物中，如金工车间、室内外变电所、水泵房等）、12V（有特别触电危险的建筑物中，如锅炉房、酸洗和电镀车间、化工车间、煤尘、潮湿环境等）等。

事实上，电流超过一定数值后对人体也有危害，如表2-7所示。

表2-7

序号	电流/mA	电流对人体的危害程度	
		50Hz交流电	直流电
1	0.6 ～ 1.5	开始感觉手指麻刺	没有感觉

续表

序号	电流/mA	电流对人体的危害程度	
		50Hz交流电	直流电
2	2～3	手指强烈麻刺	没有感觉
3	5～7	手部疼痛，手指肌肉发生不自主的收缩	刺痛并感到灼热
4	8～10	手难以摆脱电源，但还可以脱开，手感到剧痛	刺痛和灼热感加剧
5	20～25	手迅速麻痹，不能脱离电源，呼吸困难	灼热感加剧，产生不强烈的肌肉收缩
6	50～80	呼吸麻痹，心脏开始震颤	强烈的肌肉痛感，手部肌肉不自主地强烈收缩，呼吸困难
7	90～100	呼吸麻痹持续3s以上，心脏停搏以致停止跳动，人体伤亡	呼吸麻痹

所以，在进行绝缘与漏电流检测时，将漏电流限制在20mA以内比较安全。

在检测导体是否带电时，用手握住验电笔（棒）后，应该用手背一侧带动验电棒靠近带电体，如图2-2所示。

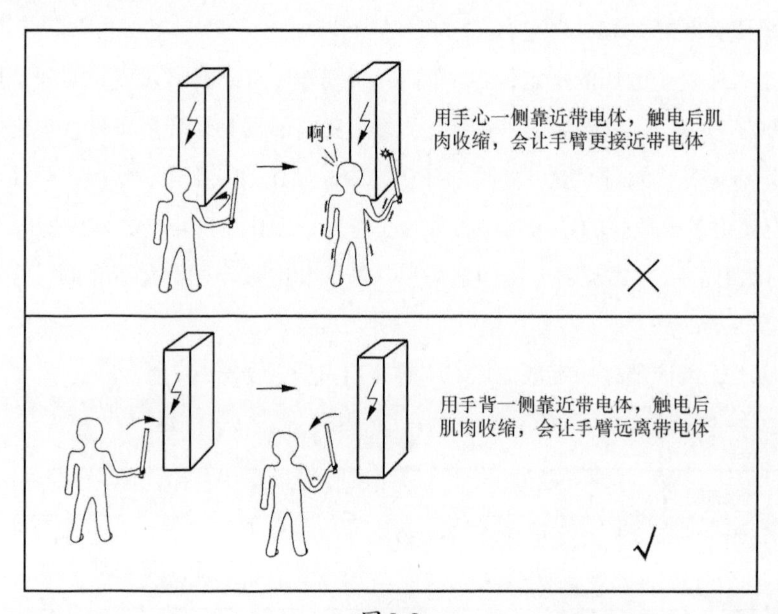

图2-2

当人体触电时，肌肉会不自主地收缩。如果用手心一侧靠近带电体，则人体触电后，肌肉收缩会让人体和带电体贴得更紧，延长了危险存留的时间。如果用手背一侧靠近带电体，则人体触电后，肌肉不自主收缩时，会让人体远离带电体，缩短了危险存留的时间。人体以不同的方式接触带电体时的影响如表2-8所示。

表2-8

序号	情景	流过心脏的电流量
1	电流（I）从人的右手到双脚时（危害最大）	6.7%×I
2	电流（I）从人的左手到双脚时	3.7%×I
3	电流（I）从人的右手到左手时	3.3%×I
4	电流（I）从人的左脚到右脚时	0.4%×I

2.1.3 设备地类别

在不同的场合中，我们会听到不同的关于“地”的称呼，尤其是在电路设计、PCB设计、EMC整改、电气设备现场综合布线中，会出现各种“地”。这些“地”大致可以分为14种，如表2-9所示。

表2-9

使用场合	序号	名称	图示	作用
电路设计及PCB设计	1	电源地	⏚	电源地在电路图中作为电源回路地的代表。例如，在PCB上，该符号通常用于GND网络
	2	热地/冷地	无	热地是指与220V AC市电连接且不直接接地的线路，可作为参考地线。例如，220V AC的零线就是热地；冷地是指220V AC市电供电电源后完全隔离电路的参考回路地。例如，AC—DC电源、手机电源充电器，输入220V AC后输出的5V，这个5V的GND就是冷地
	3	信号地	▽	信号地在电路图中表示信号回路地。在绘制与设计实际电路时，由于信号所在回路参考地为电源地，所以信号地往往也使用电源地的符号⏚表示。注意，电路中的地与电气回路中的接地符号不是同一个意思

续表

使用场合	序号	名称	图示	作用
电路设计及PCB设计	4	数字地	无	数字地是一个概念性描述称谓，在电路中与模拟信号地区分，未规定特定的符号时，常用“⏚+网络名称”的组合符号表示
	5	模拟地	无	模拟地是一个概念性描述称谓，在电路中与数字信号地区分，未规定特定的符号时，常用“⏚+模拟网络名称AGND”的组合符号表示
	6	地球地（Earth）		地球地在电路图中代表某个元器件需要通过PCB的端子接到设备外的大地
EMC整改	7	隔离地	无	隔离地是两个不同的地之间的相对隔离。例如，5V的电源地（5V GND）与RS485芯片的5V电源地（5V GND-485）用隔离电源区分后，这两个地相互之间称为隔离地
	8	屏蔽地	无	这两个与EMC测试考量相关的术语无特定的符号
	9	静地	无	
电气设备现场综合布线	10	保护接地		保护接地是指为了电气安全之外的目的，将系统或设备中一点或多点接地，标识在发生故障时防止电击的、与外保护导体相连接的端子，或与保护接地电极相连接的端子，详情参见GB/T 5465.2—2008《电气设备用图形符号　第2部分：图形符号》
	11	机壳地		机壳地用于标识连接机壳、机架的端子
	12	接地		接地用于在不需要使用保护接地或机壳地的情况下标识接地端子，详情参见GB/T 5465.2－2008《电气设备用图形符号　第2部分：图形符号》
	13	等电位接地		等电位接地用于标识那些相互连接后使设备或系统的各部分达到相同电位的端子，这并不一定是接地电位，如局部互连线

续表

使用场合	序号	名称	图示	作用
电气设备现场综合布线	14	功能性接地	⏚	功能性接地用于标识功能性接地的端子，为了电气安全之外的目的，将系统或设备中一点或多点接地。例如，为避免设备发生故障而专门设计的一种地系统

注：

（1）电路设计图中的⏚与电气设计图中的⏚不是同一个意思，况且这两个符号也有所差异，电路设计图中的是4横，电气设计图中的是3横；

（2）在控制装置（如开关、按键）上，“|”表示“通”状态，“O”表示“断”状态，“⏻”表示“等待”状态，详情参见GB/T 5465.2—2008《电气设备用图形符号　第2部分：图形符号》。

如果符号使用错误，则可能出现如下情况。

（1）多个工程师绘制的图纸交叉，配合、借用时可能导致接线错误、遗漏。

（2）不同专业的工程师相互交流时可能出现障碍。

下面介绍一个接地不良导致触电的案例。

某公司成功研发了一款用于收集多路RS485信号的通信管理机，该设备同时支持交流和直流供电，交流供电范围为88～264V、直流供电范围为88～264V。在使用中，有客户反馈，在触摸设备外壳时，时常会有轻微触电感，如图2-3、表2-10所示。

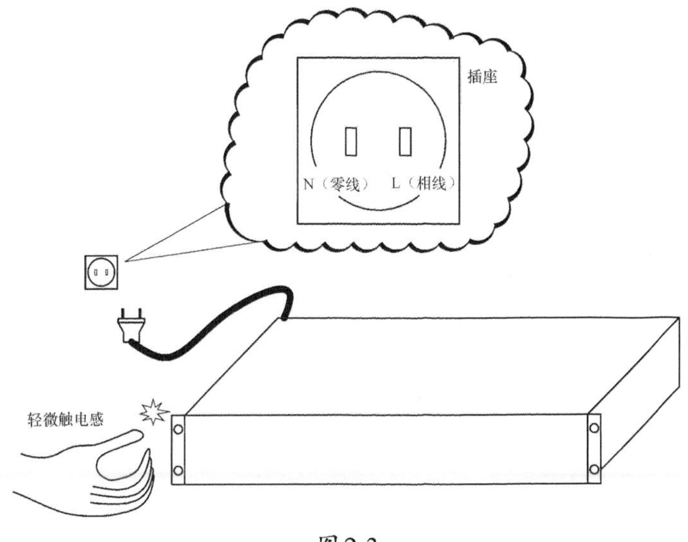

图2-3

表2-10

客户类别	设备供电方式	是否有触电感
直流供电	DC：110V	几乎没有触电感
	DC：220V	几乎没有触电感
交流供电	AC：220V	接地不良，偶尔有轻微触电感

经过分析发现，使用交流供电时，用的是两孔插座，没有PE（地线）孔，电流寄生回路如图2-4所示。

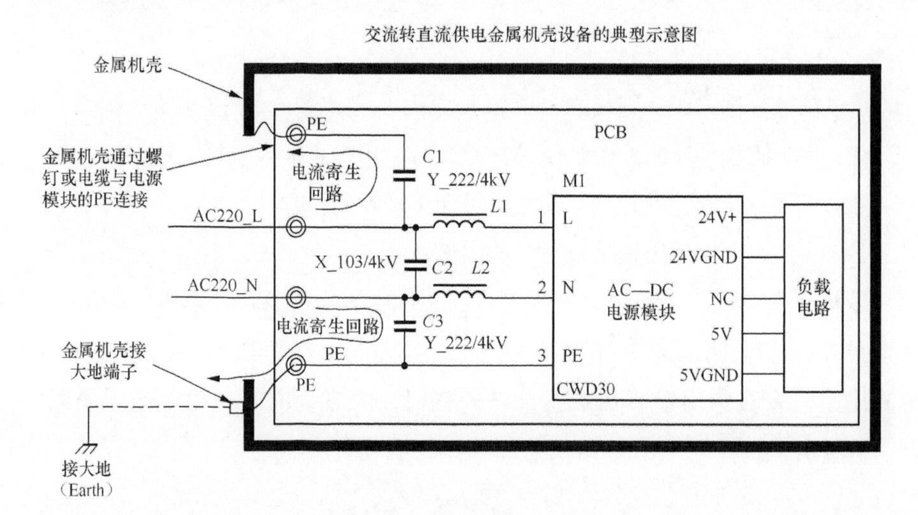

图2-4

在AC—DC电源模块M1中，为了满足EMC检验的浪涌测试要求，在L端与PE端之间、N端与PE端之间并联了电容（图中的$C1$、$C3$）。交流220V AC在流过L端或N端时，如果金属机壳没有与电源PE连接到大地（图2-4中的虚线部分未连接），那么根据电容“隔直流，通交流”的特性，电容与金属机壳连接后，金属机壳相对于大地会出现一个悬空的交流电压，该电压约为110V，电流小于5mA。

如果PE端不接线，那么电源模块M1就会将PE端的悬空电压通过电源模块M1的金属壳传导到接触的设备金属机壳。

这个量级的电压和电流不会危及人体生命安全，但会让人在触摸时有轻微触电感。

使用交流供电的客户听取整改措施意见，更换为带有PE保护的插头、插座，如图2-5所示，此后再也没有出现触摸时有轻微触电感的情况。

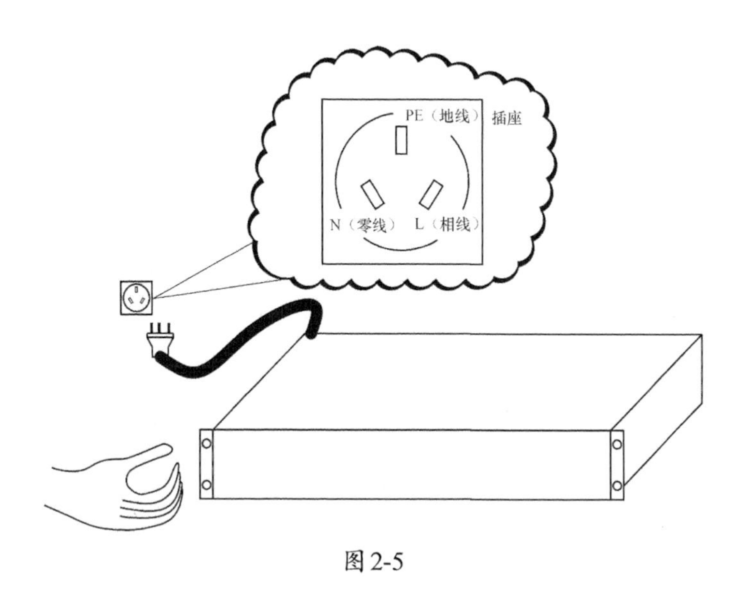

图 2-5

由此可知，金属外壳设备、220V AC供电设备要接PE（地线），以保证用电人的人身安全，防止触电。

在电力系统中，配电网设备接地端子的形式和要求应遵照DL/T 721—2013《配电自动化远方终端》标准中第4.3条的规定：配电网自动化终端应有独立的保护接地端子，接地螺栓直径不小于6mm，并与外壳和大地牢固连接。

2.2 电子设备温度

2.2.1 设备温度等级规定

我们在设计一个非标准分类的新产品时，需要确定设备温度范围分为“商业级”“工业级”“军用级”等。

设备温度范围通常由设备的电源部分、设备的其余部分的耐受温度综合确定。如果设备电源的温度无法满足设备的要求，则整个设备依然无法达到要求。依据GB/T 2423.1—2008《电工电子产品环境试验　第2部分：试验方法　试验A：低温》标准中的第6.6.1条和GB/T 2423.2—2008《电工电子产品环境试验　第2部分：试验方法　试验B：高温》标准中的第6.5.2条，可以得到表2-11所示的设备检验推荐选用的温度参数值。

表2-11

类别	序号	温度	类别	序号	温度	序号	温度
低温	1	−65℃	高温	1	+1000℃	12	+100℃
	2	−55℃		2	+800℃	13	+85℃
	3	−50℃		3	+630℃	14	+70℃
	4	−40℃		4	+500℃	15	+65℃
	5	−33℃		5	+400℃	16	+60℃
	6	−25℃		6	+315℃	17	+55℃
	7	−20℃		7	+250℃	18	+50℃
	8	−10℃		8	+200℃	19	+45℃
	9	−5℃		9	+175℃	20	+40℃
	10	0℃		10	+155℃	21	+35℃
	11	5℃		11	+125℃	22	+30℃

注：此表中的温度参数供电子设备设计时优先选用。

GB/T 17478—2004《低压直流电源设备的性能特性》标准中给出了电源质量性能的几个参照设计值，如表2-12所示，供电源设计、制造、应用时优先选用。

表2-12

类别	等级	温度	类别	等级	温度
低温	A	−40℃	高温	A	+85℃
	B	−25℃		B	+70℃
	C	−10℃		C	+55℃
	D	0℃		D	+50℃
	E	5℃		E	+40℃

（1）在给定的最高温度、最大额定功率输出和海拔高度2000m自然冷却的最不利环境条件下，制造商应确认电源能够连续运行无降额。温度升高时，输出电流和输出功率的降额应明确标示。如果电源采用其他冷却方式，那么运行条件应明确规定，且设备应在此运行条件下进行测试。

（2）通常在海拔高度1000m以下，电子产品的各项指标表现较好。如果产品将销售到海拔高度1000m以上的地区，电子工程师在设计电子产品时应拓宽适应温度范围、增加电气绝缘距离。

如果是交流电源，则工作环境的温度范围应结合设备整体的检验温度要求确定。

知识延伸

海拔高度1000m对应我国什么区域？

按我国陆地海拔高度划分等级，第二级为海拔高度2000～4000m，第三级为海拔高度0～2000m（截至目前，我国主要的人口密集区域都在海拔高度1000m以下）。

可以粗略记忆海拔高度1000m分界线为：大兴安岭－太行山脉－巫山－雪峰山。

随着海拔的升高，空气密度和气压均相应减小，这会使空气间隙和元器件绝缘的放电特性下降，从而使电气设备的外部绝缘性变差（对电气设备内部的固体和介质的绝缘性能影响会小一些）。一般规定，海拔高度1000m以上（不超过4000m）的地区，电气设备的外部绝缘强度按照海拔高度每升高100m提高试验电压1%进行补偿。

设备外部绝缘冲击、工频试验电压应乘以修正系数K，修正系数K的计算公式如下：

$$K=\frac{1}{1.1-\frac{H}{10000}}$$

其中：H为设备安装地点的海拔高度，单位为m。

用于海拔高度2000～3000m、电压110kV以下的电气设备一般用高一级电气强度（或外部绝缘冲击和工频试验电压增加30%左右）的办法来加强外部绝缘电气强度。

GJB 2438B—2017《混合集成电路通用规范》标准中规定了不同等级的温度范围，如表2-13所示。

表2-13

质量等级要求				
说明	K级（宇航级）	H级（标准军用级）	G级（标准军用级的降级）	D级（由承制方规定的质量等级）
温度范围	−55～125℃	−55～125℃	−40～85℃	0～70℃

可见，该标准中规定了宇航级、标准军用级、标准军用级的降级以及由承制方规定的质量等级的要求，并未提及工业级、商业级、汽车级的要求。

实际应用的产品并不都是与军工产品相关的。依据电子行业的产品认证检测标准温度要求，对照GJB 2438B—2017标准中的温度分级，可以得到相应的对照表，如表2-14所示。

表2-14

序号	温度等级通俗化称谓	GJB 2438B—2017	温度范围
1	—	宇航级	-55 ～ 125℃
2	汽车级	标准军用级	-55 ～ 125℃
3	工业级	标准军用级的降级	-40 ～ 85℃
4	商业级	由承制方规定的质量等级	0 ～ 70℃
5	行业、企业自定义	—	例如，-10 ～ 55℃

在进行元器件选型时，只要元器件的温度范围能包含产品要求的温度范围即可。例如，设计师选用工业级元器件去设计商业级设备，当然该设备的性能会更好，但会付出更高的成本。

不同等级的元器件的差别不仅体现在温度范围上，还体现在防辐射程度、功耗等方面，温度只是最基本的衡量标准。

本小节针对不同的温度等级给出的设备标注温度范围的推荐参数可供电子硬件工程师参考。

2.2.2 焊接温度的影响

正常焊接温度高于“锡焊丝（膏）最低熔点 +50℃”时才容易焊接。焊接前需要确定锡焊丝的熔点，锡焊丝不同，熔点也不同，如图2-6所示。

案例1

工程师T以前在甲设计公司调试焊接PCB元器件，将电烙铁温度设置为260℃时焊接非常容易且质量高。后来，由于工作调动，他到乙设计公司调试焊接PCB元器件时将电烙铁温度设置为260℃却经常无法焊接元器件，要将温度调节到290℃才能勉强开始焊接。

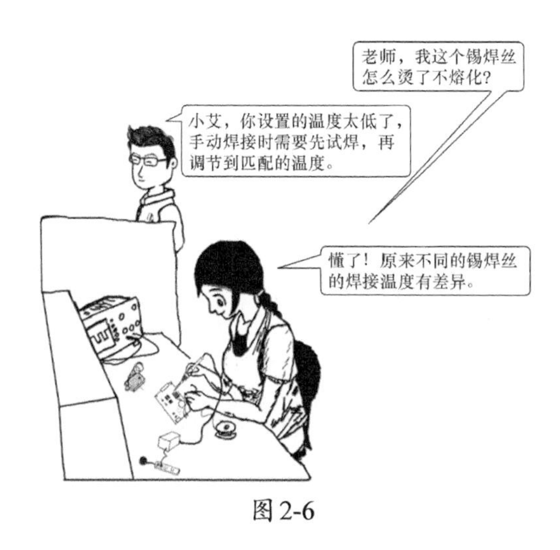

图2-6

原因分析：甲设计公司用的锡焊丝Sn63Pb37的熔点为183℃，当电烙铁温度为183+50=233℃时，锡焊丝就开始熔化，使用260℃当然可以顺利焊接；乙设计公司用的锡焊丝Sn40Pb60的熔点为183～238℃，为稳妥起见，手动使用电烙铁要考虑到最高熔点，因此要用238+50=288℃以上的温度才能让锡焊丝熔化。

案例2

PCB板材：生益科技公司生产，型号为S1000-2（FR-4材质、TG180℃）。

《CN-PG-1808-01-S1000-2-S1000-2B-加工指南》中建议的手动焊接参数如下。

（1）对于独立焊盘或者边缘焊盘，焊接温度应在350～380℃（使用温控烙铁）。

（2）单个焊点焊接时间小于3s。

实际上，由于电烙铁和焊接炉的不同，焊接炉内的温度是均匀的，而电烙铁裸露在空气中，其热量会被周围空气环境影响。手动焊接时，夏天推荐设定温度为320℃左右，冬天推荐设定温度为350℃左右，以确保手动焊接更为顺畅。

（1）手动焊接的温度依据各地气候的不同可适当调整，推荐使用320～350℃，这是在实际操作中总结所得，参照工作环境位置：东经105° 11′～110° 11′，北纬28° 10′～32° 13′，重庆市。

（2）重庆市夏天气温为35～40℃，冬天气温为2～8℃。

（3）在不同地域工作的电子硬件工程师可参考以上思路归纳总结出适合自己手动焊接电烙铁的温度范围。

2.2.3 焊接炉温曲线

要焊接贴片元器件到PCB板卡上，可以使用SMT设备来完成，采用回流焊；要焊接插件元器件到PCB板卡上，可以使用插件机来完成，采用波峰焊。

随着电子行业的发展，焊接厂家更多使用贴片焊接设备，只有少量的插件元器件手动焊接。焊接厂家更希望客户提供的是PCB板卡的贴片元器件，因为焊接相同数量的焊盘，贴片焊接的综合成本低于手动焊接的综合成本，且贴片焊接的准确度更高、返工率更低。

炉温曲线是考察焊接厂家焊接故障的重要指标。在焊接不同的PCB板卡时，炉温曲线会有一些差异。焊接厂家通常有两大类别的炉温曲线（马鞍式回焊曲线，如图2-7所示；斜升式回焊曲线，如图2-8所示）可以选择，依据焊接的芯片元器件的焊接温度、焊料温度，可以调整曲线的预热区时间、吸热区时间、回流焊区时间等。

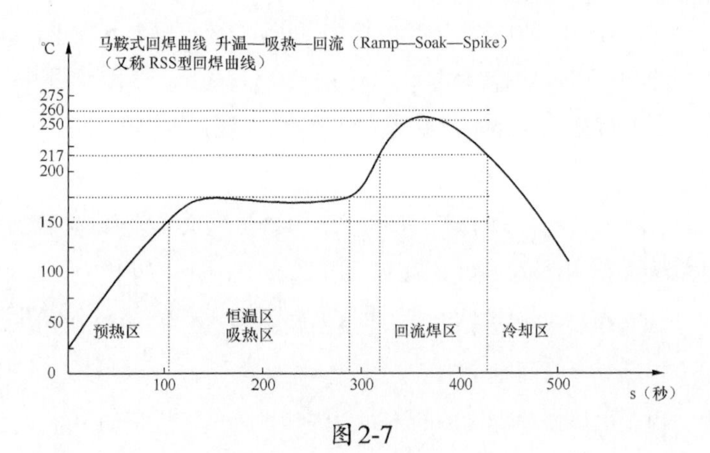

图2-7

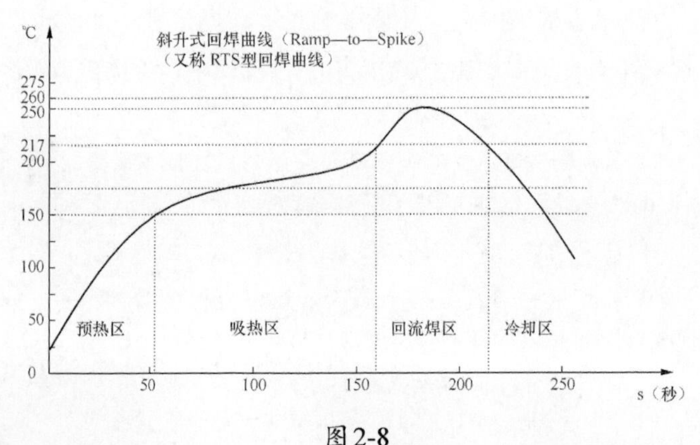

图2-8

炉温曲线选择不恰当，会导致焊接元器件的管脚不光亮、偏暗，管脚锡焊虚焊、PCB板卡有锡珠等现象。当给焊接好的PCB板卡上电调试时，可能会出现短路、断路、信号不好、元器件脱落等故障。两种炉温曲线的特征如表2-15所示。

表2-15

序号	类别	特征
1	马鞍式回焊曲线	该曲线在吸热区有一端平坦的恒温区，因而其温度曲线绘制完成后外形像马鞍。这是为了让不同大小、不同质地的零组件与焊脚在进入回流焊区前能够达到相同的温度，从而可以在回焊时取得最佳的焊锡效果。该曲线的恒温区会让锡焊膏的助焊剂加速挥发与干涸，选择这种炉温曲线的PCB板卡有BGA芯片，且芯片腹部有焊盘、有不容易吸热的零件等
2	斜升式回焊曲线	该曲线是为符合某类锡膏助焊剂特性而设计出来的曲线，该曲线把恒温区省略了（也可以理解为将马鞍式回焊曲线的恒温区变成了缓慢上升的升温吸热区），这样可以降低助焊剂挥发的比例。 部分电子元器件的数据手册会同时推荐焊料和炉温曲线，如果推荐使用马鞍式回焊曲线，则说明焊接要求较高。如果PCB板卡特别简单，没有BGA芯片、芯片腹部无焊盘等，只有简单的贴片元器件，则可以考虑使用斜升式回焊曲线，该种焊接模式的焊接时间比RSS的焊接时间要短一些

依据PCB板卡尺寸、元器件种类复杂程度，回焊曲线的走势是可以调整的。电子硬件工程师需要留意的是，如果PCB板卡设计和元器件没有变更，因更换了焊接厂家而导致焊接的PCB板卡出现故障的概率升高，那么及时和新的焊接厂家沟通确认使用哪种炉温曲线是非常有必要的。

2.2.4 温度影响时钟案例

工业级芯片的表现比商业级芯片更好吗？不一定，工业级、商业级元器件的性能区分标准主要是依据产品使用场合的温度、湿度、电磁场等运行环境。要确定芯片型号能否相互替换，则需要仔细对比两种芯片的数据手册中的相应参数，如图2-9所示。

例如，有的矿产加工企业，其部分电子设备运行环境非常好，恒温（25%）、恒湿（70%）。在这样的环境中，按电子设计的标准选择元器件时，也可以选用商业级芯片。

图 2-9

1. 案例背景

A公司接到B客户的订单，需要采购100台打码机为经过检测处的产品打印条码，如图2-10所示。要求：①条码上需标注准确时间，精确到秒，如"2020-01-01-13:29:55"；②技术人员可手动校准打码机的时间，打码机在不经人工干预时，每月时间与国家发布的标准时间偏差小于11s。

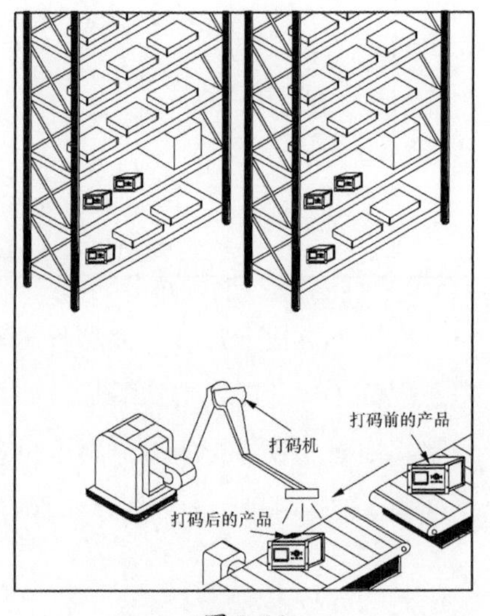

图 2-10

打码机生产完毕后，交付给B客户试用，运行3个月后，发现打码机的时间与要求不符，每个月累计时间偏差大于11s。若B客户的技术人员每半个月对打码机的时间进行校准，则可满足B客户的要求。B客户要求A公司对打码机进行整改。

2. 案例处理

A公司选用的一款时钟芯片在校准一次后，只要该芯片不断电，芯片内部就可以自动计时。经过A公司电子硬件工程师的分析，将问题定位于MCU的外部时钟芯片ppm误差。

该批打码机在A公司的使用场合是温度为20～40℃的厂房内。RX-8025T-UB芯片有两个分型号，分别为：RX-8025T-UB工业级支持±5ppm，RX-8025T-UB商业级支持±3.8ppm。该批打码机使用的时钟芯片型号为RX-8025T-UB工业级芯片（-40～85℃）。

电子硬件工程师经过分析，将打码机上的型号为RX-8025T-UB的工业级芯片调整为商业级芯片（0～50℃）。经过运行测试，整改后每个月校准一次时间即可，打码机得到了B客户的认可。

3.案例中解决故障的理论基础

每一个时钟芯片都有偏差，ppm是其重要参数之一，这个参数决定了时钟芯片计时的偏差程度。下面以案例中芯片的手册为基础进行讲解，手册截图如图2-11所示。

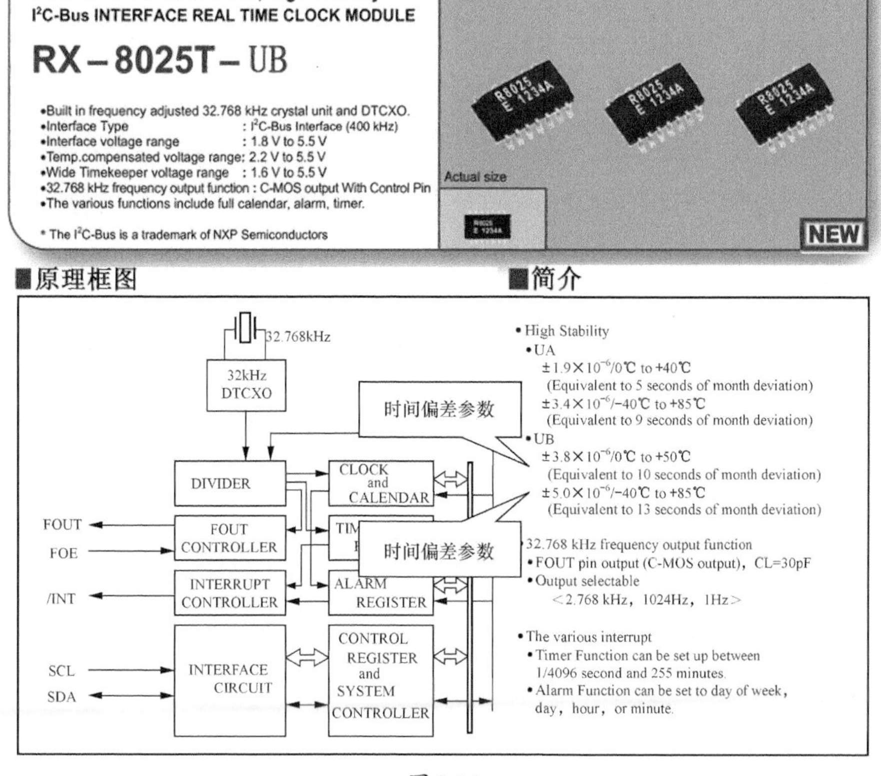

图2-11

（1）如果选用工业级芯片RX-8025T-UB，则相对于32.768kHz的偏差是±5ppm（百万分之五）。这个参数的含义是：

一天24小时，累计时间偏差为$24 \times 60 \times 60 \times \frac{5}{1 \times 10^6}$=0.432s；

一个月按30天计算，累计时间偏差为0.432×30=12.96s（符合手册提示的每月时间偏差13s）。

（2）如果选用商业级芯片RX-8025T-UB，则相对于32.768kHz的偏差是±3.8ppm（百万分之三点八）。这个参数的含义是：

一天24小时，累计时间偏差为$24 \times 60 \times 60 \times \frac{3.8}{1 \times 10^6}$= 0.32832s；

一个月按30天计算，累计时间偏差为0.32832×30=9.8496s（符合手册提示的每月时间偏差10s）。

大多数情况下，同一个厂家生产的同一种芯片，宽范围温度（-40～85℃）芯片的价格比窄范围温度（0～50℃）芯片的价格略贵。理论上说，工业级芯片的性能会兼容商业级芯片的性能且性能更优，但是在特定的应用场合，商业级芯片比工业级芯片表现更好。

良好的设计产品应结合产品实际运行环境，综合考虑温度对性能的影响，权衡价格成本，选择适合实际应用场合的元器件型号。例如晶振就有插件、贴片两种封装，分别如图2-12和图2-13所示。

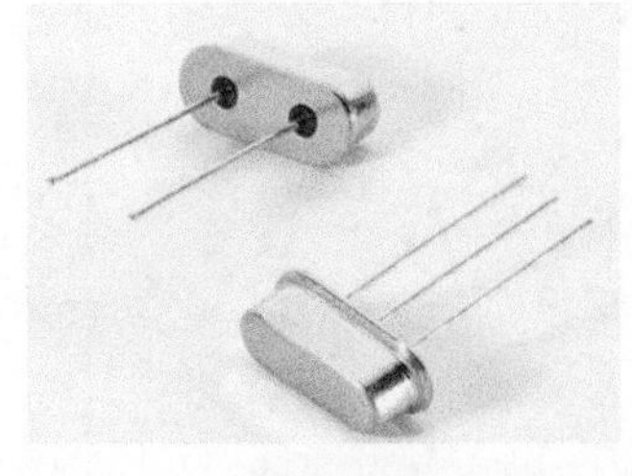

图2-12

图2-13

综上所述，晶振精度偏差会导致累计时间偏差，本案例故障处理思路如下。

（1）提高晶振的精度，减小ppm偏差。其缺点是可能会导致成本上升，或者买不到晶振。

（2）加强维护管理，缩短校准时间的间隔，减少累计时间的偏差，这是解决故障的最低成本方案。

以上这个案例可指导如何选用时钟类芯片，也可推广应用到其他使用晶振类的产品，这些产品选型时都要考虑到ppm这个参数的偏差影响。因为晶振的偏差在实验室的短期测试中往往不会暴露出问题，而设备到了工程应用现场基本上是不断电长期运行的，这时时间偏差问题就暴露出来了。这就是很多工业设备到了工程应用现场运行一段时间后才出现问题的原因。

例如，使用“32.768kHz晶振＋单片机”运行一个月后，时间记录错误，导致采集数据包存储错误；使用“50MHz晶振＋FPGA”运行15天左右，采集数据正确，但是对应通道错误等。

从事电子研发的工作者若能阅读书籍，学习前辈的经验，则会有助于个人技能的快速提高。从事技术应用的工作者应在进行技术工作的同时保持适度的人文情怀追求，沿着“勤于术，精于业”到“精于术，勤于业”的发展路线不断进步。

刚入职工作时，以时间换取生存空间，多动手，随时保持学习探索的精神。“勤”是指大多数的工作时间在做什么，“精”是指掌握做某件事的深度，服务客户的需求。工作一段时间后，就不能只沉浸于技术实现层面，应在胜任工作的同时多了解自身产品的业务知识、国家标准、地区招标文件等。

2.3 电子芯片电平

2.3.1 芯片拉电流、灌电流、吸电流

电子硬件工程师经常会用到3种术语：拉电流、灌电流、吸电流。这些术语和MCU的管脚状态有关，下面以MCU驱动一个LED灯的案例来详细介绍，对应的电路图如图2-14所示。

例如，德州仪器公司生产的单片机TM4C1231E6PZ（ARM-cotex M4）的I/O管脚灌电流、拉电流分为2mA、4mA、8mA和18mA这4个等级，依靠寄存器软件设置进行选择，如图2-15所示。

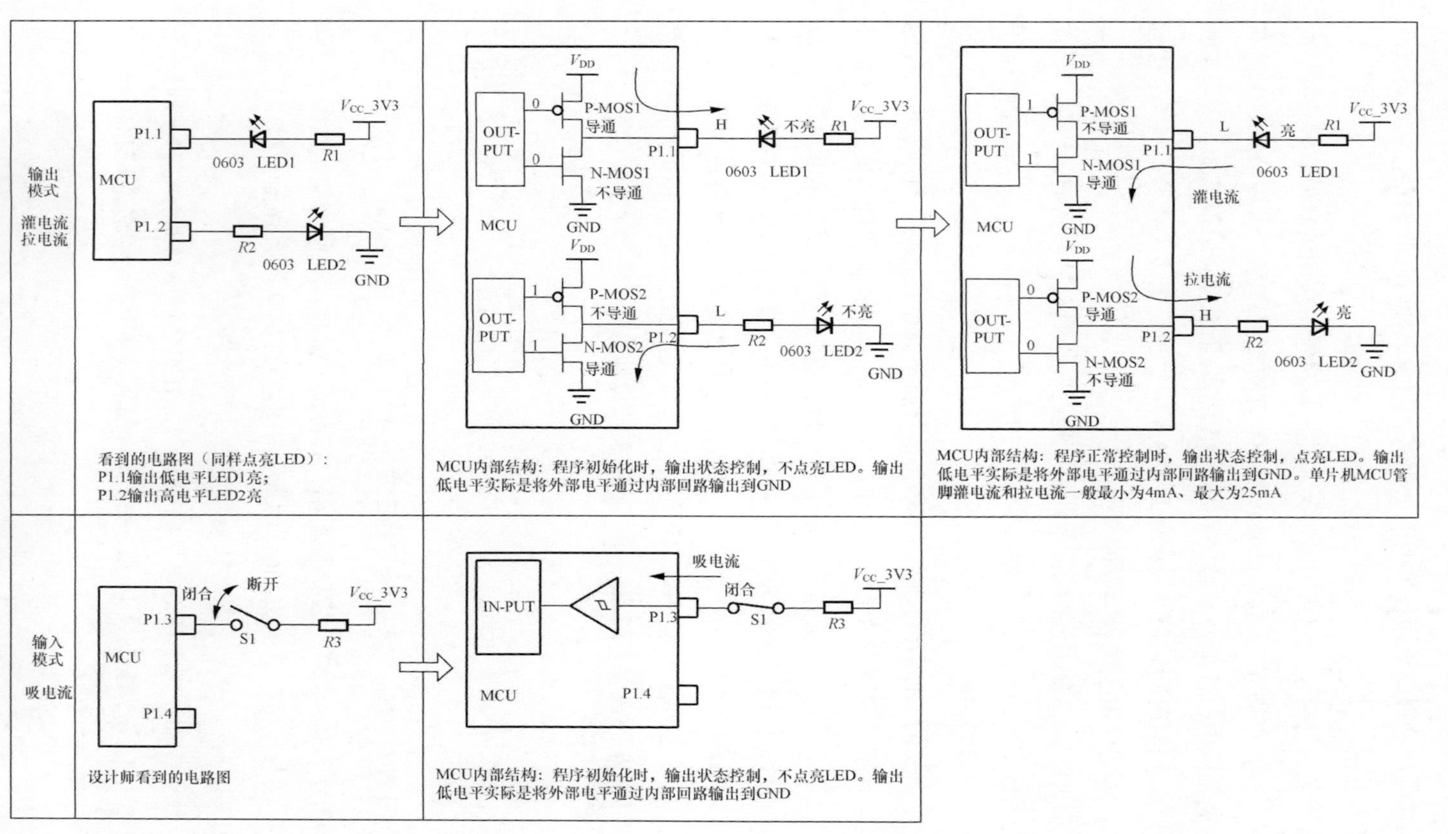
输出模式
灌电流
拉电流
MCU
P1.1
P1.2
0603 LED1
0603 LED2
R1
R2
V_{CC}_3V3
GND
看到的电路图（同样点亮LED）：
P1.1输出低电平LED1亮；
P1.2输出高电平LED2亮
OUT-PUT
V_{DD}
P-MOS1 导通
N-MOS1 不导通
P-MOS2 不导通
N-MOS2 导通
H
L
不亮
MCU内部结构：程序初始化时，输出状态控制，不点亮LED。输出低电平实际是将外部电平通过内部回路输出到GND
P-MOS1 不导通
N-MOS1 导通
P-MOS2 导通
N-MOS2 不导通
灌电流
拉电流
亮
MCU内部结构：程序正常控制时，输出状态控制，点亮LED。输出低电平实际是将外部电平通过内部回路输出到GND。单片机MCU管脚灌电流和拉电流一般最小为4mA、最大为25mA
输入模式
吸电流
闭合
断开
S1
R3
P1.3
P1.4
设计师看到的电路图
IN-PUT
吸电流
MCU内部结构：程序初始化时，输出状态控制，不点亮LED。输出低电平实际是将外部电平通过内部回路输出到GND

图 2-14

Table 21-6.Recommeded GPIO Pad Operating Conditions					
Parameter	Parameter Name	Min	Nom	Max	Unit
V_{IH}	GPIO high-level input voltage	0.65*V_{DD}	—	5.5	V
V_{IL}	GPIO low-level input voltage	0	—	0.35*V_{DD}	V
V_{HYS}	GPIO input hysteresis	0.2	—	—	V
V_{OH}	GPIO high-level output voltage	2.4	—	—	V
V_{OL}	GPIO high-level output voltage	—	—	0.4	V
I_{OH}	High-level source current，V_{OH}=2.4V				
	2-mA Drive	2.0	—	—	mA
	4-mA Drive	4.0	—	—	mA
	8-mA Drive	8.0	—	—	mA
I_{OL}	Low-level sink current，V_{OL}=2.4V				
	2-mA Drive	2.0	—	—	mA
	4-mA Drive	4.0	—	—	mA
	8-mA Drive	8.0	—	—	mA
	8-mA Drive，V_{OL}=1.2V	18.0	—	—	mA

输出时，芯片流出电流为“拉电流”

输出时，芯片流入电流为“灌电流”

图2-15

图2-15中的数据来源于《Tiva TM4C1231E6PZ Microcontroller DATA SHEET》数据手册。

2.3.2 芯片I/O脚输出阻抗

对于芯片的管脚输出直流阻抗R_{ON}，很多芯片的数据手册都未注明，因为在TTL、CMOS，或者LVTTL、LVCMOS电平的标准文件中，单端信号只需要关注V_{IH}/V_{IL}、V_{OH}/V_{OL}，以及I_{OH}/I_{OL}、I_{IH}/I_{IL}，这几个参数决定了数字信号电平是否被识别，以及数字电平的驱动扇出系数。

对于单端信号，需要注意输出阻抗的是SSTL、HSTL电平结构，具体标准如表2-16所示。

表2-16

序号	I/O接口	标准名称	简单描述
1	TTL和CMOS兼容标准	JESD18A	使用该接口标准的信号判断门限值，输出输入电流，匹配终端电阻，输出阻抗计算方式等信息
2	LVTTL电平	JESD8-5A-019	
3	SSTL_3（3.3V）	JESD8-8	
4	SSTL_2（2.5V）	JESD8-9B	
5	SSTL_18（1.8V）	JESD8-15A	
6	HSTL	JESD8-6	

例如，JESD8-15A标准详细地描述了SSTL_18结构的I/O接口（通常是支持DDR等芯片的控制器上的I/O接口）的关键参数，如图2-16、图2-17和图2-18所示。

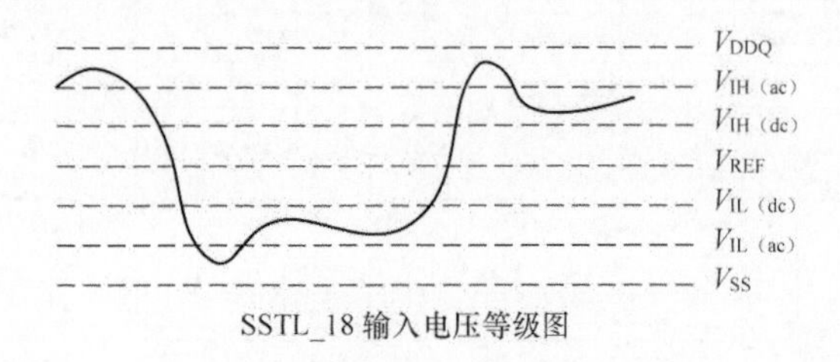

SSTL_18 输入电压等级图

电源电压等级表

符号	参数	最小值	典型值	最大值	单位
V_{DDQ}	输出电源电压	1.7	1.8	1.9	V
V_{REF}	输入电源电压	833	900	969	mV
V_{TT}	终端电压	V_{REF}-40	V_{REF}	V_{REF}+40	mV

图2-16

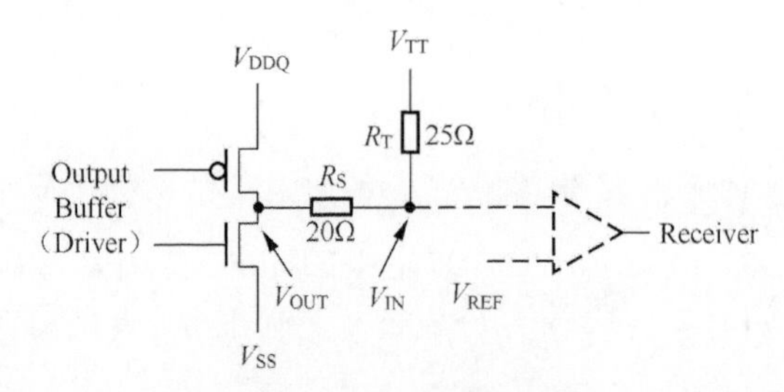

输出缓冲（驱动）典型环境图

在这种环境下，MOS输出器件深嵌入其栅区，因此指定SSTL_18驱动器特性，以确保V_{DDQ}在最小值时，驱动器输出电阻（R_{ON}）不大于21Ω。MOS器件不是完全线性的，但设计人员期待它可按预期变化，以确保它们满足设计需求。

图2-17

JESD8-15A标准中多处重复出现输出阻抗21Ω，计算方式如下。

输出低电平时的输出阻抗：

R_{ON}=输出低电平/输出低电平时的电流=280mV/13.4mA≈21Ω。

输出高电平时的输出阻抗：

R_{ON}=（V_{OUT}-V_{DDQ}）/输出电压=（1.42V-1.7V）/（-13.4mA）≈21Ω。

直流输出电流驱动表

符号	参数	最小值	最大值	单位	注
$I_{OH(dc)}$	输出源直流电流最小值	-13.4	—	mA	1、3、4
$I_{OL(dc)}$	输出漏入直流电流最小值（吸电流）	13.4	—	mA	2、3、4

注1：V_{DDQ}=1.7V；V_{OUT}=1420mV。当V_{OUT}在V_{DDQ}与V_{DDQ}-280mV之间时，（V_{OUT}-V_{DDQ}）/I_{OH} 必须小于21Ω
注2：V_{DDQ}=1.7V；V_{OUT}=280mV。当V_{OUT}在0V与280mV之间时V_{OUT}/I_{OL}必须小于21Ω
注3：V_{REF}直流值适配为接收设备的V_{TT}
注4：$I_{OH(dc)}$和$I_{OL(dc)}$依据注1、注2中的条件所得

图 2-18

在输出阻抗不等于21Ω时，配合外部的R_S和R_T最终实现整个PCB信号阻抗匹配。

JESD8-15A标准中推荐的串联电阻匹配阻值如图2-19所示。

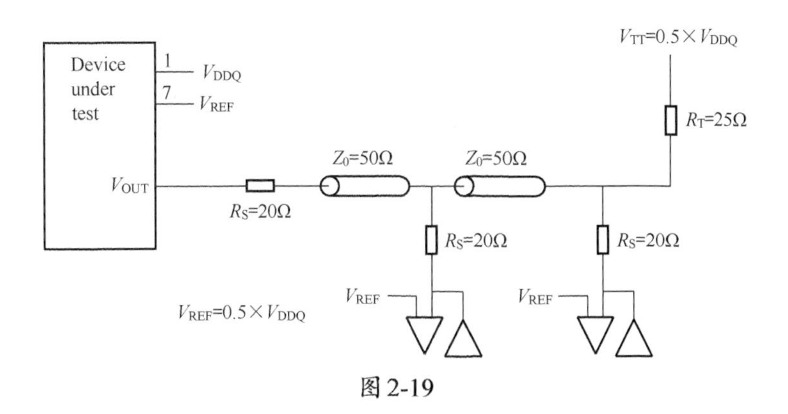

图 2-19

这很好地解释了为什么很多电子硬件工程师设计的1.8V接口的电路图中串联了20Ω、22Ω的电阻。

芯片I/O脚输出阻抗计算

事实上，不论是MCU、MPU、FPGA、DDR，还是74HCTXX等逻辑芯片，如果一定要计算输出阻抗，那么即使是TTL、CMOS电平结构，也可以给出输出阻抗，但是这个输出阻抗不是固定不变的。

特别注意：如果I/O内部设计不是100%对称的，则：

（1）同一个I/O脚，输出阻抗R_{ON}会依据通信信号的速率不同、芯片供电电压的不同而变化；

（2）同一个I/O脚，输出高电平和输出低电平在同样的频率下输出阻抗也是不同的。

JESD8-15A标准中的输出阻抗计算方式如下。

输出低电平时的输出阻抗：R_{ON}=输出低电平/输出低电平时的电流；

输出高电平时的输出阻抗：R_{ON}=（V_{OUT}-V_{DDQ}）/输出高电平时的电流。

我们在SSTL_3结构的接口的标准中找到需要的参数，以相同的方式计算可以得到与图2-20所示的表格中几乎一致的参数。比如选择V_{DDQ}=3.3V（Class I），计算方式如下。

JESD8-8（SSTL_3）电路电压依据V_{DDQ}电压值关系

Table 3.0 Spread sheet showing SSTL_3 circuit voltages depending on V_{DDQ}.
(For reference only)

Conditions	Units	Class I	Class I	Class I	Class II	Class II	Class II
V_{DDQ}	V	3.0	3.3	3.6	3.0	3.3	3.6
V_{TT}	V	1.3	1.5	1.7	1.3	1.5	1.7
V_{REF}	V	1.3	1.5	1.7	1.3	1.5	1.7
Termination Resisitor,RT（终端电阻）	Ω	50	50	50	25	25	25
Series Resisitor,RS（串联电阻）	Ω	25	25	25	25	25	25
Delta V_{IN}（变化V_{IN}）	V	0.4	0.4	0.4	0.4	0.4	0.4
Output High Driver							
Voltage at V_{IN}	V	1.7	1.9	2.1	1.7	1.9	2.1
Voltage at V_{OUT}	V	1.9	2.1	2.3	2.1	2.3	2.5
Pull-up Source-Drain Voltage（引出源漏电压）	V	1.1	1.2	1.3	0.9	1.0	1.1
Output Current（输出电流）	A	−0.008	−0.008	−0.008	−0.016	−0.016	−0.016
On resistance（导通电阻）	Ω	137.50	150.00	162.50	56.25	62.50	68.75
Output Low Driver							
Voltage at V_{IN}	V	0.9	1.1	1.3	0.9	1.1	1.3
Voltage at V_{OUT}	V	0.7	0.9	1.1	0.5	0.7	0.9
Output Current（输出电流）	A	0.008	0.008	0.008	0.016	0.016	0.016
On resistance（导通电阻）	Ω	87.5	112.50	137.50	31.25	43.75	56.25

图2-20

输出低电平时的输出阻抗：R_{ON}= 0.9V/0.008A=112.5Ω；

输出高电平时的输出阻抗：R_{ON}=2.1V−3.3V/（−0.008A）=150Ω。

通过图2-20可以看到芯片相同的I/O脚阻抗在高电平输出、低电平输出时阻值是有差异的。

下面以74HC14D芯片为例讲解如何计算输出阻抗。

根据SSTL_18、SSLT_3结构的接口的标准中输出阻抗的计算方式，我们可以得到任何芯片的输出阻抗。

依据图2-21所示的数据手册上提供的参数，可以计算得到输出阻抗，如下所述。

（1）环境温度为25℃，当V_{CC}=4.5V时，输出高电平V_{OH}=4.32V（典型值），I_O=−4.0mA，输出高电平时的输出阻抗：R_{ON}=（4.32V−4.5V）/|（−4.0mA）|=45Ω。

（2）环境温度为25℃，当V_{CC}=4.5V时，输出低电平V_{OL}=0.15V（典型值），I_O=4.0mA，输出低电平时的输出阻抗：R_{OH}=0.15V/4.0mA=37.5Ω。

符号	参数	条件	T_{amb}=25℃			T_{amb}=−40 ～ +85℃		T_{amb}=−40 ～ +125℃		单位
			最小值	典型值	最大值	最小值	最大值	最小值	最大值	
V_{OH}	高电平输出电压	V_I=V_{T+}或V_{T-}								
		I_O=−20μA;V_{CC}=2.0V	1.9	2.0	—	1.9	—	1.9	—	V
		I_O=−20μA;V_{CC}=4.5V	4.4	4.5	—	4.4	—	4.4	—	V
		I_O=−20μA;V_{CC}=6.0V	5.9	6.0	—	5.9	—	5.9	—	V
		I_O=−4.0mA;V_{CC}=4.5V	3.98	4.32	—	3.84	—	3.7	—	V
		I_O=−5.2mA;V_{CC}=6.0V	5.48	5.81	—	5.34	—	5.2	—	V
V_{OL}	低电平输出电压	V_I=V_{T+}或V_{T-}								
		I_O=20μA;V_{CC}=2.0V	—	0	0.1	—	0.1	—	0.1	V
		I_O=20μA;V_{CC}=4.5V	—	0	0.1	—	0.1	—	0.1	V
		I_O=20μA;V_{CC}=6.0V	—	0	0.1	—	0.1	—	0.1	V
		I_O=4.0mA;V_{CC}=4.5V	—	0.15	0.26	—	0.33	—	0.4	V
		I_O=5.2mA;V_{CC}=6.0V	—	0.16	0.26	—	0.33	—	0.4	V
I_I	输入电流	V_I=V_{CC}或GND; V_{CC}=6.0V	—	—	±0.1	—	±1.0	—	±1.0	μA
I_{CC}	电源电流	V_I=V_{CC}或GND; I_O=0A;V_{CC}=6.0V	—	—	2.0	—	20	—	40	μA
C_I	输入电容		—	3.5	—	—	—	—	—	pF

图2-21

即使是同一个I/O脚，输出高电平和输出低电平时的输出阻抗也是不同的。在逻辑芯片74系列中，因为大多是采用TTL、CMOS电平，所以关注的是扇出系数，这也是很多芯片手册不特别注明单端信号输出阻抗的原因。不过作为电子硬件工程师，了解芯片的输出阻抗计算方式对排查一些特殊情况下的故障是十分有用的。

2.3.3 逻辑电平转换方法

在电子电路中，信号传输离不开高电平、低电平的逻辑判断，即1、0判断。在大多数的逻辑器件中，高于高电平门限值的电压值就是高电平，也就是逻辑1；低于低电平门限值的电压值就是低电平，也就是逻辑0。

如表2-17和表2-18所示，在通用场合的单板设计中，TTL和CMOS逻辑电平被广泛运用，是数字电路设计中最为常见的两种电平，它们将始终伴随绝大多数电子硬件工程师的职业生涯。

表2-17

逻辑电平	TTL	CMOS
低电压逻辑电平	LVTTL	LVCMOS
其他	SSTL、HSTL等	

表2-18

类别	输出管脚典型图示	描述
TTL	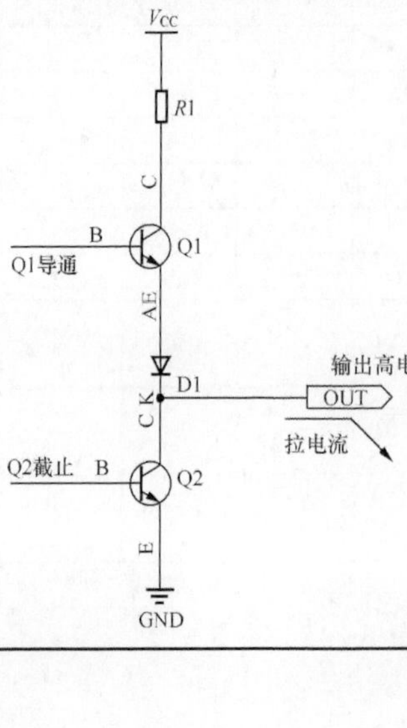 V_{CC} R1 C B Q1 Q1导通 AE D1 CK 输出高电平 OUT 拉电流 Q2截止 B Q2 E GND	（1）TTL指的是晶体管逻辑电平； （2）晶体管是电流控制器件，且输入电阻较小； （3）晶体管逻辑电平的切换速度快，但是其功耗比CMOS的功耗高

续表

类别	输出管脚典型图示	描述
CMOS	V_{CC} PMOS导通 钳位二极管 低电平驱动进入 输出高电平 OUT 钳位二极管 NMOS截止 GND	(1) CMOS指的是MOS管逻辑电平; (2) MOS管是电压控制器件，且输入电阻极大; (3)MOS管逻辑电平的切换速度慢，但其功耗比TTL的功耗低; (4) COMS器件的输入阻抗极大，外界微小的干扰就能引起电平翻转，因此COMS器件上未使用的输入引脚应做上下拉处理，不能浮空

在现实的物理世界中，信号是连续的模拟信号，而数字信号只有“1”和“0”两种逻辑状态，因此需要用阈值来定义信号的逻辑状态。

下面以3.3V与5V电平之间的转化为例进行介绍，如图2-22所示。

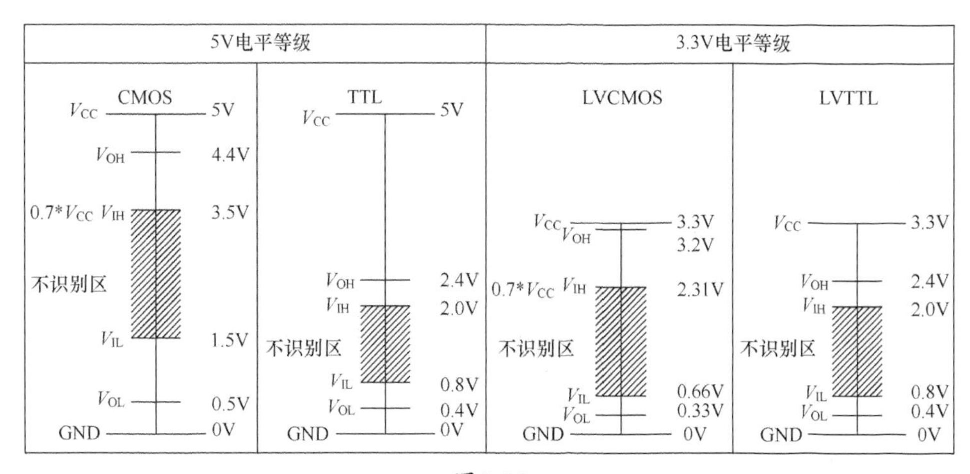

图2-22

图中每种逻辑电平都规定了4个门限阈值，即V_{OH}、V_{IH}、V_{OL}、V_{IL}。

不同厂家生产制造的芯片的门限阈值相近，略有不同，具体设计时应参考对应元器件的数据手册，避免犯错误。

如何理解V_{OH}、V_{IH}、V_{OL}、V_{IL}？

为便于理解V_{OH}、V_{IH}、V_{OL}、V_{IL}，可通过图示来认识，如图2-23所示。

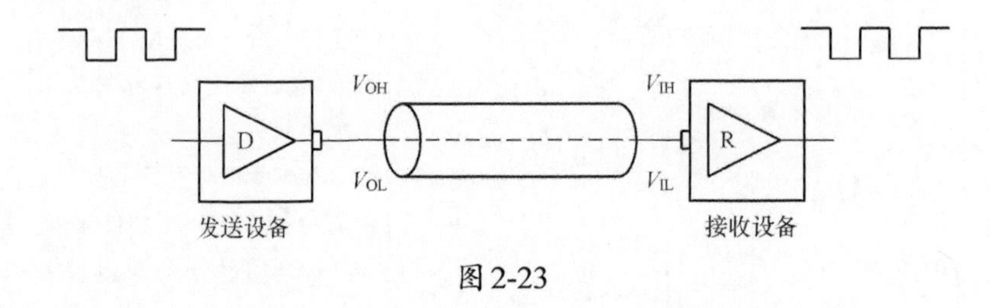

图2-23

（1）当逻辑器件输出高电平时，电平的电压幅值应高于V_{OH}，即V_{OH}为输出高电平的最小值。

（2）当逻辑器件输入高电平时，电平的电压幅值应高于V_{IH}，即V_{IH}为输入高电平的最小值。

$V_{OH} > V_{IH}$的原因是：信号在传输介质上传输时会有电压差。

（3）当逻辑器件输出低电平时，电平的电压幅值应低于V_{OL}，即V_{OL}为输出低电平的最大值。

（4）当逻辑器件输入低电平时，电平的电压幅值应低于V_{IL}，即V_{IL}为输入低电平的最大值。

通过对CMOS、TTL、LVCMOS、LVTTL的高低电平门限阈值进行了解，我们发现4种逻辑器件并非可以直接相互连接，只有满足一定的条件时，或者进行电平转换后，它们之间才能顺利通信。

那么什么情况下CMOS、TTL、LVCMOS、LVTTL可以相互通信?

通过对电平等级的门限阈值进行分析，我们可以了解到不同电平等级的逻辑器件之间相互传输信号时，信号电压范围需要匹配。

在不同电平等级的逻辑器件之间进行信号传输时，电子硬件工程师需要明确的原则（注意事项）如表2-19所示。

在选用74系列芯片时，尤其要注意电平转换的驱动能力、电平切换时延等特性。

图2-24中的阴影区域的电平值就是不能被逻辑器件识别的电平值，即在这个区域的电平既不是高电平，也不是低电平。很多设备失控，不能达到设计师的预期波形，都是因为电平值停留在了阴影区域。

表2-19

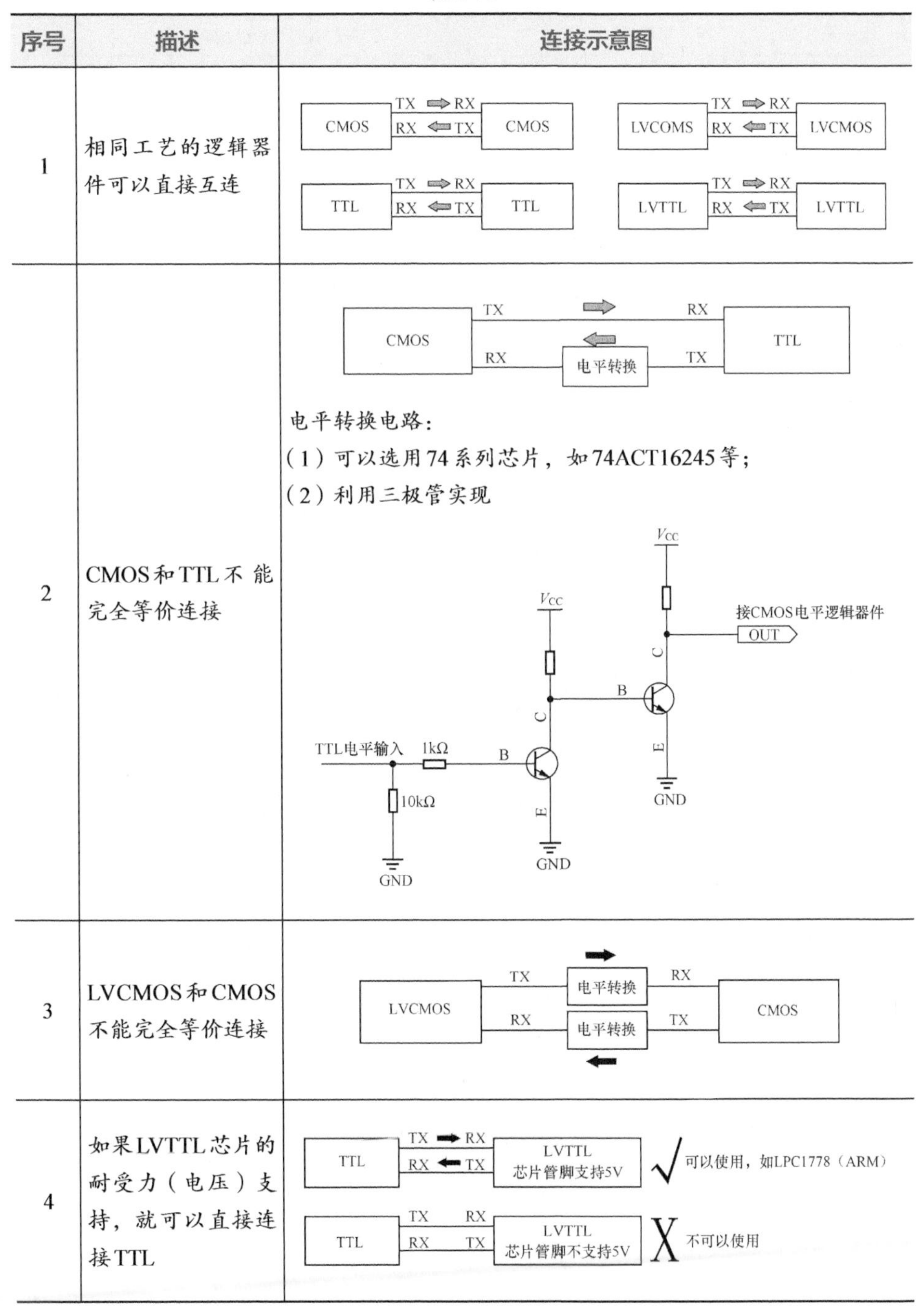

序号	描述	连接示意图
1	相同工艺的逻辑器件可以直接互连	CMOS TX→RX CMOS, RX←TX；LVCOMS TX→RX LVCMOS, RX←TX；TTL TX→RX TTL, RX←TX；LVTTL TX→RX LVTTL, RX←TX
2	CMOS和TTL不能完全等价连接	CMOS TX→RX TTL；CMOS RX←电平转换←TX TTL 电平转换电路： （1）可以选用74系列芯片，如74ACT16245等； （2）利用三极管实现 TTL电平输入 1kΩ 10kΩ B C E V_{CC} GND 接CMOS电平逻辑器件 OUT
3	LVCMOS和CMOS不能完全等价连接	LVCMOS TX→电平转换→RX CMOS；LVCMOS RX←电平转换←TX CMOS
4	如果LVTTL芯片的耐受力（电压）支持，就可以直接连接TTL	TTL TX→RX、RX←TX LVTTL 芯片管脚支持5V √ 可以使用，如LPC1778（ARM） TTL TX RX、RX TX LVTTL 芯片管脚不支持5V X 不可以使用

续表

5V电平等级		3.3V电平等级	
CMOS V_{CC} 5V V_{OH} 4.4V 0.7*V_{CC} V_{IH} 3.5V 不识别区 V_{IL} 1.5V V_{OL} 0.5V GND 0V	TTL V_{CC} 5V V_{OH} 2.4V V_{IH} 2.0V 不识别区 V_{IL} 0.8V V_{OL} 0.4V GND 0V	LVCMOS V_{CC} 3.3V V_{OH} 3.2V 0.7*V_{CC} V_{IH} 2.31V 不识别区 V_{IL} 0.66V V_{OL} 0.33V GND 0V	LVTTL V_{CC} 3.3V V_{OH} 2.4V V_{IH} 2.0V 不识别区 V_{IL} 0.8V V_{OL} 0.4V GND 0V

图 2-24

最典型的一种故障情况就是：IIC芯片需要时钟CLK和数据线SDA加上拉电阻达到V_{CC}，而设计师遗漏了上拉电阻，导致通信失败。

如果电平处于图2-22所示的阴影区域中，接收信号的芯片就无法识别高电平或低电平，相当于该管脚悬在空气中，俗称浮空。

对于浮空状态，不同的芯片厂家会有不同的处理方法：有的厂家会忽略浮空状态，因为管脚浮空时芯片一般不受影响；有的厂家会利用浮空状态来设计芯片的特殊功能。

例如IMP706RESA看门狗芯片，在WDI脚浮空时，看门狗将关闭。详细情况参看本书的看门狗案例部分。

2.3.4 74系列芯片

74系列的芯片有很多种，例如“74”与“00”组合的芯片就有7400、SN7400、74S00、SN74S00、74LS00、74ALS00、74F00、74HC00、74HCT00、74ACT00、74HC00以及74LVC00等。然而数据手册只会介绍某一个型号的芯片的特点。若要弄懂这些芯片之间的区别、差异，就有必要了解电子发展的历史。

逻辑器件不论是TTL系列（74××），还是MOS管系列（74×C××），命名规律基本相似，如图2-25所示。

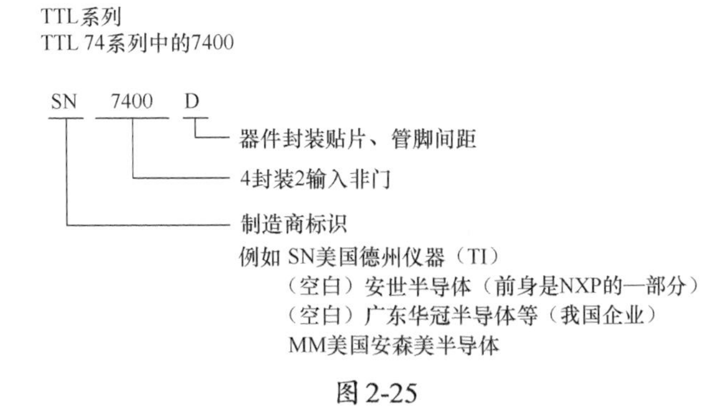

图 2-25

不同厂家生产的芯片的传输信号的上升与下降时间略有不同。若购买74系列的芯片，则在录入PCB的焊接物料清单时最好标注“芯片型号全称+厂家”。

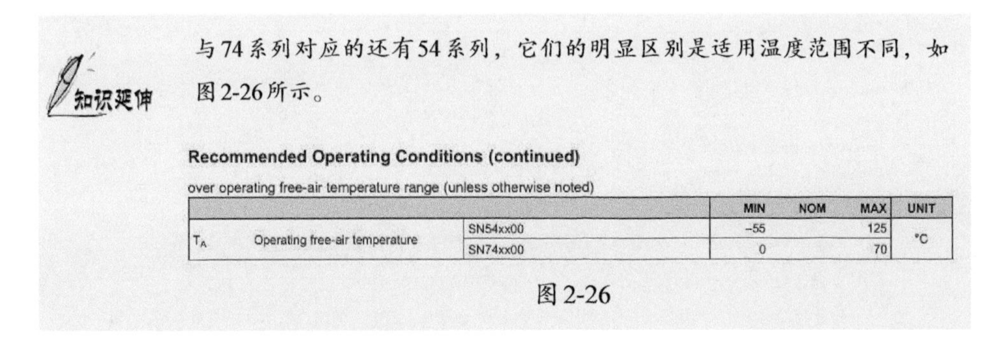
知识延伸

与74系列对应的还有54系列，它们的明显区别是适用温度范围不同，如图2-26所示。

Recommended Operating Conditions (continued)

over operating free-air temperature range (unless otherwise noted)

			MIN	NOM	MAX	UNIT
T_A	Operating free-air temperature	SN54xx00	–55		125	°C
		SN74xx00	0		70	

图 2-26

（1）逻辑器件74系列的发展历史。

如何选用逻辑器件呢？请看TTL双极性逻辑系列和MOS管逻辑系列的家族图谱简图，如图2-27所示。

通过图2-27的介绍，我们可以方便、明确地区分逻辑器件之间的差异。目前，我们在电子市场上依然能购买到图2-27所示的每种型号的逻辑器件，可满足不同产品的成本、功能需求。在常规场合，如果电子硬件工程师不能很好地区分这些逻辑器件的详细信号上升与下降的延时，则在信号频率20MHz以内，优先推荐采用74HC、74HCT系列。如果有的智能设备要求低功耗，那么可以考虑使用74AHC、74AHCT系列。

（2）逻辑器件驱动能力——扇出系数。

逻辑器件的输入、输出只能承受一定范围内的电流，它的驱动能力大小是由扇出系数决定的。(I_{OL}/I_{IL})与(I_{OH}/I_{IH})中的最小值即扇出系数。

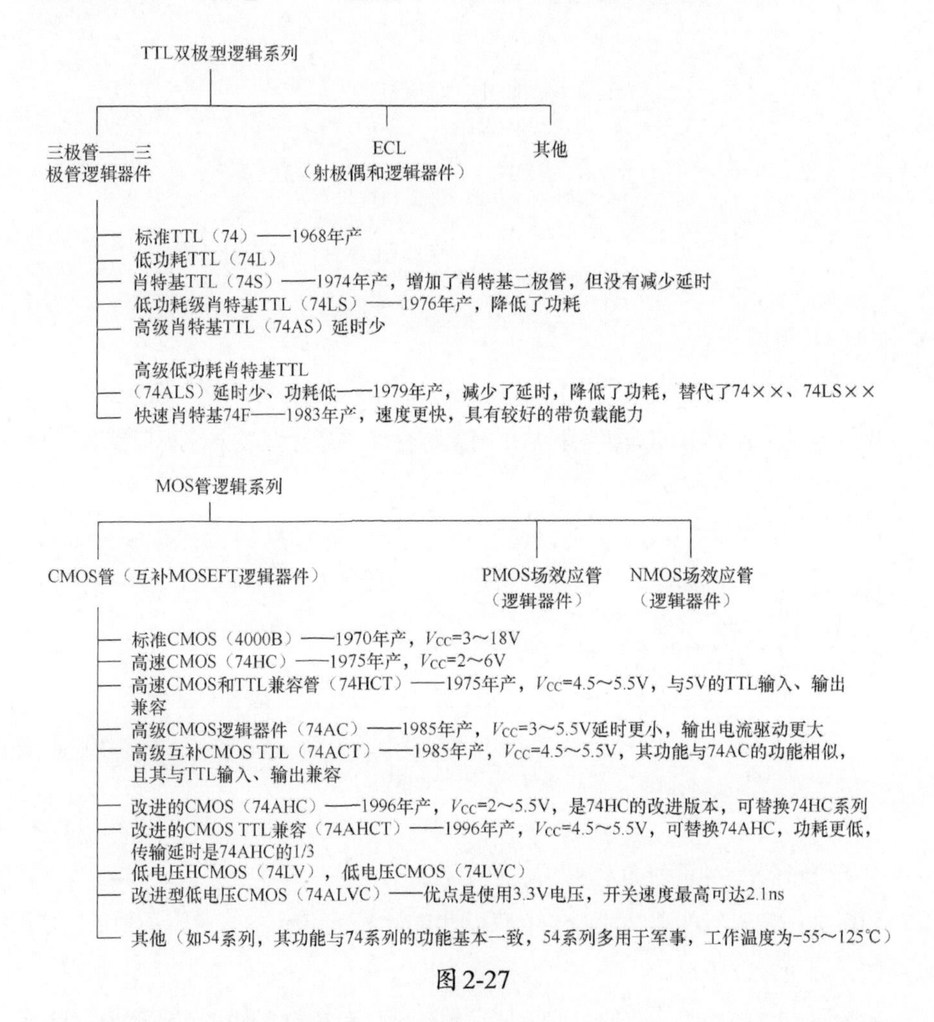

图2-27

I_{OH}为最大高电平输出电流（输出高电平实际上是逻辑芯片管脚把信号拉高，电流流出管脚）。

I_{OL}为最大低电平输出电流（输出低电平实际上是逻辑芯片管脚把信号拉低，电流流入管脚）。

I_{IL}为最大低电平输入电流。

I_{IH}为最大高电平输入电流。

逻辑门输出信号的电流方向如图2-28所示。

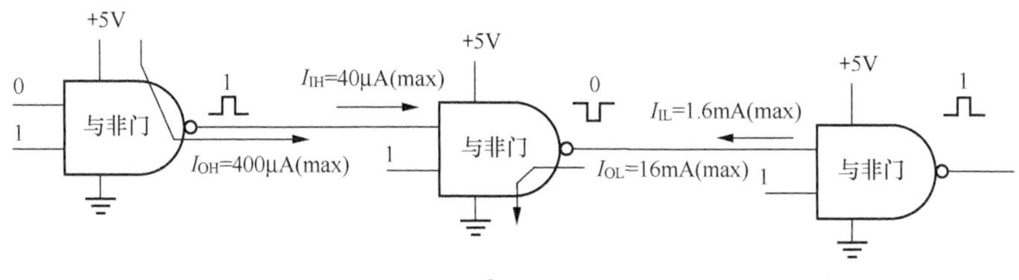

图2-28

案例1

以一个标准的74系列芯片（TTL）为例，其典型参数为：I_{IL}=−1.6mA，I_{IH}=40μA，I_{OL}=16mA，I_{OH}=−400μA。（负号表示电流流出逻辑门，正号表示电流流入逻辑门），扇出系数计算如下。

（I_{OL}/I_{IL}）=|16mA/（−1.6mA）|=10，（I_{OH}/I_{IH}）=|（−400μA）/40μA|=10，两个值间取最小值，还是10，即扇出系数为10。这代表该芯片管脚后面可以同时驱动10个同类型的TTL逻辑门（如与门、与非门等），如图2-29所示。

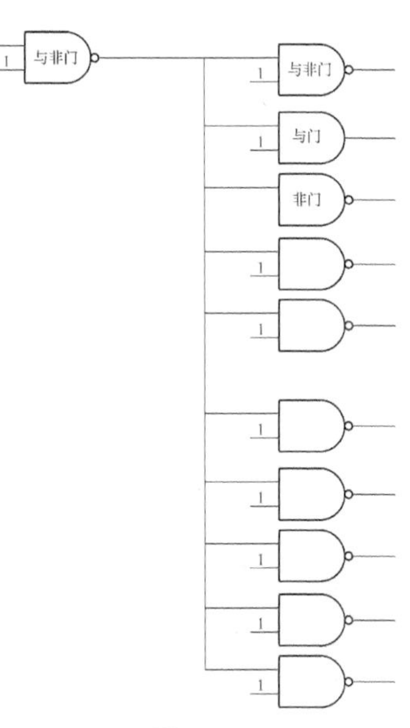

图2-29

实践示例：标准的74系列芯片（TTL）参见SN7400数据手册，如图2-30和图2-31所示。

Recommended Operating Conditions
over operating free-air temperature range (unless otherwise noted)

			MIN	NOM	MAX	UNIT
V_{CC}	Supply voltage	SN54xx00	4.5	5	5.5	V
		SN74xx00	4.75	5	5.25	
V_{IH}	High-level input voltage		2			V
V_{IL}	Low-level input voltage	SNx400、SN7LS400、SNx4S00			0.8	V
		SN54LS00			0.7	
I_{OH}	High-level output current	SN5400、SN7LS400、SN54LS00			−0.4	mA
		SNx4S00			−1	
I_{OL}	Low-level output current	SNx400			16	mA
		SN5LS400			4	
		SN7LS400			8	
		SNx4S00			20	

高电平输出电流
低电平输出电流

图2-30

电气性能：SNx400
over operating free-air temperature range（unless otherwise noted）

PARAMETER	TEST CONDITIONS		MIN	TYP	MAX	UNIT
V_{IK}	V_{CC}=MIN and I_I=-12mA				-1.5	V
V_{OH}	V_{CC}=MIN , V_{IL}=0.8V,and I_{OH}=-0.4mA		2.4	3.4		V
V_{OL}	V_{CC}=MIN , V_{IL}=2V,and I_{OL}=16mA			0.2	0.4	V
I_I	V_{CC}=MAX and V_I=5.5V				1	mA
I_{IH}	V_{CC}=MAX and V_I=2.4V				40	μA
I_{IL}	V_{CC}=MAX and V_I=0.4V				-1.6	mA
I_{OS}	V_{CC}=MAX	SN5400	-20		-55	mA
		SN7400	-18		-55	mA
I_{CCL}	V_{CC}=MAX and V_I=0V			4	8	mA
I_{CCL}	V_{CC}=MAX and V_I=4.5V			12	22	mA

高电平输入电流

低电平输入电流

图 2-31

案例2

以一个标准的74HC×× CMOS芯片为例，其典型参数为：I_{IL}=-1μA，I_{IH}=1μA，I_{OL}=4mA，I_{OH}=-4mA。故扇出系数=（4mA/1μA）=4000。

通过对比，可以明确地了解到：

① CMOS芯片的扇出系数远远大于TTL芯片的扇出系数，CMOS电路的驱动能力比TTL电路的驱动能力更强；

② CMOS芯片的信号输入电流为μA级，TTL芯片信号，低电平输入电流为-1.6mA。芯片的封装原理图如图2-32所示。

74HC14/74HCT14

图 2-32

NXP的74HC14、74HCT14具备施密特结构，有利于排除一定的信号干扰抖动。

数据手册中告知了芯片管脚的极限最大输出电流为±25mA，输出、输入钳位最大电流为±20mA，如图2-33所示。

为了保护该芯片不受损，推荐设计师在使用时控制电流小于20mA。而在数据手册的测试数据中，厂家给出的参考参数是供电电压V_{CC}为6.0V时，最高输出电流为5.2mA，如图2-34所示。

按照绝对最高额定值系统（IEC 60134）。电压参考GND。

符号	参数	条件	最小值	最大值	单位
V_{CC}	电源电压		−0.5	+7	V
I_{IK}	输入箝位电流	$V_I < -0.5V$ 或 $V_I > V_{CC} + 0.5V$ [1]	—	±20	mA
I_{OK}	输出箝位电流	$V_O < -0.5V$ 或 $V_O > V_{CC} + 0.5V$ [1]	—	±20	mA
I_O	输出电流	$-0.5V < V_O < V_{CC} + 0.5V$	—	±25	mA
I_{CC}	电源电流		—	50	mA
I_{GND}	接地电流		−50	—	mA
T_{stg}	存储温度		−65	150	℃
P_{tot}	总功耗	[2]	—	500	mW

[1]输入电流和输出电流为额定值时，输入电压和输出电压可能超过额定值。

[2] SOT108-1 (SO14) 封装：温度超过100℃时，P_{tot}将按10.1mW/K的斜率线性降低；SOT337-1 (SSOP14)封装：温度超过81℃时，P_{tot}将按7.3mW/K的斜率线性降低。

注：其中K为开尔文温度，1K=(273.15+1)℃，10.1mW/K=10.1mW/274.15℃ =0.0368mW/℃。

图2-33

符号	参数	条件	T_{amb}=25℃			T_{amb}=−40～+85℃		T_{amb}=−40～+125℃		单位
			最小值	典型值	最大值	最小值	最大值	最小值	最大值	
V_{OH}	高电平输出电压	V_I=V_{T+}或V_{T-}								
		I_O=−20μA；V_{CC}=2.0V	1.9	2.0	—	1.9	—	1.9	—	V
		I_O=−20μA；V_{CC}=4.5V	4.4	4.5	—	4.4	—	4.4	—	V
		I_O=−20μA；V_{CC}=6.0V	5.9	6.0	—	5.9	—	5.9	—	V
		I_O=−4.0mA；V_{CC}=4.5V	3.98	4.32	—	3.84	—	3.7	—	V
		I_O=−5.2mA；V_{CC}=6.0V	5.48	5.81	—	5.34	—	5.2	—	V
V_{OL}	低电平输出电压	V_I=V_{T+}或V_{T-}								
		I_O=20μA；V_{CC}=2.0V	—	0	0.1	—	0.1	—	0.1	V
		I_O=20μA；V_{CC}=4.5V	—	0	0.1	—	0.1	—	0.1	V
		I_O=20μA；V_{CC}=6.0V	—	0	0.1	—	0.1	—	0.1	V
		I_O=4.0mA；V_{CC}=4.5V	—	0.15	0.26	—	0.33	—	0.4	V
		I_O=5.2mA；V_{CC}=6.0V	—	0.16	0.26	—	0.33	—	0.4	V
I_I	输入漏电流	V_I=V_{CC}或GND；V_{CC}=6.0V	—	—	±0.1	—	±1.0	—	±1.0	μA
I_{CC}	电源电流	V_I=V_{CC}或GND；I_O=0A；V_{CC}=6.0V	—	—	2.0	—	20	—	40	μA
C_I	输入电容		—	3.5	—	—	—	—	—	pF

图2-34

在实际使用时，通常供电电压V_{CC}为3.3V、5V。使用74HC×× 芯片时，如果V_{CC}=5V，则控制输入/输出电流小于等于4mA，这更有利于保护74HC×× 芯片。

逻辑芯片管脚电流控制不当损坏74HCT14芯片的案例如下。

在某PCB显示面板中发现：装置正常运行3个月后，部分产品出现指示灯故障。故障现象是：为确保MCU不受面板干扰，特意通过74HCT14芯片驱动控制了两个LED灯；但是运维人员发现，经常出现74HCT14芯片中的一只管脚损坏导致LED1灯不亮，而另外一个LED2灯正常工作的现象。电路原理图如图2-35所示。

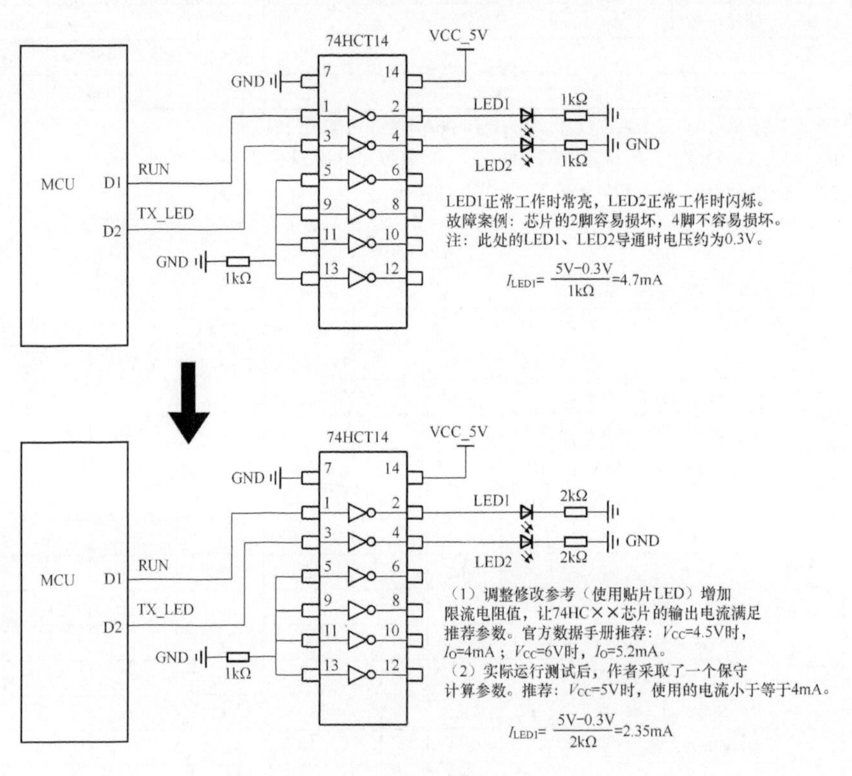

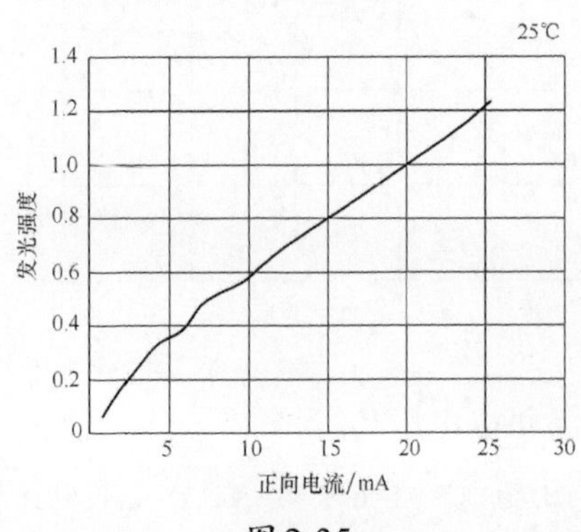

图2-35

案例中使用的LED的型号为FC-2012UGK-520D5（佛山市国星光电股份有限公司）。

分析问题后，发现易损坏的74HCT14芯片管脚控制的LED1灯正常工作时是长期点亮的，而一直没有损坏的LED2灯连接的管脚通过高电平切换让LED2灯闪烁。对设计进行修改，即增大串联电阻电阻值后，装置没有再出现此类故障。

电阻值增大后，贴片LED1的发光强度从0.37降至0.2左右，肉眼几乎观察不出区别。

分析原因：逻辑芯片的管脚内部长期维持电流不变后会发热，导致内部钳位保护器件失效，或出现短路等故障。

（1）二极管导通压降流过的电流越大，压降越大，不是固定的0.3V或0.7V。

（2）正向导通电流不同，发光二极管的发光强度也不同。

（3）即使电流很小，贴片发光二极管也能发出较强的光。

电平切换的常用方法有哪些？

逻辑电平的切换大体上可以分为两大类：非隔离切换、隔离切换。举例如表2-20所示。

表2-20

序号	举例	图示举例
1	3.3V转5V电平（三极管，非隔离）	V_{CC} OUT 5V输出 C B E GND V_{CC} C 3.3V输入 B 1kΩ 10kΩ GND E GND

续表

序号	举例	图示举例
2	3.3V与5V电平切换（三极管组合，非隔离）。 注：可用在低成本的UART、CAN接口设备的内部通信场合	V_{CC}_3.3V V_{CC}_5V 1kΩ 8050-NPN 4.7kΩ B MCU-TXD-1 C E 33Ω MCU-TXD 信号传输方向（3.3V转5V） V_{CC}_3.3V V_{CC}_5V 1kΩ V_{CC}_3.3V 4.7kΩ B 4.7kΩ MCU-RXD-1 E C 33Ω MCU-RXD 信号传输方向（5V转3.3V）
3	3.3V与5V电平切换（74HCT系列逻辑芯片兼容方式，非隔离，共地）。 注：常用于3.3V-MCU与外部5V芯片连接	104 V_{CC}_5V GND V_{CC}_3.3V 10 GND V_{CC} 20 4.7kΩ M-LCD0 2 A0 B0 18 M-LCD0-1 4.7kΩ M-LCD1 3 A1 B1 17 M-LCD1-1 4.7kΩ M-LCD2 4 A2 B2 16 M-LCD2-1 4.7kΩ M-LCD3 5 A3 B3 15 M-LCD3-1 4.7kΩ M-LCD4 6 A4 B4 14 M-LCD4-1 4.7kΩ M-LCD5 7 A5 B5 13 M-LCD5-1 4.7kΩ M-LCD6 8 A6 B6 12 M-LCD6-1 4.7kΩ M-LCD7 9 A7 B7 11 M-LCD7-1 V_{CC}_5V 4.7kΩ 1 DIR /OE 19 1kΩ GND H:A->B L:A<-B 74HCT245D 信号传输方向（3.3V转5V）
4	3.3V与5V电平切换（两种电源供电，非隔离，共地）	1 V_{CCA} V_{CCB} 24 11 GND V_{CCB} 23 12 GND GND 13 3 A0 B0 21 4 A1 B1 20 5 A2 B2 19 6 A3 B3 18 7 A4 B4 17 8 A5 B5 16 9 A6 B6 15 10 A7 B7 14 2 DIR /OE 22 H:A->B L:A<-B 74LVC4245APW

续表

序号	举例	图示举例
5	3.3V与5V电平切换（两种电源供电，隔离），芯片隔离方式	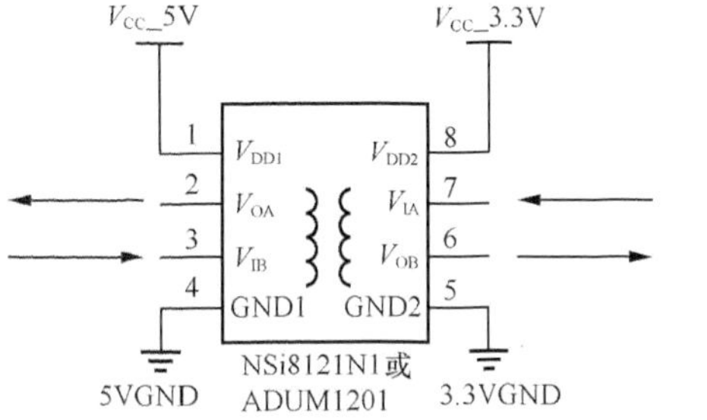 V_{CC}_5V　V_{CC}_3.3V 1 V_{DD1}　V_{DD2} 8 2 V_{OA}　V_{IA} 7 3 V_{IB}　V_{OB} 6 4 GND1　GND2 5 5VGND　NSi8121N1或ADUM1201　3.3VGND
6	3.3V与5V电平切换（两种电源供电，隔离），光耦隔离方式	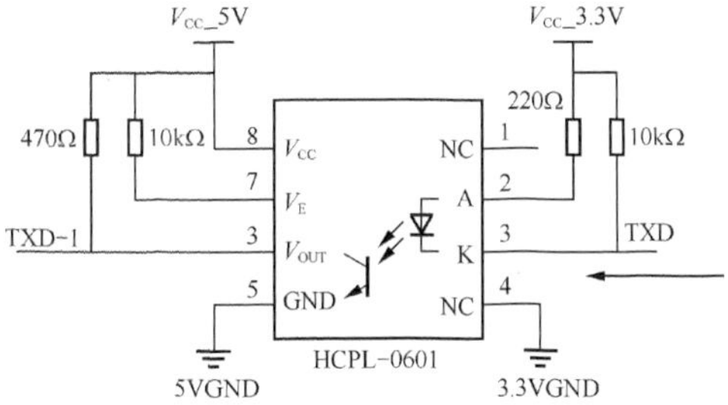 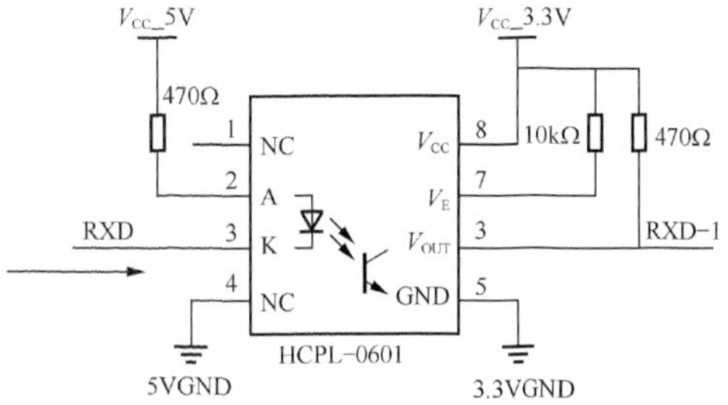 V_{CC}_5V　V_{CC}_3.3V 470Ω　10kΩ　220Ω　10kΩ 8 V_{CC}　NC 1 7 V_E　A 2 TXD-1　3 V_{OUT}　K 3　TXD 5 GND　NC 4 5VGND　HCPL-0601　3.3VGND V_{CC}_5V　V_{CC}_3.3V 470Ω　10kΩ　470Ω 1 NC　V_{CC} 8 2 A　V_E 7 RXD　3 K　V_{OUT} 3　RXD-1 4 NC　GND 5 5VGND　HCPL-0601　3.3VGND

三极管进行电平切换时，搭建的电路可参考图2-36。

该电路同样可以应用于串口UART、CAN通信，3.3V转5V的场合。

三极管电路切换电平的精髓在于：充分利用三极管的集电极类似于开漏的特性，在不导通时，集电极上拉电阻决定电平值，基极B与发射极E的电压差决定集电极C与发射极E是否导通。

收发信号的精髓在于：发送信号的高电平或低电平只要能被接收端识别到，就代表成功。

实践验证：实现CAN信号收发的电路图如图2-37所示（该电路可支持250kbit/s的速率）。

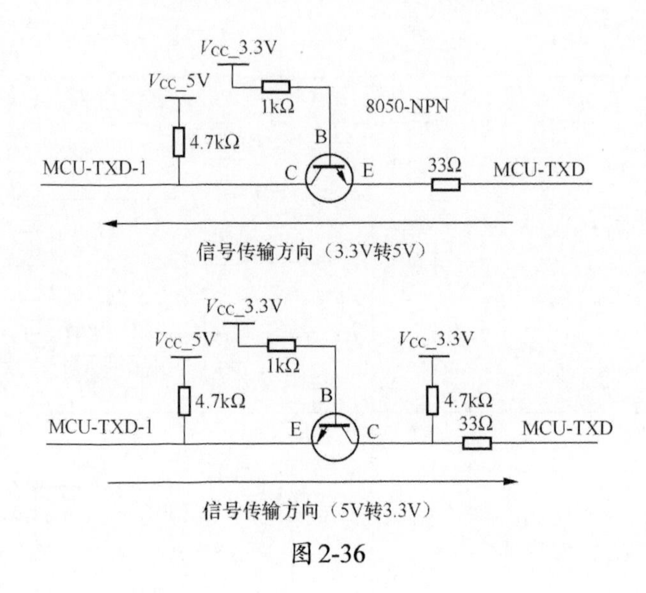

图2-36

图2-37

原理阐述如下。

第1步：在默认情况下，没有收发信号时，CAN芯片（PCA82C250）的TXD、RXD为高电平，单片机的CAN-TXD-1、CAN-RXD-1也默认为高电平。

第2步：如果CAN-TXD-1为高电平（3.3V），基极B通过电阻上拉到电压3.3V，V_{BE}（电压差）<0.7V，则三极管的CE不导通；三极管的集电极C电平由电阻上拉的5V决定，所以CAN-TXD-1的电压就是5V，即高电平，能被PCA82C250

芯片正确识别。

如果CAN-TXD-1为低电平（0V），基极B通过电阻上拉到电压3.3V，V_{BE}（电压差）＞0.7V，则三极管的CE导通。三极管的集电极C电平虽然由电阻上拉的5V决定，但由于CE导通，所以CAN-TXD-1的电压会与三极管的发射极E的电压一致，接近0V，从而CAN-TXD-1电平为0，即低电平，能被PCA82C250芯片正确识别。

第3步：CAN-RXD-1的分析思路与第2步中的分析思路一样。

该电路的实用价值是：在非隔离要求的场合中，利用两只便宜的三极管就能实现用光耦或者隔离芯片才能完成的电平切换功能。

2.4 基础工具及接口

电子硬件工程师离不开的最基本的3种工具是万用表、示波器、电烙铁，如图2-38所示。

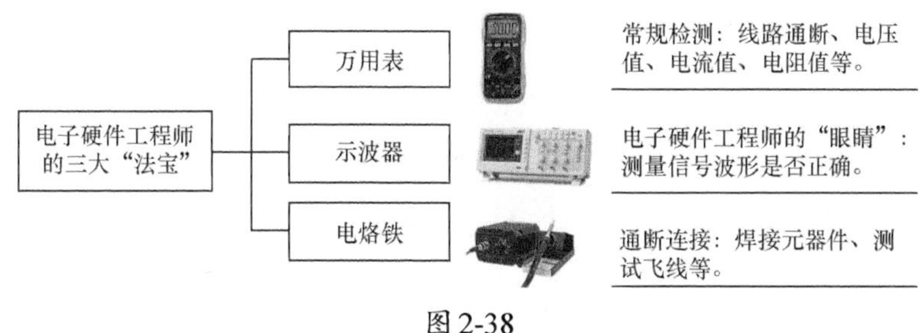

图2-38

常用的辅助测试设备有：信号发生器、可调直流稳压电源、功率计等。

嵌入式设备常用的调试接口有：USB转RS232转接线、RS232转RS485转接头、USB转RS485转接线、USB转CAN转接线、串口延长线等。

2.4.1 电烙铁的使用和维护

（1）电烙铁的温度与锡焊丝的熔点有关，大约为“锡焊丝熔点+50℃+空气环境温度散热补偿=260～330℃”，请查阅本书2.2节“电子设备温度”的阐述。

（2）维护电烙铁时要保持高温海绵湿润，湿润的高温海绵有利于摩擦清洁电烙铁头。

焊接工具温度控制良好、焊接工具干净可避免锡焊渣带来的焊接故障。电烙铁的使用和维护参见图2-39。

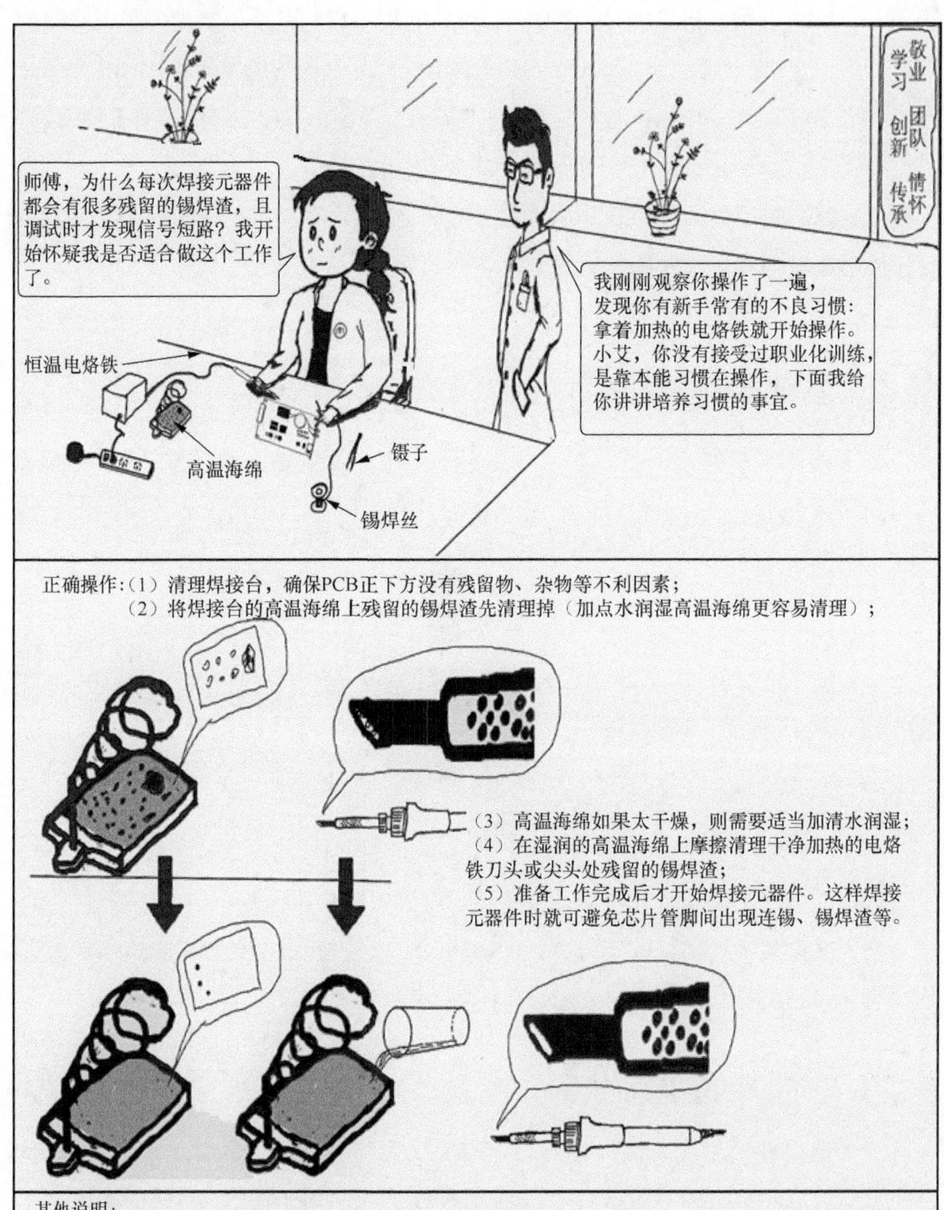

图2-39

2.4.2 示波器探头×1档和×10档

示波器最主要的作用就是捕捉和记录信号的电平变化，而测量出来的波形与示波器的探头联系紧密。

电子电路工程师使用最多的可能就是无源探头，如P6100示波器探头，如图2-40所示。

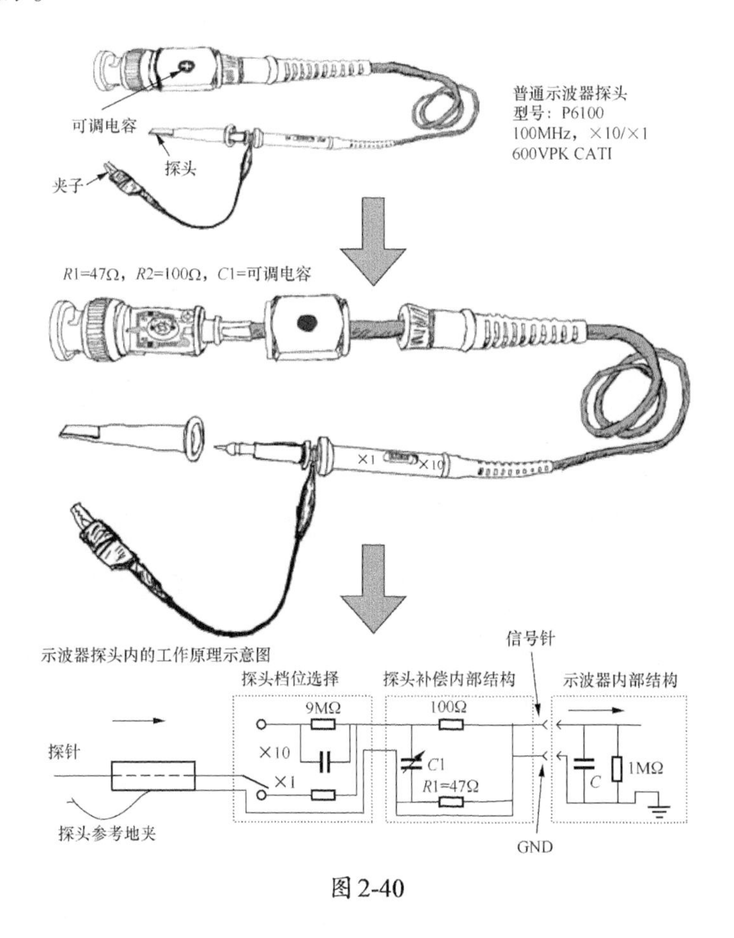

图2-40

实际场景举例1

工程师在调试新焊接的PCB板卡的无源晶振时，将PCB板卡通电后，直接用示波器无源探头的×1档测量晶振管脚信号，测量不到任何波形（或者波形为一条接近0V的直线）。此时将示波器探头调整为×10档就可以测量到晶振波形了，因为在不同档位，示波器探头的阻抗不同。

某些厂家的MCU在不烧写程序配置时，外部晶振不会启振。

实际场景举例2

示波器探头×1档和×10档用来调节输入信号的阻抗，从而调节信号比例，以方便显示和观察。如图2-40所示，将开关切换到×10档，在电路中串联一个9MΩ的电阻。×10档测量的信号幅值是×1档的10倍，因为电路中串联了一个9MΩ的电阻，其与示波器内部的1MΩ的电阻形成了分压：$1 \times V_{in}/(1+9)$。

测量信号时的注意事项如下。

（1）示波器一般自带一个输出方波的测试端子，用于校准探头。在用示波器探头测量前，应当配合示波器的测试端子，旋转补偿电容调节旋钮，确保示波器检测校准波形是完整的方波，如图2-41所示。校准以后才开始测量其他信号。

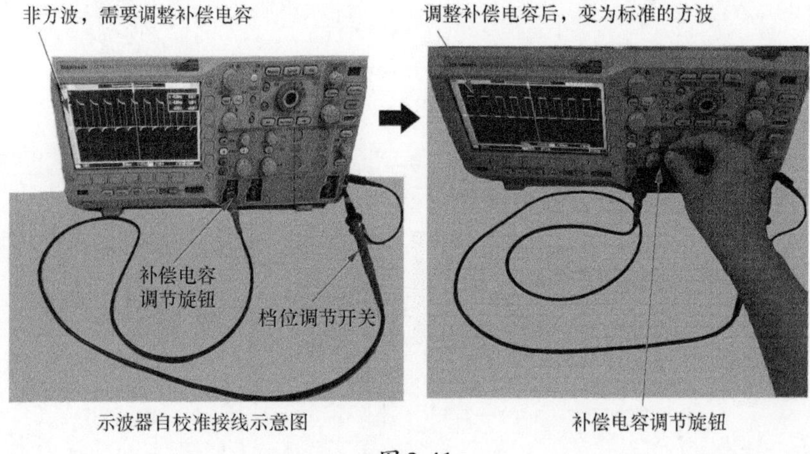

图2-41

（2）信号驱动能力弱，信号电压幅值低，优先用×10档，同时将示波器也设置为×10档。

错误设置案例：如果示波器探头为×10档，但示波器被错误地设置为×1档，那么测量5V信号时，示波器显示界面只会显示为0.5V。

（3）测量高电压优先用×10档。例如测量30V及以上的电压，为防止示波器和探头意外损伤，推荐优先用×10档。

2.4.3 示波器测220V AC

普通无源示波器探头不能直接用于测量220V AC，否则可能出现楼层供电保护开关因过流保护跳闸、人员触电或示波器烧毁等事故。因此推荐使用专用的差分隔离探头测量交流电。

如果一定要用普通无源示波器探头测量220V AC，则需要做如下事项处理。

必须剪断示波器的PE线（零线），因为在示波器内部，电源的PE线和示波器的机壳金属部分是连接在一起的，如图2-42所示。

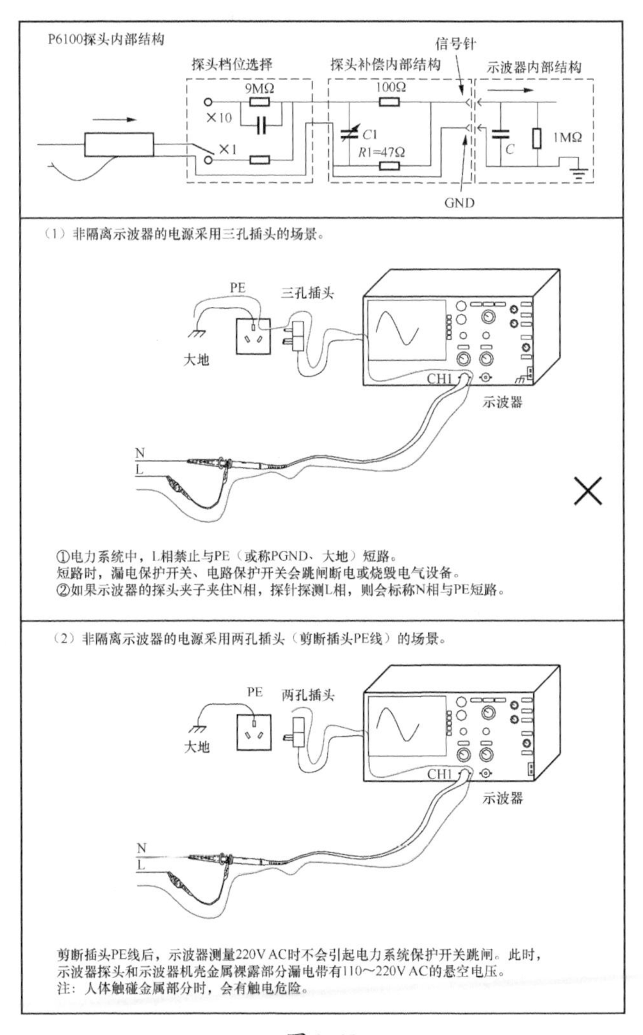

图2-42

用示波器无源探头测量交流电时，通常夹子连接的是L相或者N相，这会导致交流电的火线（L相）或零线（N相）通过示波器内部和PE线形成回路，从而出现电力系统的单相接地，引起线路跳闸断电。

为尽可能消除电力和人员安全隐患，推荐解决办法：测量交流强电信号，使用隔离示波器或者普通示波器+示波器高压差分探头。例如，选用ETA500×系列通用型示波器高压差分探头，参考外形如图2-43所示，参数如图2-44所示。

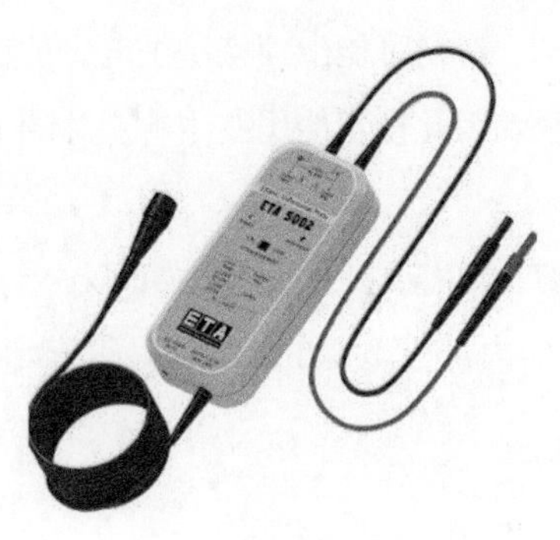

图2-43

名称	高压差分探头			
型号	ETA5001	ETA5002	ETA5005	ETA5010
频宽	15MHz	25MHz	50MHz	100MHz
上升时间	23ns	14ns	7ns	3.5ns
精度	±2%			
衰减比	1/50, 1/500			
输入阻抗	单端对地：4MΩ。两输入端之间：8MΩ			
输入电容	单端对地：7pF。两输入端之间：3.5pF			
最大差分测量电压	1/50：130V（DC+Peak AC） 1/500：1300V（DC+Peak AC）			
最大共模输入电压	500Vrms,CAT Ⅱ 300Vrms,CAT Ⅲ		1000Vrms,CAT Ⅱ 600Vrms,CAT Ⅲ	
噪声	1/50：≤1.5mVrms。1/500：≤1mVrms			
CMMR	DC：≥80dB 100Hz：≥60dB 1MHz：≥50dB			
超量程报警电压阈值	1/50：75V±2V 1/500：750V±20V		1/50：140V±4V（DC+Peak AC） 1/500：1400V±40V（DC+Peak AC）	
电源适配器	DC9V，1000mA			

图2-44

2.4.4 热风枪的使用技巧

电子硬件工程师会面临更换PCB板卡的插件元器件的情况，在更换多管脚的元器件时，常常会出现PCB板卡起泡、鼓起的情况，甚至会出现信号线断裂、信号线过孔开路等情况。

推荐解决方法：将热风枪控制在适合的温度，沿着目标加热区由远到近，并且螺旋式地接近PCB板卡的插件元器件集中加热区，如图2-45所示。这种加热方式可让集中加热区和其附近的温度上升速率差异减小，尽可能避免多层PCB（大于等于4层）出现起泡现象。

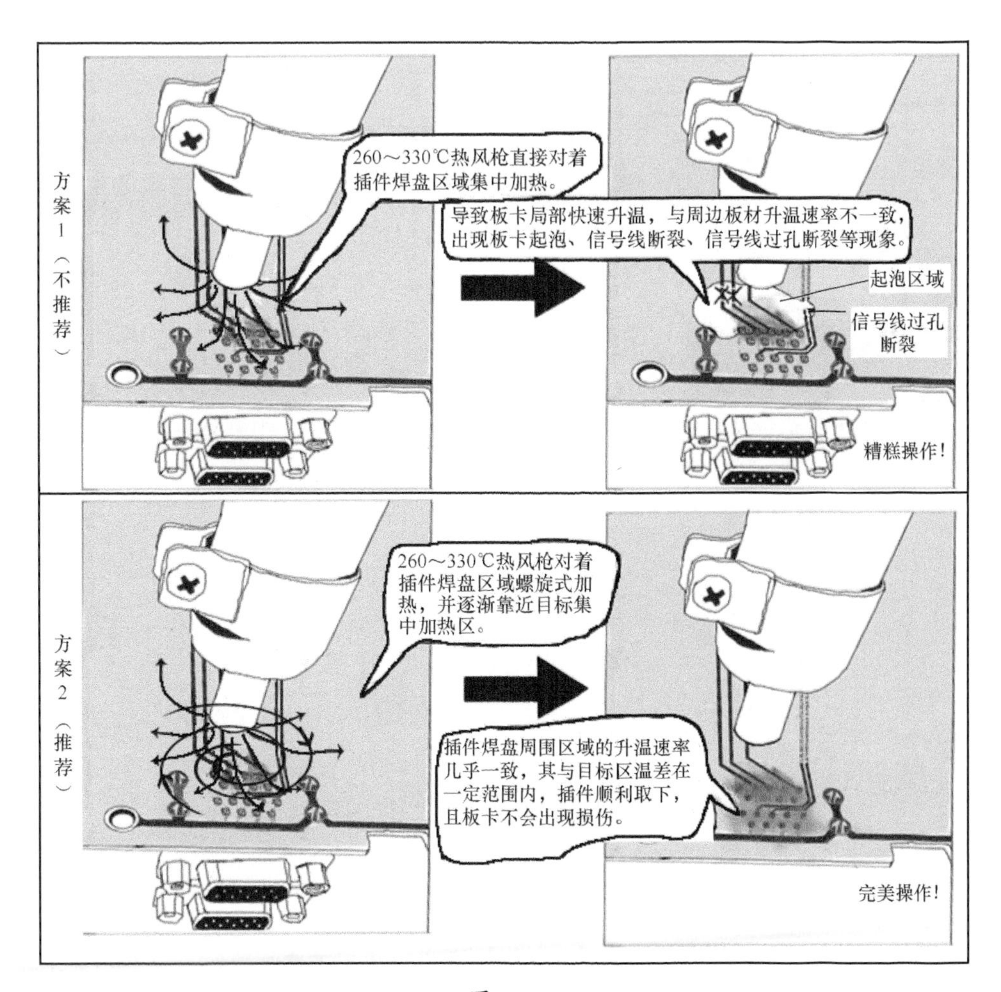

图2-45

2.4.5 设备调试口DB9接头

嵌入式智能设备通常都会预留RS232接口用作调试维护接口。推荐：主设备（Master）用DB9公头（针座），从设备（Slave）用DB9母头（孔座），如图2-46所示。

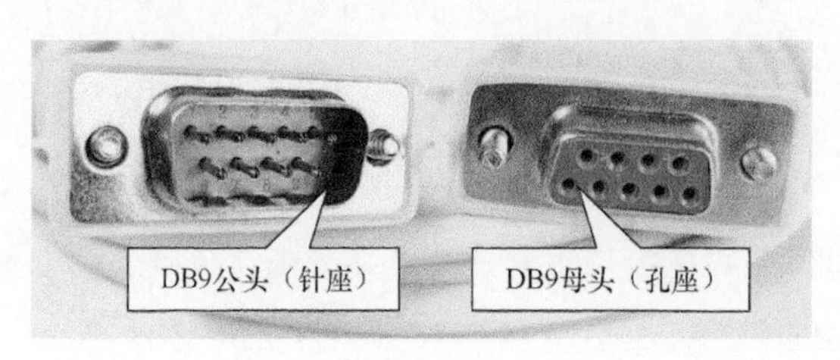

图2-46

如果嵌入式设备既可以是Master，又可以是Slave，则推荐选用DB9母头。

推荐原因如下。

（1）绝大多数的计算机制造商都将计算机的RS232接口用DB9公头引出。

（2）嵌入式设备需要和计算机配合做研发、调试。

（3）DB9串口电缆配置广泛使用的是“DB9母头转DB9公头”或者“USB转DB9公头”，如图2-47所示。

图2-47

电缆DB9母头配合计算机的DB9公头，电缆DB9公头配合嵌入式设备，如图2-48所示。

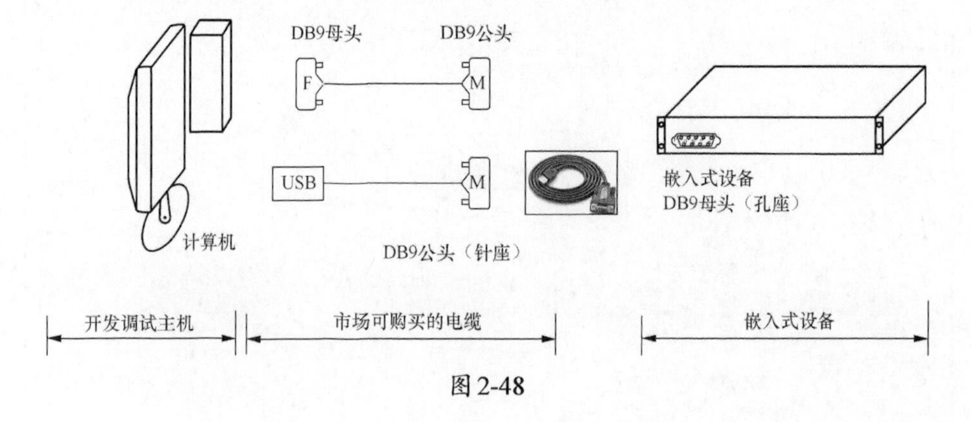

图2-48

面对各大计算机制造商生产的计算机，我们可优先选择主机箱自带DB9公头（针座）的计算机，如表2-21所示。

表2-21

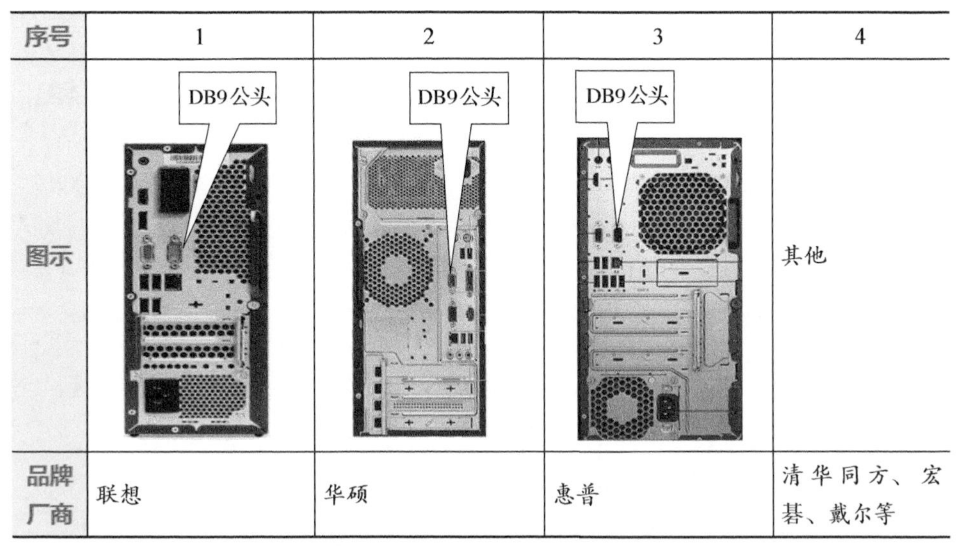

序号	1	2	3	4
图示	DB9公头	DB9公头	DB9公头	其他
品牌厂商	联想	华硕	惠普	清华同方、宏碁、戴尔等

计算机PCB主板设计中，通常DB9公头的9个脚都是有作用的，每个脚的定义如图2-49所示。

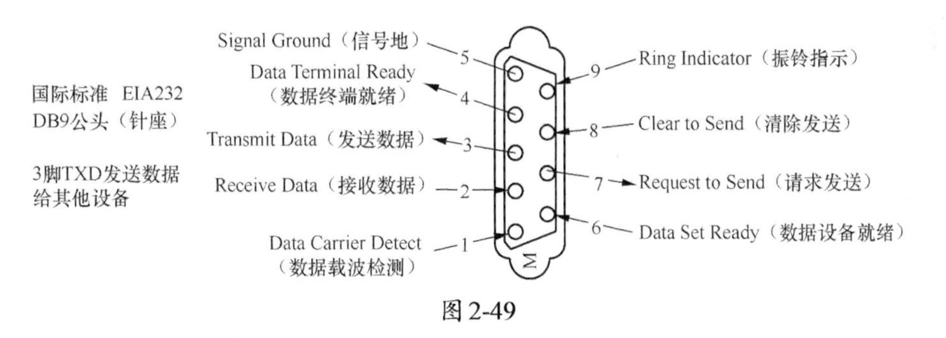

图2-49

使用单片机设计的嵌入式设备大多数只用DB9公头的RXD（2脚）、TXD（3脚）、GND（5脚）即可满足需求，如图2-50所示。

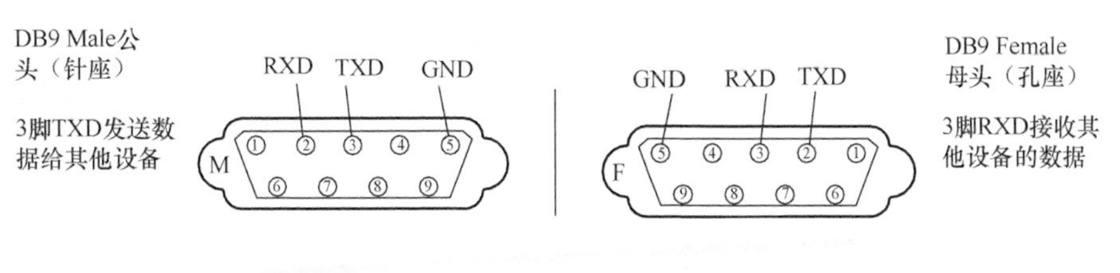

图2-50

为方便嵌入式设备开发者使用，部分厂家设计了无须外部电源供电的DB9转RS485接头，如图2-51所示。

这其实是利用了计算机DB9公头（针座）的9根线都是完整接线，然后从1脚、4脚、6脚、7脚、8脚、9脚取电（非常微弱的电流），如4脚、7脚，再通过电荷泵原理、线性稳压电源等方式获取一个RS232芯片和RS485芯片需要的电压，从而完成RS232信号到RS485信号的转换。

这种DB9转RS485接头在某些时候会导致传输数据信号不好，硬件、软件工程师在实验室调试设备时可以使用它，如果用在工业现场通信，则建议谨慎使用。

调试设备时，发现使用的RS232转RS485模块在部分计算机上无法通信，原因可能是计算机主板的驱动能力有差异。因此推荐使用有源RS232转RS485模块、USB转RS485模块，如图2-52所示。

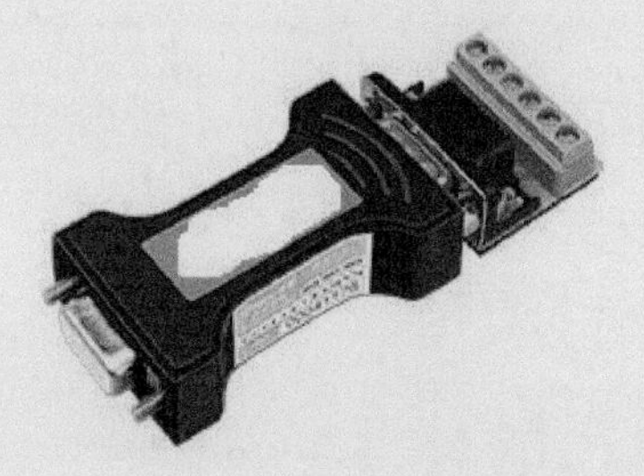

图2-51

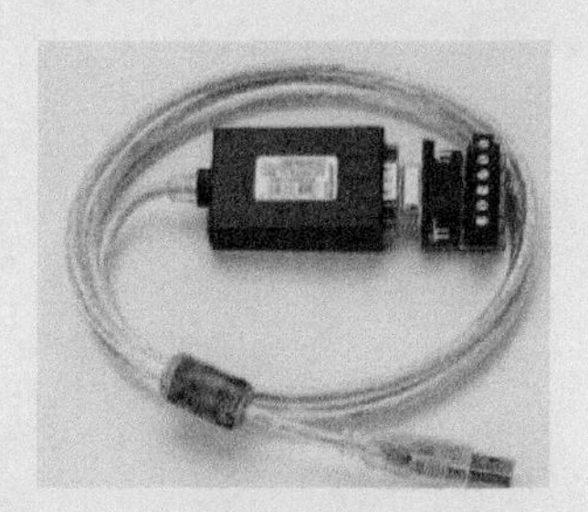

图2-52

第3章 RS485总线

3.1 现场总线简介

现场总线的基础是通信，通信必须有协议，从这个意义上讲，现场总线就是一个定义了硬件接口和通信协议的标准。现场总线参考了OSI七层协议标准，且大多数采用了其中的第1层——物理层、第2层——数据链路层、第7层——应用层，并增设了第8层——用户层。

RS485的通信设备简单、成本低，在各种工业场所得到了广泛应用。许多现场总线都采用了物理层的RS485芯片作为传输载体。

1. 物理层

物理层规定了信号编码与传输方式、传输介质（主要包括有线电缆、无线介质、光纤）、接口的电气信号速率等。

2. 数据链路层

数据链路层分为介质访问控制（Media Access Control，MAC）层、逻辑链路控制（Logical Link Control，LLC）层。

（1）MAC层：对传输信号进行发送和接收控制。

MAC层的协议主要有以下3种。

- 集中轮询协议：主站周期性地轮询各节点。
- 令牌总线协议：多主站之间基于令牌传送协议工作，持有令牌的主站可以轮询各节点。

• 随机接入协议：类似于多机系统中的并行总线管理机制。

（2）LLC层：保证数据传输到指定设备上。

3. 应用层

应用层用于控制现场设备数据的传送和总线变量的访问，它定义了用户接口如何读写操作设备的信息和命令，定义了信息、请求的格式和内容。

4. 用户层

现场总线中新增的一层——用户层，是现场总线具有可互操作性的关键，它定义了现场设备读写信息和向网络其他设备分派信息的方法。

最早电气工程组织规定了电气信号的定义，没有规定软件协议格式，可由使用者自行定义软件协议。RS485可配合多种总线协议实现不同的现场总线。

经过长期的发展，现场总线家族不断壮大，依据IEC6158标准（第4版，2007年出版）以及目前流行的总线标准，大致可罗列出的现场总线如表3-1所示。

表3-1

序号	现场总线	特点描述
1	IEC61158（基金会现场总线）	（1）基金会现场总线（Foundation Fieldbus, FF）。H1低速：传输速率为31.25kbit/s，通信距离可达1900m。H2高速：传输速率为1Mbit/s，通信距离可达750m，或传输速率为2.5Mbit/s，通信距离可达500m。传输介质是双绞线、光缆，发射模式是无线发射。 （2）特点是可以通信和供电，且通信和供电分别用不同的电缆。供电为9～32V直流电，FF信号波形峰值为0.7～1V。 （3）节点数：本质安全、总线供电2～6节点，非本质安全、非总线供电2～32节点。 （4）通信控制器芯片，例如FB3050（巴西SMAR）
2	CIP现场总线	通用工业协议（Common Industrial Protocol，CIP）。CIP为网络技术ControlNet、DeviceNet、EtherNet/IP提供了与传输介质无关的交互平台

续表

序号	现场总线	特点描述
3	PROFIBUS现场总线	（1）以Siemens公司为主要技术支持。PROFIBUS-PA适用于冶金、石油、化工、医药等行业的过程控制，PROFIBUS-DP适用于加工制造业。 （2）传输速率为9.6kbit/s～12Mbit/s。传输速率为9.6kbit/s时，传输距离可达1200m；传输速率为1.5Mbit/s时，传输距离可达200m。传输介质可以是双绞线、光缆，最多挂127个站点。 （3）控制器芯片，例如，FF通信控制器芯片：PROFIBUS-PA现场总线专用芯片为FBC0409，PROFIBUS-DP现场总线芯片（集成了DP协议）为SPC3、SPC4（西门子）。 PROFIBUS-DP（H2）与RS485芯片配合，采用屏蔽双绞线传输方式；最好采用9针D型插头
4	P-NET现场总线	该现场总线是丹麦Proces-Data A/S公司提出的，多主控器主从式总线，最多可容纳32个主控器；传输介质是双绞线，传输距离可达1.2km；采用NRZ编码异步传输，数据传输速率为76.8kbit/s。采用虚拟令牌方式在主站间循环传递，不需要专用芯片，只需要程序，编码结构简单。主要应用于农业、水产、饲养、林业、食品等行业
5	FF HSE 现场总线	高速以太网（High Speed Ethernet，HSE），俗称FF H2现场总线。FF HSE现场总线使用标准的IEEE 802.3信号传输，标准的Ethernet接线和通信媒体
6	SwiftNet 现场总线（已被撤销）	主要用于航空和航天领域，允许模拟I/O和离散I/O以非常高的速度共享一条总线
7	WorldFIP现场总线	Alstom公司提供主要技术支持。应用于发电与输电、铁路运输等领域；不同领域可采用不同的传输速率，过程控制采用31.25kbit/s，制造业采用1Mbit/s，驱动控制采用1Mbit/s。不同的传输速率采用软件衔接解决
8	INTERBUS现场总线	由德国菲尼克斯公司提出。物理层采用RS485串行通信，可连接255个子站

续表

序号	现场总线	特点描述
9	PROFINET 实时以太网	(1)“实时”的含义是指对特定的应用，保证在一个确定的时间内，控制系统能对信号做出响应。普通以太网具有通信不确定的特点。 (2)PROFINET实时以太网由国际组织PROFIBUS International推出，完全兼容工业以太网和现有的现场总线(如PROFIBUS)技术。PROFINET是完全开放的协议，它是国际标准IEC61158的重要组成部分。PROFINET的同步实时技术可以满足运动控制的高速通信需求。在100个节点下，其响应时间小于1ms，抖动误差小于1μs。 (3)通过集成PROFINET接口，分布式现场设备可以直接连接到PROFINET上
10	TCNET实时以太网	TCNET(Time Critical Network)是由日本东芝公司开发的实时以太网，主要用于该公司的Toshiba3000工业自动化控制系统，广泛用于驱动装置、钢板轧制等高速控制领域
11	EtherCAT实时以太网	(1)EtherCAT(Ethernet for Control Automation Technology)是由德国Beckhoff公司开发的实时以太网。EtherCAT开发了专用ASIC芯片FMMU(现场总线内存管理单元)用于I/O模块控制。 (2)数据传输率为100Mbit/s时允许两个设备之间的电缆长度为100m，最多可连接65535个设备。 (3)可在Linux操作系统中以集成动态库的形式实现工业实时以太网。采用主从模式时，从站可用EtherCAT芯片ET1100(BeckHoff)、LAN9252(MicroChip)等
12	Ethernet PowerLink实时以太网	Ethernet PowerLink实时以太网由奥地利贝加莱公司开发，典型应用于注塑机械、包装机械等，属于工业以太网，与我国国家标准GB/T 27960对应。这种现场总线依靠MCU的C语言或FPGA实现。C语言方案代码以OpenPowerLink 为代表，可在网络上获取，也有基于Linux、Vxworks操作系统的方案

续表

序号	现场总线	特点描述
13	EPA实时以太网	（1）EPA是我国“863”计划的研究成果，由浙江大学牵头，重庆邮电大学、浙江中控技术公司等单位联合制定，是我国第一个拥有自主知识产权并被IEC认可的工业自动化领域国际标准（IEC/PAS 62409）。EPA实时以太网支持IEEE 1588时间同步，解决了实时性问题，可实现总线供电、远距离传输，可通过网络隔离和安全过滤现场控制器与系统主干相连或隔离。 可参阅GB/T 20171—2006《用于工业测量与控制系统的EPA系统结构与通信规范》。 （2）EPA芯片可用带有EPA标准协议的软芯片通过串行接口开发，可以通过UART、以太网、CAN、RS485等硬件物理接口通信。 （3）此处的EPA（Ethernet for Plant Automation）与电力系统的EPA（Enhanced Performance Architecture）不同，读者应注意差别，避免混淆。 IEC 60870-5系列规约采用了EPA（Enhanced Performance Architecture）协议，电力系统的IEC 60870-5-101传输规约解决了变电站与调度所之间的信息交换问题。IEC 60870-5-102应用于电能量采集计费系统。IEC 60870-5-103应用于变电站继电保护设备和监控系统间通信，可采用光纤或RS485双绞线作为传输介质。IEC 60870-5-104是IEC 60870-5-101以TCP/IP的数据包格式在以太网传输的扩展应用
14	Modbus-RTPS实时以太网	Modbus-RTPS实时以太网采用一种新的协议实现实时通信
15	SERCOS现场总线	可配合工业以太网使用。一般在FPGA内部集成SERCOS IP（软件核）就可以形成一个SERCOS III接口芯片，如XS3S400（赛灵思FPGA）
16	VNET/IP实时以太网	由日本横河Yokogawa开发。VNEI/IP的实时扩展是实时可靠数据报协议（Real-time & Reliable Datagram Protocol，RDP），它在传输层采用UDP，但在IP栈协议层进行了优化，以实现冗余网络连接

续表

序号	现场总线	特点描述
17	CC-Link现场总线	控制与通信链路系统的总线。可同时将控制和信息数据以10Mbit/s的速率高速传输。它有1个主站和64个子站，通过屏蔽双绞线连接。如果传输速率为10Mbit/s，则可传输距离为100m（不带中继器）；如果传输速率为156kbit/s，则可传输距离为1200m（不带中继器）或7600m（带光中继器）。 在连接64个远程子站、通信速率为10Mbit/s时，循环通信的连接扫描时间为3.7ms
18	SERCOS III现场总线	运动控制领域的专用总线，用于连接运动控制系统、驱动、I/O和传感器
19	HART现场总线	（1）在模拟信号上叠加数字信号，常配合4～20mA的仪表类仪器使用，是将模拟信号到数字信号的过渡新产品，目前具有较强生命力。 （2）HART现场总线能利用总线供电，满足本安防爆要求，可应用于煤矿、燃气检测领域。 （3）数据传输速率为1200bit/s。逻辑“0”的信号频率为2200Hz，逻辑“1”的信号频率为1200Hz。最大传输距离可达3000m，支持两个通信主设备，总线上可挂设备多达15个，每个现场设备可有256个变量，每个信息最多可包含4个变量。 （4）控制器芯片，如HT1200M（中国科学院沈阳自动化研究所）、HT20C15（巴西SMAR）等，这类芯片的参考价格为25～40元/片。由于能满足本安防爆要求，因此这个价格较为适宜
20	CAN现场总线	最早由德国BOSCH公司提出，用于汽车内部测量与执行部件之间的通信。只有物理层、数据链路层、应用层。 （1）传输介质为双绞线，通信速率最高可达1Mbit/s（传输距离为40m），传输速率为5kbit/s（最远传输距离可达10km），可挂载110个节点。 （2）可完成总线仲裁判断，利用总线空闲时传输数据。 （3）优先级高的节点可以优先传输数据，从而避免总线冲突；某个节点出现严重错误时，可自行关闭该节点，避免干扰总线。 （4）控制器芯片，如SIT65HVD233DR（中国芯力特）、SN65HVD231DR（TI）PCA82C250、SJA1000JT（PHILIPS公司）等，这类芯片的参考价格为5～20元/片

续表

序号	现场总线	特点描述
21	DeviceNet现场总线	由美国Rockwell Automation公司推出。这个总线基于CAN现场总线技术，其通信传输速率为125～500kbit/s，每个网络的最大节点数为64个，干线长度为100～500m
22	LonWorks现场总线	由美国Echelon公司于1992年推出。支持OSI七层协议。神经元芯片是LonWorks的核心技术，它不仅是LonWorks现场总线的通信处理器，也是用于采集和控制的通用处理器。 （1）通信传输速率为1.25Mbit/s时，传输距离可达30m；通信传输速率为78kbit/s时，传输距离可达2700m。支持32000个节点。 （2）神经元芯片可配合RS485芯片完成收发数据，实现传输数据双绞线通过的LonWorks现场总线，也可直接驱动接口、通过变压器耦合接口。 （3）神经元芯片，如TMPN3120（东芝）、CY7C53120（Cypress）等
23	工业以太网	（1）工业以太网是用于工业自动化环境，符合IEEE 802.3标准，没有进行任何实时扩展而实现的以太网。它采用交换式、全双工通信、流量控制及虚拟局域网等技术减轻以太网负荷，提高网络的实时响应速率。 （2）要求较低的工业自动化环境的实时响应时间为100ms或更长。大多数工业自动化场合要求实时响应时间为5～10ms。高性能同步控制应用要求实时响应时间小于1ms。 （3）对于实时响应时间小于5ms的应用，常规工业以太网不能满足要求。实时以太网在常规工业以太网的基础上提升了实时性，可与标准以太网无缝衔接
24	其他	（1）不同的行业和地区还有一些独特的总线（非现场总线），如M-BUS、POWERBUS（两根线同时传输信号及供电）。控制器芯片如PB620、PB331（北京强联）。 （2）控制汽车灯光、座椅的LIN总线：单线，通过UART与控制器连接，控制器芯片如TJA1020（NXP）

每一种现线总线都有其产生的背景和应用领域，在某个特定背景下产生的现场总线一般在该背景特定领域中的满足度更高、应用更灵活。不同的现场总线也在逐

渐向不同的应用领域拓展，例如，CAN现场总线不仅在汽车行业中广泛使用，也在电力系统变电站、水电站的自动化控制设备中大量使用。

3.2 RS485总线简介

控制芯片通过串口（USART或UART）控制器将数据经过RS485芯片，变为电气信号输出到485A、485B两根信号线。RS485总线的典型接线拓扑图如图3-1所示。

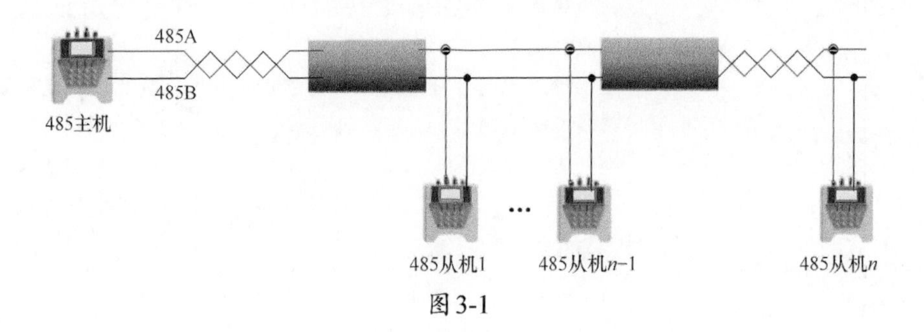

图3-1

RS485总线通信的典型特点如下。

（1）RS485总线是差分总线，支持一点对多点传输数据，遵循主从模式。

（2）使用特性阻抗为120Ω的双绞线作为传输介质时的传输距离可达1200m，理论上是可以超过1200m的，但考虑到使用场景、配合电缆的选择、芯片选型等综合因素，为电子硬件工程师提供1200m的参考值比较稳妥。特别注意，不是任何电缆都能传输1200m。

（3）最大传输速率为10Mbit/s，但实际上这和芯片制造厂家的设定有关，例如MAX485（min）的最大传输速率为2.5Mbit/s，MAX13487（min）的最大传输速率为500kbit/s，SIT65HVD75的传输速率最大可达20Mbit/s。

（4）同一时刻总线上只能有一个主机发送数据，可以有多个从机接收数据。同一条RS485总线的多个设备同时发送数据时将出现总线冲突，此时从机无法得到有效信号。

（5）RS485总线采用两根信号线485A和485B，某些场合采用3根信号线

（485A、485B、485GND）。

（6）485A和485B之间的电压差大于200mV为有效，逻辑1；485A和485B之间的电压差小于-200mV为有效，逻辑0。

（7）一个设备中至少采用一个RS485芯片，可以理解为单元负载UL。

（8）RS485标准TIA/EIA-485描述其支持32个单元负载，RS485通常认为12kΩ是一个单元负载（UL）。所以RS485芯片制造厂家按照TIA/EIA-485标准设计一款芯片时，如果单元负载为一个UL（即输入阻抗R_{IN}为12kΩ），则理论上可以在总线上连接该厂家同型号RS485芯片的设备数量为n=32UL/1UL=32个。12kΩ/32=375Ω，即RS485总线的等效负载必须大于等于375Ω。

（9）随着设备市场的需求变化，一条RS485总线上挂载32个设备不再能满足需求，所以芯片制造厂家研制了单元负载为0.5UL的RS485芯片（即芯片输入阻抗R_{IN}为24kΩ，输入阻抗越大，输入电流越小，对总线影响越小），这样可以挂载的设备数量为n=32UL/0.5UL=64个。

（10）随着市场需求的进一步变化，一条RS485总线上挂载64个设备不再能满足需求，所以芯片制造厂家设计出了单元负载为1/4UL（即芯片输入阻抗R_{IN}为48kΩ）的RS485芯片，这样可以挂载的设备数量为n=32UL/0.25UL=128个，甚至有的芯片包含更多节点，如TPT485E、MAX1487等。

RS485芯片的型号及特点描述如表3-2所示。

表3-2

序号	型号（公司）	特点描述
1	TPT485E〔中国思瑞浦微电子科技（苏州）〕	4.5～5V供电；SOP8；支持500kbit/s，最多有256个节点；-40～125℃；带使能收发控制端。详细参数参见公司官网公布的数据手册
2	MAX485ESA（美信）	4.75～5.25V供电；SOP8；支持2.5Mbit/s，最多有32个节点；-40～85℃；带使能收发控制端。详细参数参见公司官网公布的数据手册
3	MAX13487EESA（美信）	4.75～5.25V供电；SOP8；支持2.5Mbit/s，最多有128个节点；-40～85℃；471MW；无须使能收发控制端，可节省一个I/O管脚

续表

序号	型号（公司）	特点描述
4	MAX14840EA（美信）	3.0～3.6V供电；SOP8；支持40Mbit/s，最多有32个节点；-40～125℃；带使能收发控制端
5	SN65HVD72（德州仪器）	3.0～3.6V供电；SOP8；支持50Mbit/s，最多有200个节点；-40～125℃；带使能收发控制端。详细参数参见公司官网公布的数据手册
6	SIT65HVD75（中国芯力特）	3.0～5.5V供电；SOP8/VSSOP8；支持20Mbit/s，最多有32个节点；-40～125℃；低功耗关断；带使能收发控制端
7	SP485E（EXAR公司）	4.75～5.25V供电；SOP8；支持250kbit/s，最多有32个节点；-40～85℃；500MW；带使能收发控制端

与RS485芯片搭配使用的隔离电源、信号隔离器件、热敏保护器件等的型号和特点描述如表3-3所示。

表3-3

序号	型号（公司）	特点描述
1	IB0505LS-1W（深圳金升阳）	5V隔离电源，用于MCU与RS485芯片电源电气隔离
2	TLP185（东芝）、HL0601（安华高）	光耦，用作信号隔离，用于MCU的电源与RS485接口电平信号电气隔离
3	CA-IS3522（上海川土微电子有限公司）	隔离芯片，与光耦的作用类似，用作信号隔离，可以替代光耦。2.375～5.5V，SOP8，-55～125℃，10Mbit/s
4	ADUM1201、ADUM1281（ADI）	隔离芯片，与光耦的作用类似，用作信号隔离，可以替代光耦
5	NSi8121N1（苏州纳芯微电子股份有限公司）	隔离芯片，与光耦的作用类似，用作信号隔离（RS485、RS232、SPI等），可以替代光耦。2.5～5.5V，SOP8，-40～125℃，150Mbit/s
6	SMBJ6.5CA（深圳君耀电子有限公司）	TVS双极性保护二极管（600W），用于信号线静电保护

续表

序号	型号（公司）	特点描述
7	3RM090M-6（深圳君耀电子有限公司）	气体放电管，可用于需要防雷击的信号线。该型号有贴片和插件两种封装，在90V时开始保护
8	MZ11-10A300R-600M（深圳劲阳电子有限公司）	热敏电阻，当强电压进入RS485的485A和485B信号线时，电阻发热，阻值急速增大，配合485A和485B信号线之间的TVS，可以保护设备不被烧坏。在外部强电故障消除后，电阻发热减少，该电阻会再次恢复到额定零功率电阻值（30～60Ω），从而让RS485自动恢复通信。使用场合：可以在RS485信号线中串联该型号的热敏电阻，防止强电220V AC、380V AC意外接入RS485信号线烧毁设备
9	MZ23-50RM075（南京华巨电子有限公司）	热敏电阻，可保护RS485总线接入强电后不被烧毁，适用于在110/230V AC（高阻态）电压下连续工作。故障排除后自动恢复通信，功能和原理同MZ11-10A300R-600M。具体选型参数请参考公司官网公布的数据手册

元器件举例：输入阻抗与设备节点的关系。

以MAX485芯片为例，在数据手册的Selection Table中，MAX485在总线上连接同样的MAX485设备节点的数量为32个，如图3-2所示。

标号	半/全双工	速率（Mbps）	压摆率	低功率停机	收/发使能	静态电流（μA）	总线上接收节点数	管脚数
MAX481	半双工	2.5	No	Yes	Yes	300	32	8
MAX483	半双工	0.25	Yes	Yes	Yes	120	32	8
MAX485	半双工	2.5	No	No	Yes	300	32	8
MAX487	半双工	0.25	Yes	Yes	Yes	120	128	8
MAX490	全双工	2.5	No	No	No	300	32	8

芯片可支持的节点数量

图3-2

直流电气性能，接收输入阻抗（R_{IN}）：MAX487/MAX1487的R_{IN}为48kΩ，对应可以接128个设备节点；MAX485的R_{IN}为12kΩ，对应可以接32个设备节点，如图3-3所示。

参数	符号	条件	最小值	典型值	最大值	单位
差分输出（无负载）	V_{DD1}				5	V
差分输出（有负载）	V_{DD2}	R=50Ω（RS422）	2			V
		R=27Ω（RS485）	1.5		5	
接收差分阈值电压	V_{TH}	$-7V \leqslant V_{CM} \leqslant 12V$	−0.2		0.2	V
接收输入阻抗	R_{IN}	$-7V \leqslant V_{CM} \leqslant 12V$，不含MAX487	12			kΩ
		$-7V \leqslant V_{CM} \leqslant 12V$，如MAX487	48			kΩ

图 3-3

3.3 RS485特性图解

3.3.1 RS485节点数量依据

RS485标准TIA/EIA-485描述其支持32个单元负载，RS485通常认为12kΩ是一个单元负载（UL）。所以芯片制造厂家按照TIA/EIA-485标准设计芯片时，如果单元负载为一个UL（即输入阻抗R_{IN}为12kΩ），则理论上可以在总线上连接该厂家同型号RS485芯片的设备数量为n=32UL/1UL=32个。12kΩ/32=375Ω，即RS485总线的等效负载必须大于等于375Ω。

挂载设备的应用如图3-4所示。

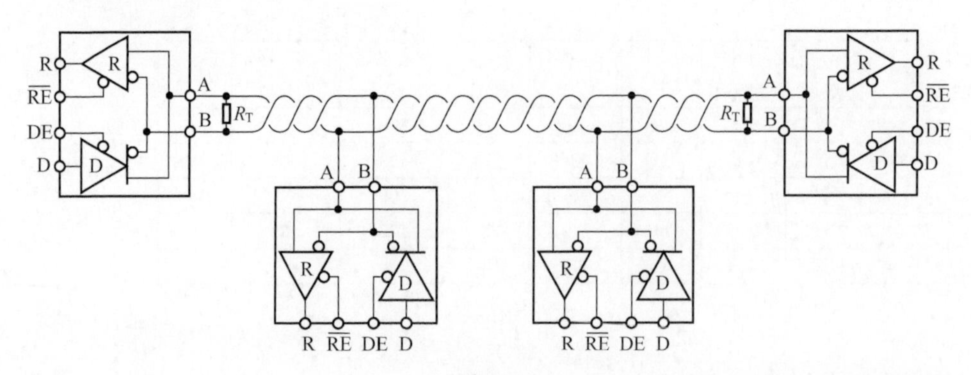

图 3-4

随着RS485的应用规模增大，一条RS485总线上挂载32个设备不再能满足需求，所以芯片制造厂家设计出了单元负载为1/4UL的RS485芯片（即输入阻抗

R_{IN}为48kΩ，输入阻抗越大，输入电流越小，总线上可以挂载的节点越多），这样可以挂载的设备数量为n=32UL/0.25UL=128个，甚至有的芯片包含更多节点，如TPT485E、MAX1487等。

RS485收发器如果在应用场合按最大节点数量使用，则需要满足总线负载驱动能力$R_{Load} \geqslant 54\Omega$。总线负载能力由两部分构成：最大节点数量（包含驱动端、接收端）收发器、总线上的等效60Ω终端电阻。

以根据典型的TIA/EIA-485标准设计的芯片支持32个单元负载为例，12kΩ/32=375Ω（即RS485的节点总等效负载必须大于等于375Ω），由于匹配电阻R_T=120Ω，两只匹配电阻并联后R_{T1}=60Ω。所以RS485总线485A和485B之间的最大等效负载R_{Load}满足等式：

$$\frac{1}{R_{Load}}=\frac{1}{375}+\frac{1}{60}$$

则$R_{Load} \approx 51.7\Omega < 54\Omega$。

为了让具有32个节点的总线稳定通信，可适当将R_T值变大，R_T可在120Ω±18Ω（即±15%）的范围内调整。例如，采用R_T=137Ω，

$$\frac{1}{R_{Load}}=\frac{1}{375}+\frac{1}{137/2}$$

可以计算得到$R_{Load} \approx 57.9\Omega > 54\Omega$，则表示满足需求。

3.3.2 RS485波形数据关系

差分信号的抗干扰能力比单端信号的抗干扰能力强。RS485差分信号波形和串口UART的原理同样可以用于理解传输速度更快的多点低电压差分信号（Multipoint Low Voltage Differential Signaling，M-LVDS）。

RS485、RS422较为常用的是低速差分信号，通信速率主要取决于MCU的串口UART的处理速率，例如，波特率为1200bit/s、2400bit/s、9600bit/s、115200bit/s等；高速差分信号传输时，信号的判断方式与低速差分信号的判断方式类似，只是电平门限值、波形上升时间T_r等参数不同。

例如，在我国电力系统继电保护设备中，主板PCB和光纤PCB两个板卡就使用40Mbit/s ～ 80Mbit/s的差分信号来实现两个板卡之间的差分传输。例如FPGA搭配ADN4696E（M-LVDS芯片，最高支持波特率为200Mbit/s，上升时间T_r为

1 ～ 1.6ns）就能很好地实现高速差分传输，如表3-4所示。

表3-4

类别	信号传输速率越高的芯片其上升、下降切换时间越短
RS485芯片（3.3V）	例如，SN65HVD75（速率可高达20Mbit/s）的差分驱动输出上升、下降时间分别表示为T_r、T_f（注：制造商在等效负载为50Ω、负载等效电容为0.5pF的条件下测试），其最短时间为2ns，典型时间为7ns，最长时间为14ns
M-LVDS芯片（3.3V）	例如，ADN4691E（速率可高达200Mbit/s）的差分驱动输出上升、下降时间分别表示为T_r、T_f（注：制造商在等效负载为54Ω、负载等效电容为50pF的条件下测试），其最短时间为1ns，最长时间为1.6ns

注：M-LVDS芯片和上升时间T_r的介绍为本书3.4.6小节“阻抗匹配和信号完整性的关系”中的信号畸变、上升时间T_r影响信号反射波形的验证做铺垫。

在RS485总线中，当发送一个数据电平时，485A与485B信号线上将产生极性相反的电平，如图3-5所示。

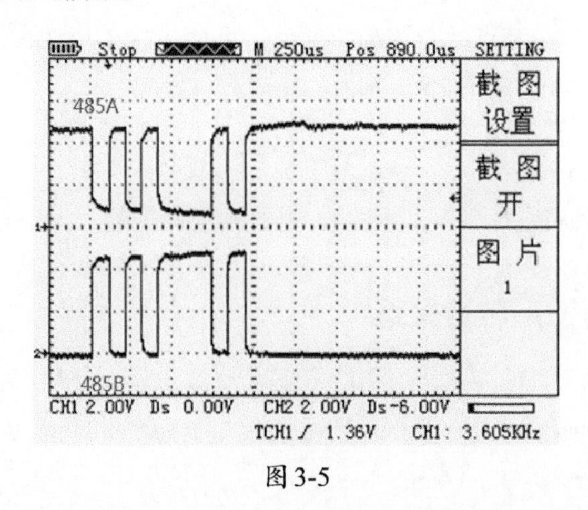

图3-5

理解RS485总线，需要了解TIA/EIA-485标准的相关规定，具体如下。

（1）规定了电气信号识别阈值：V_A表示485A信号线的电压，V_B表示485B信号线的电压；逻辑1时$V_A-V_B>200mV$，逻辑0时$V_A-V_B<-200mV$。

（2）规定了物理介质的连接方式：在TIA/EIA-485标准中，RS485总线的差分电气性能明确了在什么情况下为逻辑1，在什么情况下为逻辑0，规定了可以在总线上连接设备的方法和数量。

（3）未规定数据传输格式：TIA/EIA-485标准并未规定数据传输格式、通信协议格式。由于RS485芯片通常是用串口UART将信号转化为差分信号，所以RS485总线上的数据传输顺序是依据串口UART的串行数据顺序而变化的。RS485芯片离不开串口UART。

注 在特殊情况下，当MCU内部硬件UART控制器数量不够时，如需要做3路RS485电路，MCU内部只有2个UART控制器，就需要程序员选用2个普通I/O口模拟时序实现第3个UART控制器。程序员依据UART控制器的收发波特率、收发时序，自己写UART控制器时序，也能实现UART控制器功能。实现方式可查阅资料，如参考51单片机I/O口模拟UART控制器时序的代码。51单片机的C语言直接操作I/O口模拟时序的代码、思路对每一款MCU都适用。

RS485的电路设计如图3-6所示。

例如，RS485总线传输的数据为字符“E”（ASCII为45H=0100 0101），用UART（TXD）将数据发送到RS485芯片，再到RS485总线。设置UART：波特率为9600bit/s，一位起始位，8位（bit0～bit7）数据传输，奇校验，一位停止位，且发送的数据低位在前（bit0）、高位在后（bit7）。例如STM32××（ARM）单片机，在默认情况下，UART的TXD就是先发送bit0，后发送bit7。

由于字符“E”的ASCII为45H=0100 0101，发送的485A和485B的波形如图3-7所示（如果设计程序时无校验，则波形中就不会有校验位，校验位的影响如表3-5所示）。

表3-5

类别	描述	示例
奇校验（Odd Parity）	如果一组ASCII数据中“1”的个数是偶数，那么奇校验位就置为“1”，从而使得总的“1”的个数是奇数	例如，45H=0100 0101，则奇校验位应该是“0”；44H=0100 0100，则奇校验位应该是“1”
偶校验（Even Parity）	如果一组ASCII数据中“1”的个数是奇数，那么偶校验位就置为“1”，从而使得总的“1”的个数是偶数	例如，45H=0100 0101，则偶校验位应该是“1”；44H=0100 0100，则偶校验位应该是“0”

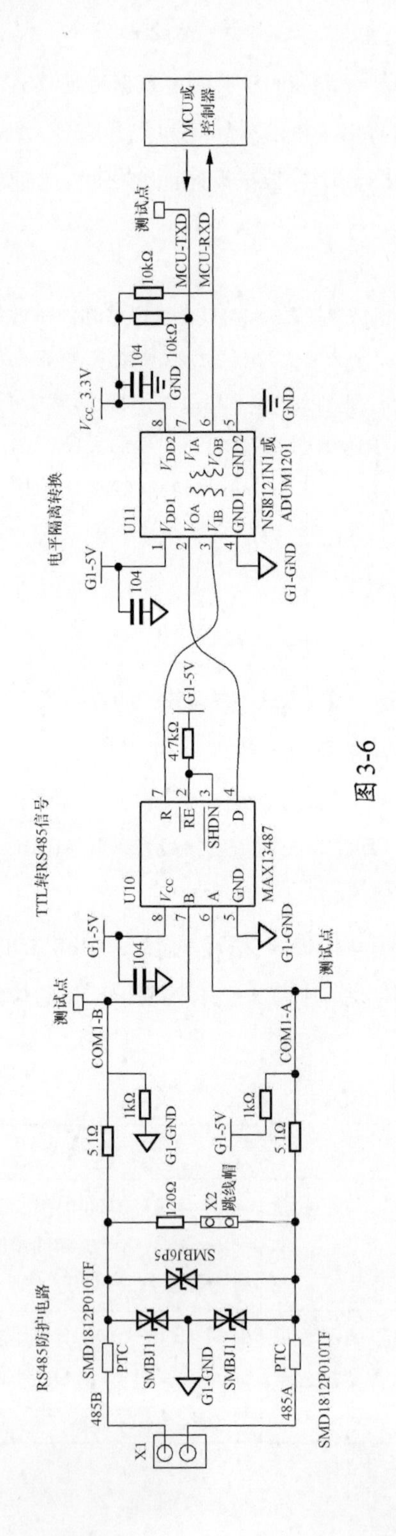
RS485防护电路
TTL转RS485信号
电平隔离转换
X1
485B
485A
PTC
SMD1812P010TF
SMBJ11
G1-GND
SMBJ6P5
120Ω
X2
跳线帽
5.1Ω
1kΩ
G1-5V
COM1-B
COM1-A
测试点
104
U10
V_{CC}
B
A
GND
R
RE
SHDN
D
MAX13487
4.7kΩ
U11
V_{DD1}
V_{OA}
V_{IB}
GND1
V_{DD2}
V_{IA}
V_{OB}
GND2
NSI8121N1或
ADUM1201
V_{CC}_3.3V
GND
10kΩ
MCU-TXD
MCU-RXD
MCU或
控制器

图3-6

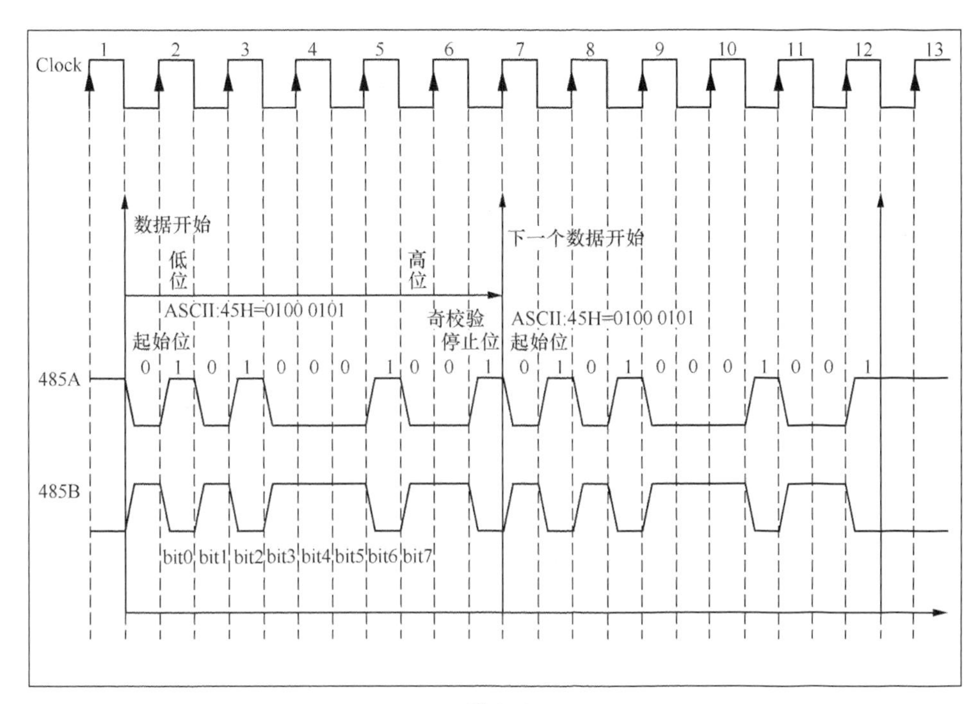

图3-7

奇校验、偶校验是通信数据校验最简单的一种方式。而本书之所以选择45H这个编码，是因为高4位（bit7 ～ bit4）和低4位（bit3 ～ bit0）的二进制数据不是完全对称的，更有利于帮助读者在分析波形的时候进行对比。

如果在电路PCB板卡上直接测量MCU_UART的TXD脚，则波形如图3-8所示。

波特率为9600bit/s，一个bit约为104μs（1s/9600≈104.17μs）。校验位常见的有无校验位、奇校验位、偶校验位。在开发嵌入式智能设备时，大多数厂商的RS485接口默认为无校验位。

图3-9所示为相同MCU发送相同数据，ASCII为45H=0100 0101，不设置奇校验位时的波形。

在图3-6所示的电路中测量485A和485B的波形，如表3-6所示。

如果对通信误码率要求不高，那么不设置校验位确实能让RS485总线减少发送1bit数据的时间。当RS485总线发送的协议帧长、报文数据多时，常常省略校验位。如果一个报文帧为“E6 01 02 03 04 H6 88 AA B1 C1 00”共11个数据，且都设置了校验位，那么这一帧报文共需要校验11次。如果无校验位，则这一帧报文就为RS485总线节省了发送11bit数据的时间；如果波特率为9600bit/s，那么就节省了大约104μs×11=1144μs。

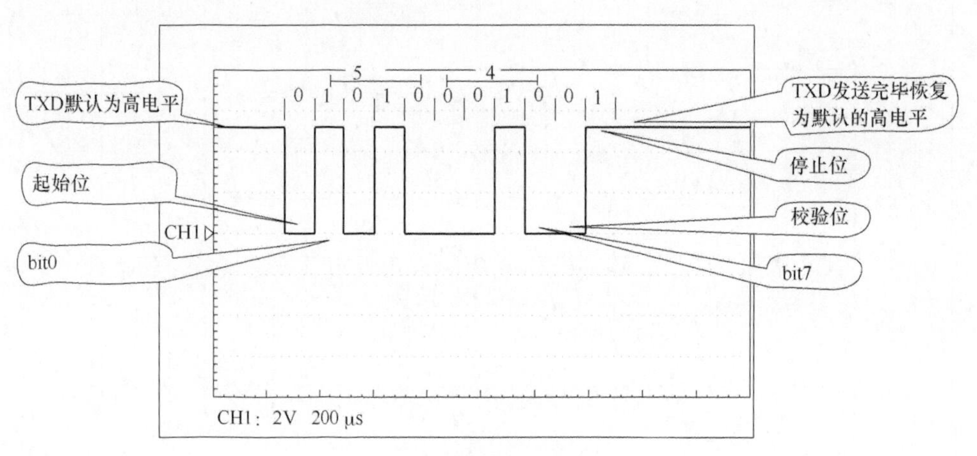

图3-8

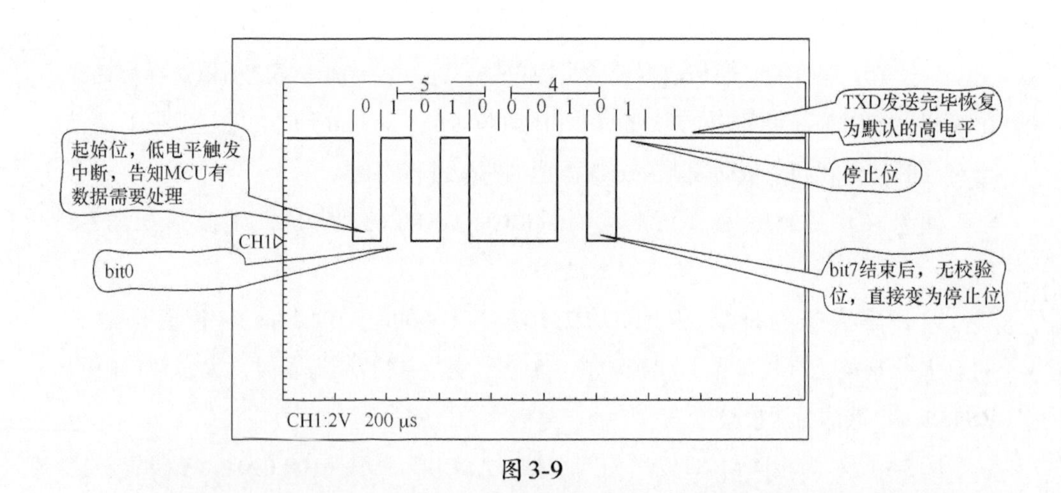

图3-9

关于软件通信协议帧的校验，软件工程师一般会从协议帧的帧头、帧尾及其他地方来确保交互的数据解析正确，这一点电子硬件工程师只需要了解即可。

表3-6

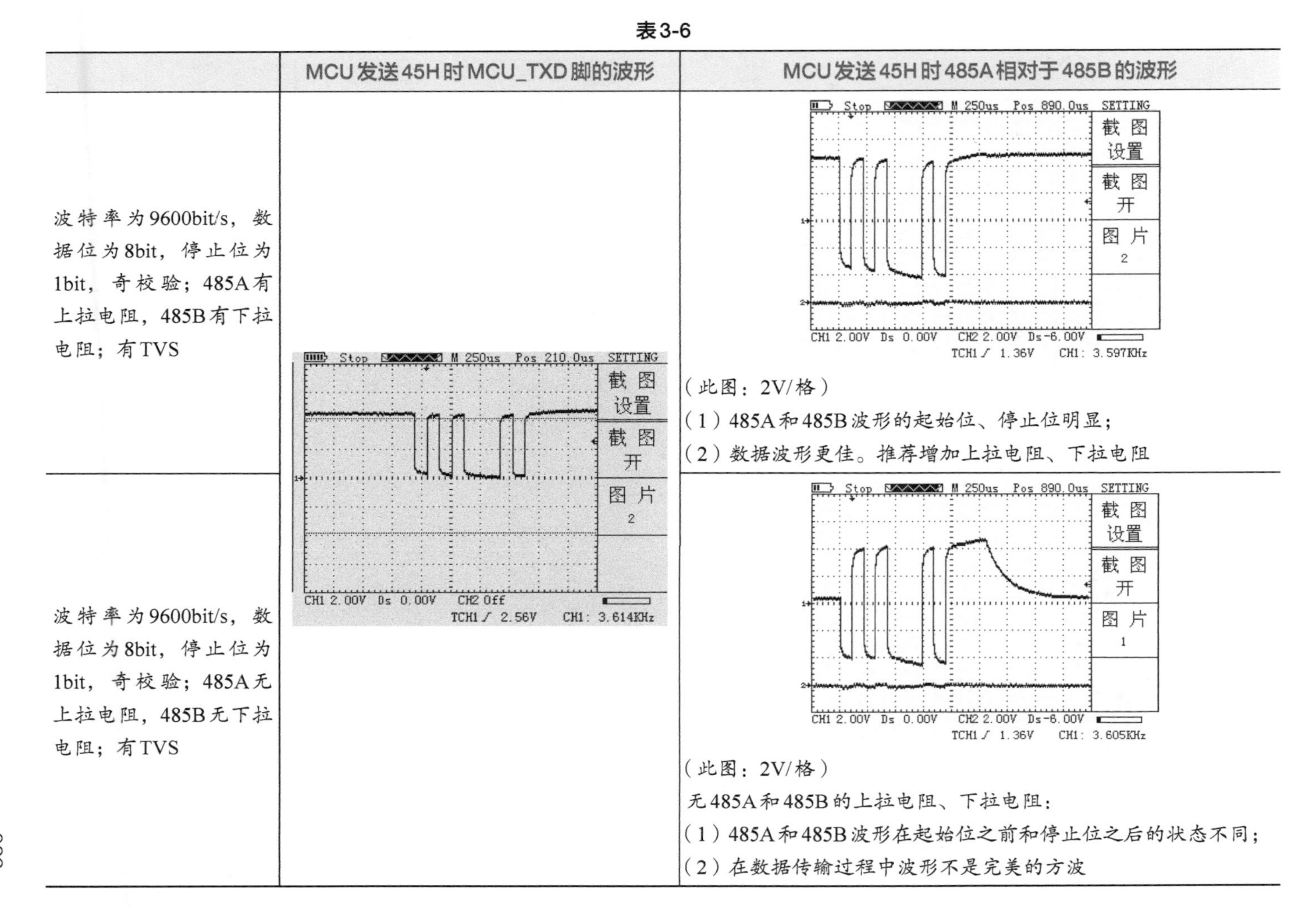

	MCU发送45H时MCU_TXD脚的波形	MCU发送45H时485A相对于485B的波形
波特率为9600bit/s，数据位为8bit，停止位为1bit，奇校验；485A有上拉电阻，485B有下拉电阻；有TVS		（此图：2V/格） （1）485A和485B波形的起始位、停止位明显； （2）数据波形更佳。推荐增加上拉电阻、下拉电阻
波特率为9600bit/s，数据位为8bit，停止位为1bit，奇校验；485A无上拉电阻，485B无下拉电阻；有TVS		（此图：2V/格） 无485A和485B的上拉电阻、下拉电阻： （1）485A和485B波形在起始位之前和停止位之后的状态不同； （2）在数据传输过程中波形不是完美的方波

串口UART/USART的波特率和MCU内部时钟树的关系

若MCU内部的时钟树寄存器配置不正确，则串口通信时，软件工程师在自己的PCB板卡上测试软件数据收发正常，但是无法和其他设备（如计算机的串口工具）通信。

原因分析：时钟树寄存器配置不正确导致波特率偏移。用示波器测试波形时，看到的发送数据的波形的高电平、低电平都正确，但是因为使用的是串口通信，所以波特率偏移将导致发送数据时会呈现出规律性的现象，即从起始位开始，前几位数据识别正常，识别3位数据以后，通信可能就会出现乱码，不正常了。

这种情况常发生在新产品的开发阶段和直接调用其他厂商提供的数据库接口的调试阶段，因为MCU提供商编写的示例程序只会配置验证其中的1～2个时钟树寄存器，其余的由使用者自行参照示例编写程序来配置验证。一般MCU有5～7个串口，往往分配在不同的时钟树上，所以设置时就会略有不同，这需要软件工程师留意。

串口发送数据与MCU大小端模式的关系

发送的数据高位在前还是低位在前与MCU大小端模式有关。

- 小端：较高的有效字节存放在较高的存储器地址，较低的有效字节存放在较低的存储器地址。
- 大端：较高的有效字节存放在较低的存储器地址，较低的有效字节存放在较高的存储器地址。

软件工程师可以将数组存储到内存后在线调试查阅MCU大小端模式，电子硬件工程师可以通过数据手册、程序下载器查看MCU大小端模式，如表3-7所示。

表3-7

查看方式	查看方法
通过芯片的数据手册查看	有的MCU只支持大端模式、小端模式中的一种，芯片出厂时就设定好了；有的MCU同时支持大端模式、小端模式，但是软件工程师在设计程序前必须通过编译器固定选一种
通过程序下载器查看	例如，ARM芯片可以用J-Link下载器连接JTAG（或SWD）口，从而在计算机上利用J-LINK Commander 工具检测MCU的大小端模式

电子硬件工程师通过程序下载器查看MCU大小端模式。

案例

本案例选取的MCU的型号为STM32F407IGT6（ARM芯片）、程序下载器为J-Link V9（ARM等芯片的下载工具），通过SWD接口查阅，连线方式如图3-10所示。

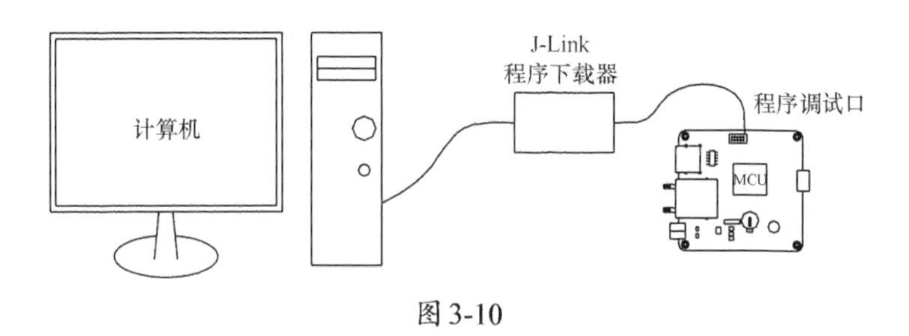

图3-10

J-Link和PCB的MCU调试口连接后，在J-Link Commander窗口中输入“usb”后，会显示各种信息，如图3-11所示。

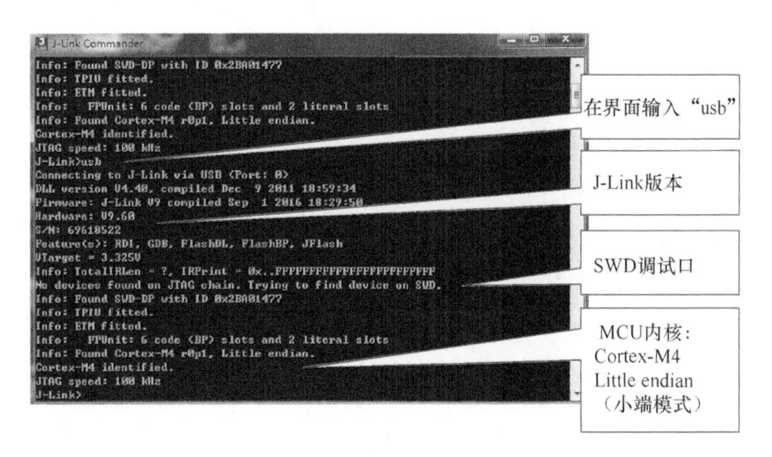

图3-11

假如同一个PCB板卡有多个MCU，不同的MCU的大小端模式不同，则在调试程序通信时，数据低bit位和高bit位交叉，会导致通信不成功，这时电子硬件工程师可考虑修改MCU内部的大小端模式，模式需要保持一致。

3.3.3 双绞线传输优势

差分信号线与单端信号线都是为了将信号由发送端传输到接收端，差分信号线有利于减少传输路径中的干扰。这两种电缆上的信号被干扰后的示意图分别如图3-12和图3-13所示。

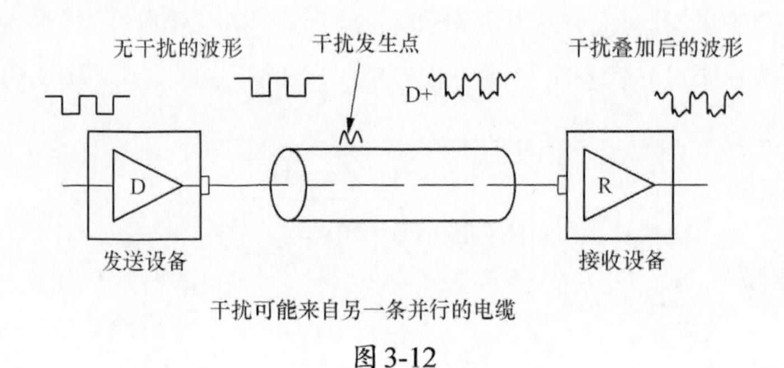

图3-12

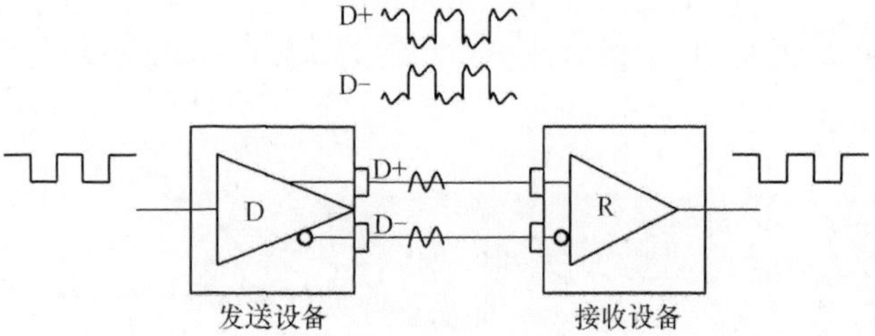

D+
D−
D
D+
D−
R
发送设备
接收设备

图3-13

单端信号在传输路径上受到干扰后，其波形将直接进入接收设备，从而导致接收设备判断有效信号时出现错误，严重的情况下将无法识别信号、无法通信，如图3-12所示。

理想情况：差分信号在传输路径上受到干扰，且其波形进入接收设备后，利用D+与D−的信号电平之差$V=(V_{D+}-V_{D-})$来消除干扰。这里假设差分通信双绞线在受到干扰时得到相同的波形（实际上会有一些差异，在3.5节会继续展开分析差异原因）。D+、D−波形畸变一致，在做差（相减）后，接收的波形和发送的波形就可保持一致，如图3-13所示。

在差分信号线的基础上，采用双绞线可进一步增强抗干扰能力。

理论上来讲，如果两条平行电缆相距足够近，那么在同一点受到干扰时，干扰在两条电缆上产生的影响是一样的，而差分信号正好通过相减而抵消。在实际工程中，两条电缆受到干扰时有一定的差异，这无法避免。图3-14所示将细微差异描述夸大了，以便读者理解。

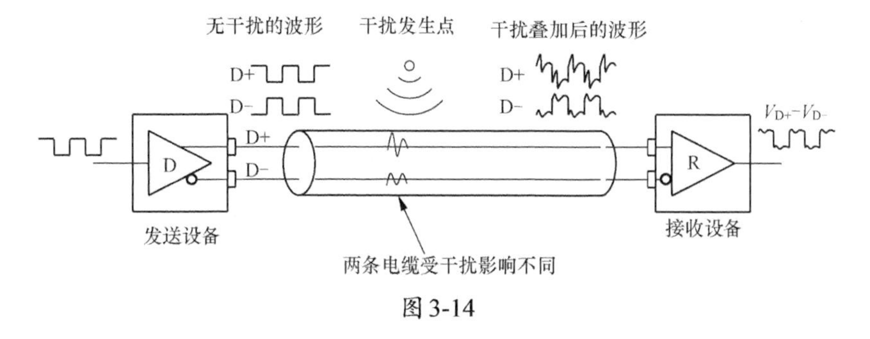

图 3-14

双绞线比两条平行线的抗干扰效果更好。

电流和电场的相互效应关系如图3-15所示。传输信号时，由于双绞线的两条电缆紧密地缠绕在一起，两条电缆之间形成的电场相互抵消，因此效果比并行的两条电缆的效果更好，如图3-16所示。

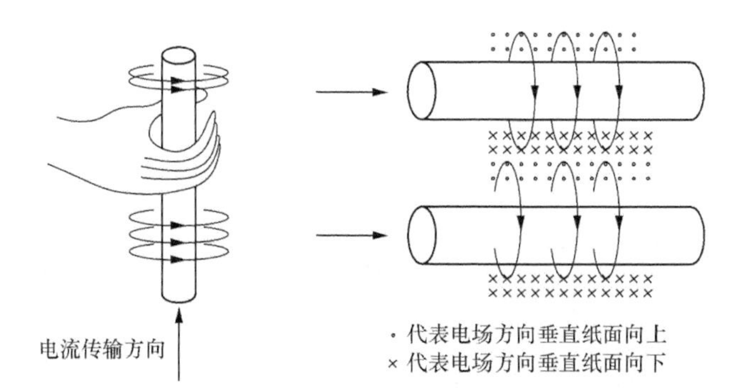

电流流过导体时会产生电场（右手定则），并行电缆产生的电场在间隔区域完全抵消

图 3-15

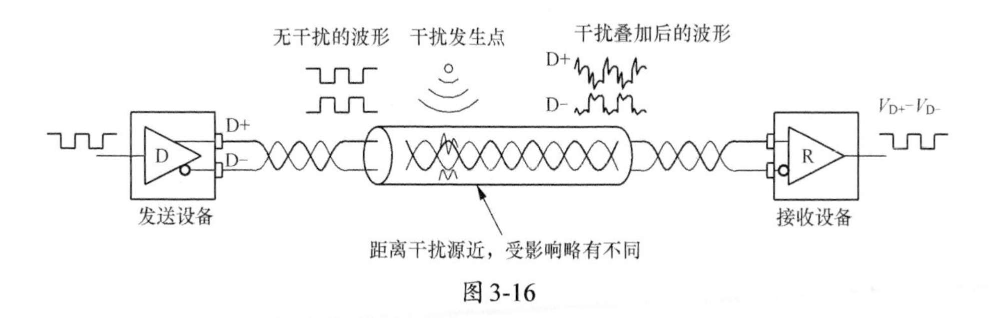

图 3-16

差分信号传输质量：双绞线优于平行线，平行线优于单条线，如图3-17所示。

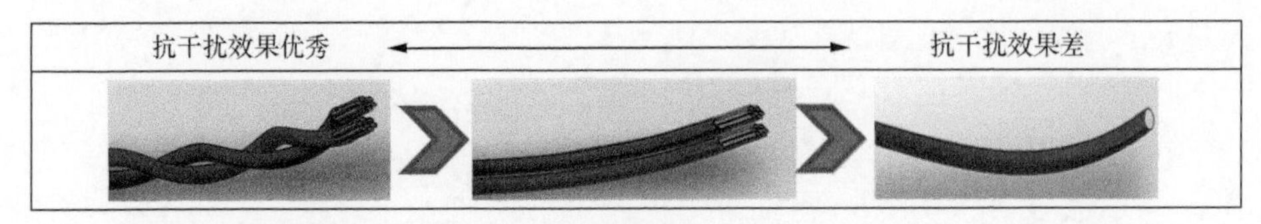

图 3-17

3.3.4 屏蔽层的作用

在工程实践中，电子硬件工程师不只是简单地完成电路设计、PCB设计、产品装配后，往往还需要协助客户解决EMC、EMI等电磁兼容难题，满足现场综合布线、机电工程安装角度的要求，以及平衡系统电磁环境等。

带屏蔽电缆：有效隔离外部干扰，同时减少电缆对外界的干扰。

信号在传输时受到外部干扰的效果示意图如图3-18～图3-20所示。

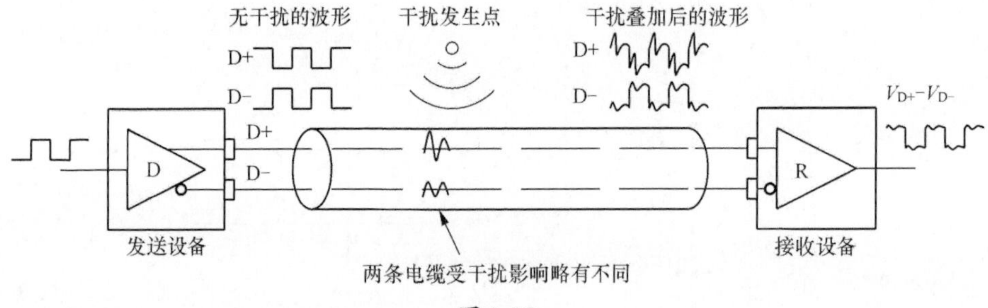

图 3-18

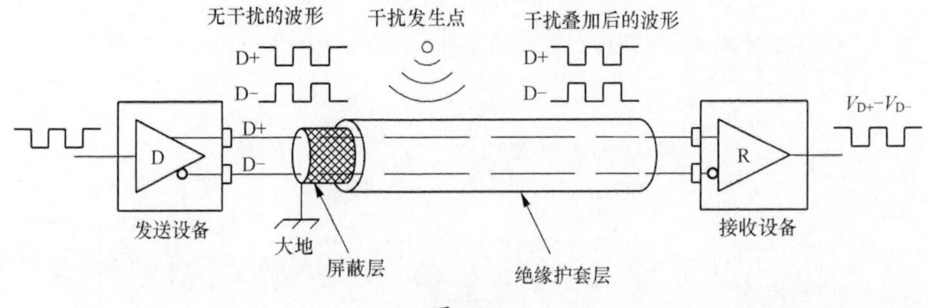

图 3-19

在抗外部干扰和内部干扰（由电缆中的信号产生）时，带屏蔽双绞线的效果比带屏蔽平行电缆的效果好。

电缆在有屏蔽层和无屏蔽层时的电场分布有所不同，如图3-21和图3-22所示。

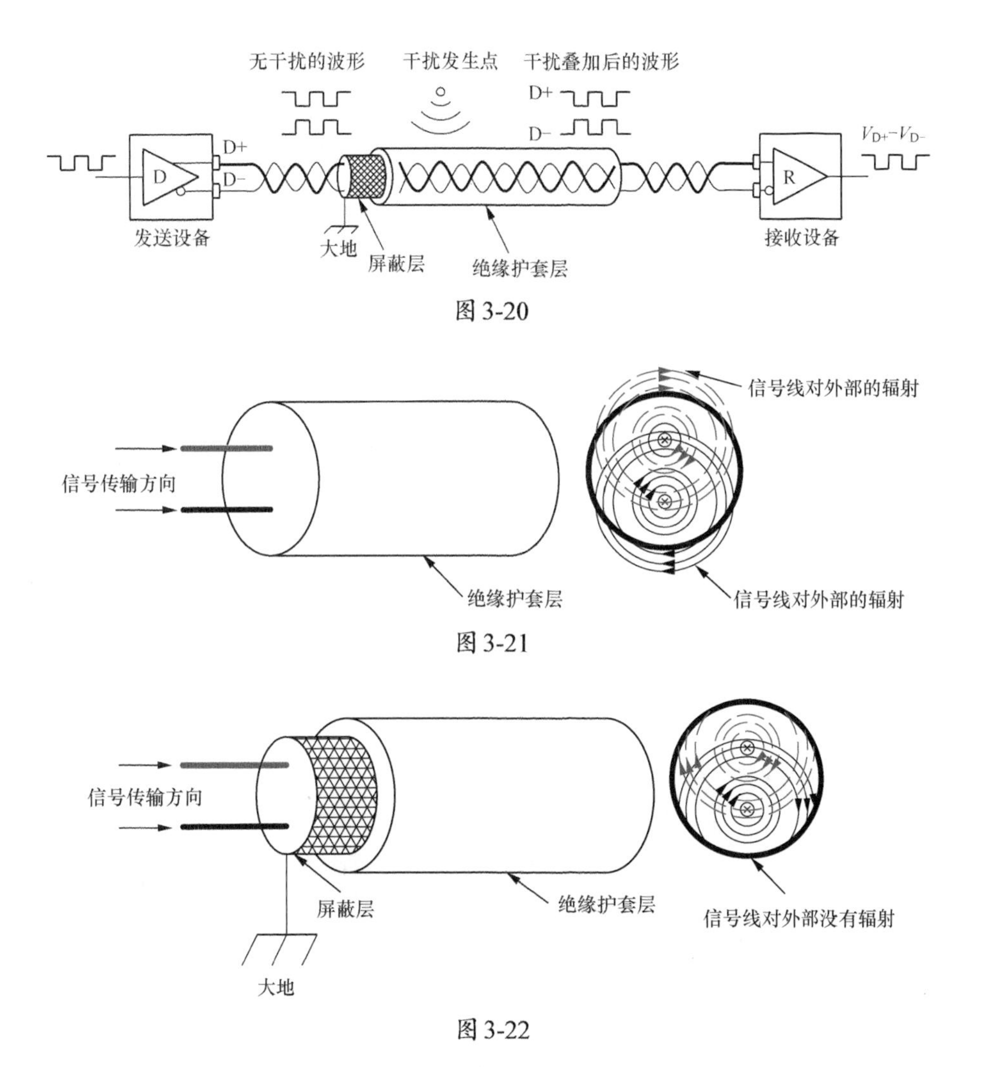

图 3-20

图 3-21

图 3-22

有屏蔽层的电缆能将自身产生的信号辐射控制在电缆内部，从而避免该电缆对附近的其他设备产生干扰。

在一些干扰严重的场合，如果屏蔽层没有接入大地，那么即使用了屏蔽层，通信质量也不会改善。通信质量需要从整个系统来衡量，如阻抗匹配、端接电阻、信号完整性、减少干扰影响等。

用于集成电路和微机保护的电流、电压及信号接点的控制电缆应选用屏蔽型。

计算机监控系统信号回路控制电缆的屏蔽方式选择应符合下列规定。

（1）开关量信号，可选用总屏蔽。

（2）高电平模拟信号，宜选用对绞线芯总屏蔽，必要时也可选用对绞线芯分屏蔽。

（3）低电平模拟信号或脉冲信号，宜选用对绞线芯分屏蔽，必要时也可选用对绞线芯分屏蔽复合总屏蔽。

其他情况下，应综合考虑电磁感应、静电感应和地电位升高等影响因素来选用适宜的屏蔽方式。

屏蔽线的屏蔽层时应该接地，这里的“地”指的是地球泥土的“大地”，也就是“Earth”，如图3-23所示。

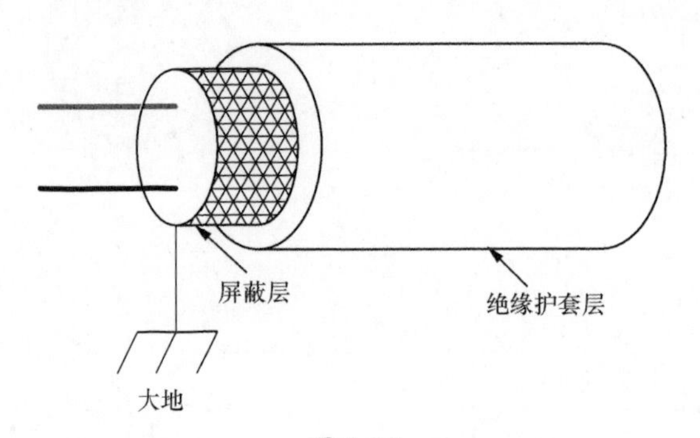

图3-23

在工程现场的工程师一定见过“两根导线＋屏蔽层”形式的电缆，其中屏蔽层接入通信设备电源地GND，这种方式是将屏蔽层当成第三根导线使用，是错误的。

错误案例：采用4～20mA通信传输接线时，接线人员未选用“3芯＋屏蔽层”的电缆，而是借用“2芯＋屏蔽层”的电缆。

原因分析：由于屏蔽层的材质与电缆本身采用的材质有所差异，且检测指标也不同，因此信号在传输过程中流过的电缆路径电阻并不一致，这会导致电位差增大，产生通信检测值偏移、数据不准确的问题。

3.3.5 屏蔽层接地方法

控制通信用的屏蔽线，其屏蔽层的接地方法如下。

（1）计算机监控系统的模拟信号回路控制电缆的屏蔽层不得构成两点或多点接

地，应采用一点接地。

（2）集成电路和微机保护的电流、电压及信号的控制电缆的屏蔽层应在安置场所与控制室同时接地。

（3）对于除上述情况外的控制电缆的屏蔽层，当电磁感应的干扰较大时，宜采用两点接地；当静电感应的干扰较大时，可采用一点接地。

（4）双重屏蔽或复合式总屏蔽宜对内、外屏蔽分别采用一点、两点接地。

（5）选择两点接地时，在暂态电流作用下的屏蔽层不会被烧熔。

采用屏蔽线通信，特别是RS485通信的设备在各个行业中都有大量的应用。设备的壳体也分塑料壳体、金属壳体两大类。

设备壳体的材质不同，在采用屏蔽线通信时，屏蔽层的接地方式也会有所差异。对此，工程师可依据浪涌抗扰度测试的国家标准（GB/T 17626.5—2019）或国际标准（IEC 61000-4）采用屏蔽线屏蔽层接地的推荐方式。

试验时有两台隔离电源供电，屏蔽线两端接地，可参考图3-24。

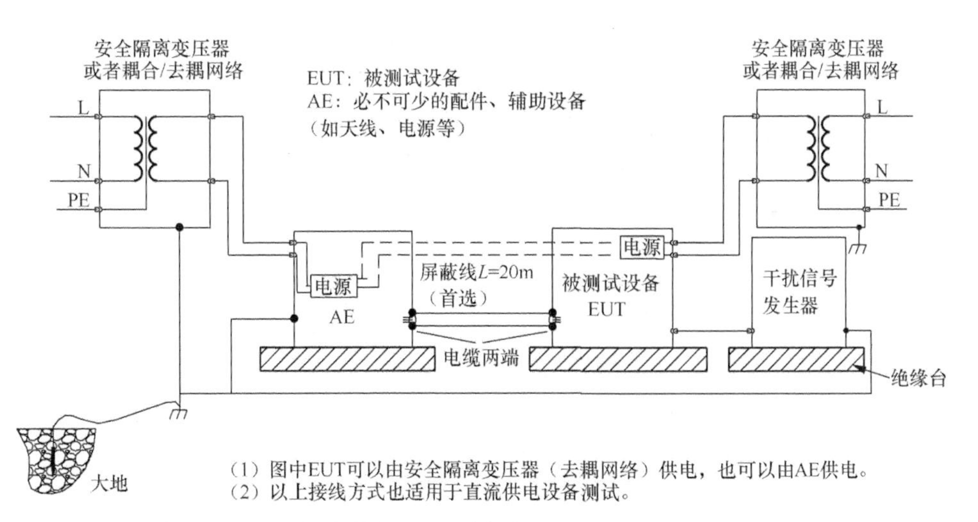

图3-24

说明：

（1）如果EUT通过AE供电，则图3-24中的安全隔离变压器（或者耦合/去耦网络）只用一台即可；

（2）如果EUT为一个有完整功能的电气电子设备，则屏蔽线无须外接AE，同样只需要一台安全隔离变压器（或者耦合/去耦网络）即可。

试验时只有一台隔离电源供电，屏蔽线两端接地，可参考图3-25。

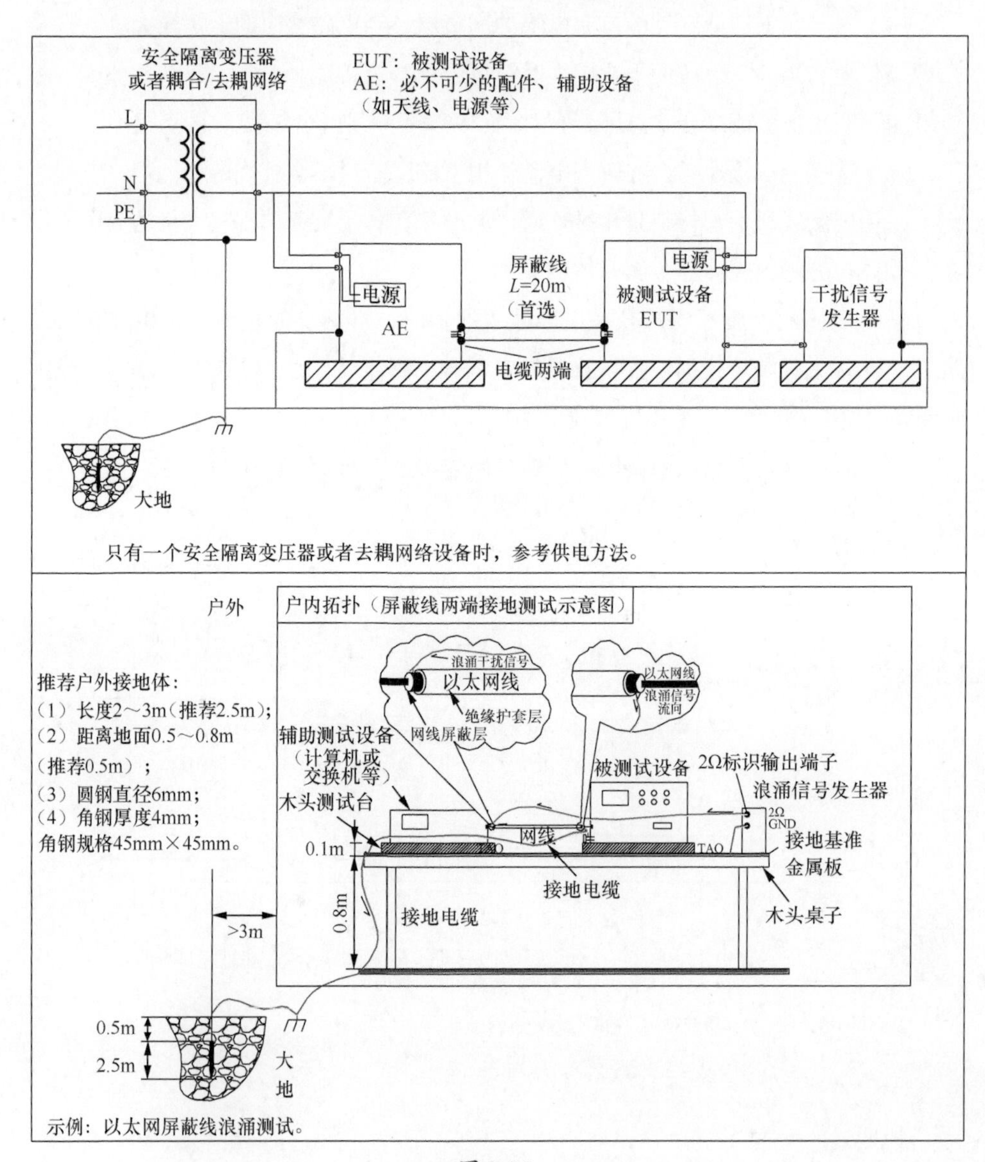

图3-25

设备外壳的连接方法有塑料壳连接塑料壳、金属壳连接金属壳和金属壳连接塑料壳3种，其屏蔽线的接地点有些区别。

进行EMC测试时，设备EUT或者AE并非直接和电力系统的L相、N相连接，电力系统和被测试设备之间需要加一级隔离（安全隔离变压器或耦合/去耦网络）。

如果没有电气隔离，则进行EMC测试时，干扰信号将通过电源线传播到整栋大楼（或小区）的电力系统，从而可能导致电力系统大面积故障。

3.4 电缆阻抗与信号完整性

3.4.1 常见通信软线

常见的几种通信软线如表3-8所示。

表3-8

序号	普通电缆	双绞线
1	聚氯乙烯单芯无护套软线RV	聚氯乙烯单芯双绞软线RVS
2	聚氯乙烯多芯无护套软线RV	聚氯乙烯多芯双绞软线RVS
3	聚氯乙烯多芯有护套软线RVV	聚氯乙烯多芯有护套双绞软线RVVS

续表

序号	普通电缆	双绞线
4	聚氯乙烯多芯有护套屏蔽软线RVVP	聚氯乙烯多芯有护套屏蔽双绞软线RVVSP

电缆参考标准：

GB/T 5023.1—2008《额定电压450/750及以下 聚氯乙烯绝缘电缆 第1部分：一般要求》。命名举例：

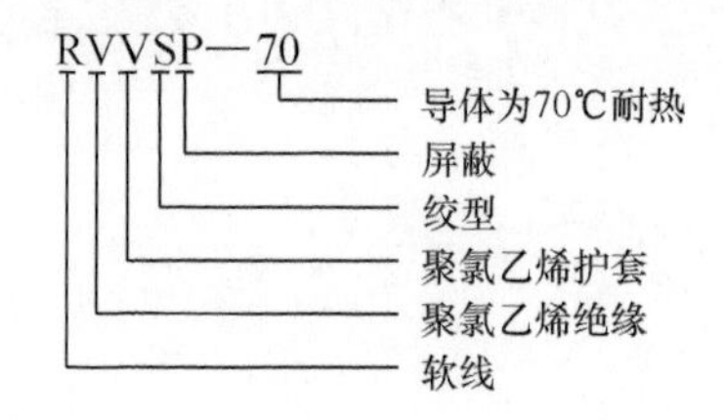

注：部分厂家的电缆名称写的是RVSP，省略了一个V。

不同类别的双绞线的实物图、参数及参考价格如表3-9所示。

表3-9

序号	实物图	参数	参考价格（每100m）
1		ZR-RVSP通信电缆，阻燃无氧铜丝＋铝箔双层屏蔽，2×0.5mm	100～200元
2		HPVV-2（或RVSP）通信电缆，双层屏蔽，2×0.5mm	100～200元
3		STP-120通信电缆，双层屏蔽，阻抗为120Ω，采用低衰减材料设计，18AWG	700～900元
4		百通9842（9841）通信电缆，TIA/EIA-485-A指导手册推荐，特性阻抗为120Ω，24AWG（按UL标准生产）。类似的还有百通82841通信电缆	700～900元

续表

序号	实物图	参数	参考价格（每100m）
5		ASTP-120通信电缆，铠装多层屏蔽，特性阻抗为120Ω，采用低衰减材料设计，18AWG	1000～1200元

电缆参考标准：

（1）GA 306.1—2007《阻燃及耐火电缆　塑料绝缘阻燃及耐火电缆分级和要求　第1部分：阻燃电缆》；

（2）GB/T 5023.5—2008《额定电压450/750V及以下　聚氯乙烯绝缘电缆　第5部分：软电缆（软线）》；

（3）YD/T 840—1996《电话网用户铜芯室内线》；

（4）JB/T 8734.1—2016《额定电压450/750V及以下　聚氯乙烯绝缘电缆电线和软线　第1部分：一般规定》。

注：

部分厂家生产的电缆的型号并未完全按照国家标准规定的关键英文字母命名，而是按行业习惯命名；部分不规范厂家生产的电缆的型号按国家标准命名，但是并未经过检测认证。

不同型号的电缆虽然都带屏蔽，但价格差异巨大。短距离通信可以采用普通分离电缆、普通双绞线，高质量通信则推荐采用高质量的屏蔽双绞线。

利用双绞线传输RS485、CAN信号时，性能优先级从高到低为ASTP-120 > STP120（或9841）> RVSP-120 > RVSP > RVP > RV，含义如下。

ASTP-120：低磁导率铠装屏蔽双绞线，特性阻抗为120Ω（应用于强磁场场合）；

STP120（或9841）：屏蔽双绞线，特性阻抗为120Ω（传输距离可达1000m，无中继器时推荐使用）；

RVSP-120：聚氯乙烯屏蔽双绞软线，特性阻抗为120Ω（实际衰减很大，传输距离达不到1000m，长距离传输时需要中继器）；

RVSP：不带特性阻抗的普通屏蔽双绞软线；

RVP：不带特性阻抗、不带双绞结构、带屏蔽软线；

RV：不带特性阻抗、不带双绞结构、不带屏蔽软线。

电子硬件工程师在选电缆时，应要求供应商提供数据手册、电缆检测报告、电缆执行标准，然后依据项目需求以及成本选择适合项目的电缆。

3.4.2 RS485总线特性阻抗为120Ω的起源

RS485总线传输差分信号的特性阻抗为120Ω，不是导线的电阻。在《Application Guidelines for TIA/EIA-485-A》（TSB-89-A）中列出了不同电缆构造参数的对比情况，如图3-26所示，含义如表3-10所示。

TSB-89-A

Characterization of the cable in terms of Zo variation with frequency, uniformity along the length, or both.

Table 1 - Characteristic impedance of various twisted-pair cable constructions

Cable	Construction	Differencial Zo	Capacitance unbalance[1]
A	24 Ga. solid conductor, polyethylene insulation, unshielded, 16pF/ft	100Ω±15% from 1MHz to 100 MHz	2%
B	24 Ga. stranded conductor, foam-polyethylene insulation, shielded, 12pF/ft	120Ω±15% from 1MHz to 100 MHz	3%
C	24 Ga. stranded conductor, polyethylene insulation, shielded, 16pF/ft	100Ω±15% from 1MHz to 100 MHz	5%
D	24 Ga. stranded conductors, PVC insulation, unshielded, 30pF/ft	60Ω±20% at 1MHz	5%
E	28 Ga. stranded conductors, polyethylene insulation, shielded, 12pF/ft	120Ω±10% from 1MHz to 33 MHz	5%

图3-26

表3-10

电缆	构造	差分阻抗Z_0	电容不平衡度
A	24Ga.实心导体，聚乙烯绝缘，非屏蔽，16pF/0.3048m	从1MHz到100MHz，100Ω（1±15%）	2%
B	24Ga.绞合线，发泡聚乙烯绝缘，屏蔽，12pF/0.3048m	从1MHz到100MHz，120Ω（1±15%）	3%
C	24Ga.绞合线，聚乙烯绝缘，屏蔽，16pF/0.3048m	从1MHz到100MHz，100Ω（1±15%）	5%
D	24Ga.绞合线，聚氯乙烯绝缘，非屏蔽，30pF/0.3048m	1MHz时，60Ω（1±20%）	5%
E	28Ga.绞合线，聚乙烯绝缘，屏蔽，12pF/0.3048m	从1MHz到33MHz，120Ω（1±10%）	5%

注：1ft=0.3048m，1000ft=304.8m。

24Ga.中的Ga.是GAUGE的缩写，它是起源于北美的一种关于直径的长度计量单位，属于Browne&Sharpe计量系统。该单位最初用在医学和珠宝领域，数字越大直径越小，后经推广也用于表示厚度。美国标准中24Ga.是0.635mm，英国标准中24Ga.是0.559mm。

由于全世界的RS485芯片设计都参考TIA/EIA-485-A标准的测试数据，所以为了达到最优的通信质量，外部连接的电缆传输差分信号的特性阻抗也遵循TSB-

89-A标准的参数，这样有利于设备通信的兼容。

3.4.3 RS485双绞线的优选线径

RS485双绞线的优选线径是：22AWG（约0.643mm）。

使用0.635mm的电缆可以达到最接近TIA/EIA-485-A标准的测试性能。

25℃条件下，实心圆芯电缆AWG标准如图3-27所示，0.643mm对应22AWG，约等于24Ga.。为此，众多文献推荐RS485电缆使用22AWG到24AWG的规格。

25℃条件下，实心圆芯电缆AWG标准

尺寸规格	直径		横截面积		尺寸规格	直径		横截面积	
AWG	mils	mm	cmils	mm^2	AWG	mils	mm	cmils	mm^2
4/0	460.0	11.684	211 600	107.2	29	11.3	0.287	128	0.0647
3/0	409.6	10.404	167 800	85.0	30	10.0	0.254	100	0.0507
2/0	364.8	9.26	133 100	67.4	31	8.9	0.226	79.2	0.0401
1/0	324.9	8.25	105 600	53.5	32	8.0	0.203	64.0	0.0324
1	289.3	7.35	83 690	42.4	33	7.1	0.180	50.4	0.0255
2	257.6	6.54	66 360	33.6	34	6.3	0.160	39.7	0.0201
3	229.4	5.82	52 620	26.7	35	5.6	0.142	31.4	0.0159
4	204.3	5.19	41 740	21.1	36	5.0	0.127	25.0	0.0127
5	181.9	4.62	33 090	16.8	37	4.5	0.114	20.2	0.0103
6	162.0	4.11	26 240	13.3	38	4.0	0.102	16.0	0.00811
7	144.3	3.67	20 820	10.6	39	3.5	0.0890	12.2	0.00621
8	128.5	3.26	16 510	8.37	40	3.1	0.0787	9.61	0.00487
9	114.4	2.91	13 090	6.63	41	2.8	0.0711	7.84	0.00397
10	101.9	2.91	13 090	6.63	42	2.5	0.0635	6.25	0.00317
11	90.7	2.30	8 230	4.17	43	2.2	0.0559	4.84	0.00245
12	80.8	2.05	6 530	3.31	44	2.0	0.0508	4.00	0.00203
13	72.0	1.83	5 180	2.63	45	1.76	0.0447	3.10	0.00157
14	64.1	1.63	4 110	2.08	46	1.57	0.0399	2.46	0.00125
15	57.1	1.45	3 260	1.65	47	1.40	0.0356	1.96	0.000993
16	50.8	1.29	2 580	1.31	48	1.24	0.0315	1.54	0.000779
17	45.3	1.15	2 050	1.04	49	1.11	0.0282	1.23	0.000624
18	40.3	1.02	1 620	0.823	50	0.99	0.0252	0.980	0.000497
19	35.9	0.904	1 290	0.653	51	0.88	0.0224	0.774	0.000392
20	32.0	0.813	1 020	0.519	52	0.78	0.0198	0.608	0.000308
21	28.5	0.724	812	0.412	53	0.70	0.0178	0.490	0.000248
22	25.3	0.643	640	0.324	54	0.62	0.0158	0.384	0.000195
23	22.6	0.574	511	0.259	55	0.55	0.0140	0.302	0.000153
24	20.1	0.511	404	0.205	56	0.49	0.0125	0.240	0.000122
25	17.9	0.455	320	0.162					
26	15.9	0.404	253	0.128					
27	14.2	0.361	202	0.102					
28	12.6	0.320	159	0.0804					

图3-27

我国发布的GB 50217—2007《电力工程电缆设计规范》标准明确规定强电控制回路的导体横截面积不应小于1.5mm²，弱电控制回路的导体横截面积不应小于0.5mm²。RS485总线属于弱电类，我国多数厂家选用的RS485电缆导体的直径是

0.5 ～ 0.75mm。

RS485总线选用120Ω特性阻抗电缆的效果是最佳的。由于电缆有差异，所以120Ω特性阻抗是可以有15%的偏差的，也就是在102 ～ 138Ω范围内都可以。

在没有120Ω特性阻抗电缆时，可以退而求其次，临时使用100Ω特性阻抗电缆代替，这并不会对通信质量产生明显影响。

3.4.4 网线特性阻抗100Ω规定

双绞线特性阻抗有100Ω、120Ω、150Ω等。以太网双绞线有568A与568B两种规定。

图3-28

（1）通信使用的以太网10/100M网线如图3-28所示，4对双绞线中，每一对之间的特性阻抗均为100Ω。

（2）我国国标规定，数字通信用聚烯烃绝缘水平对绞电缆（俗称网线）的单根导体的直流电阻小于等于9.5Ω/100m。网线的单根导体的直流电阻国家标准要求详见YD/T 1019—2013《数字通信用聚烯烃绝缘水平对绞电缆》。

双绞线等级与传输频率的关系如表3-11所示。

表3-11

组织名称		最高传输频率
TIA/EIA	ISO/IEC（信道级别）	
1类	A	100kHz
2类	B	1MHz
3类	C	16MHz
4类	—	20MHz
5类	D	100MHz
5e类（超5类）	D	100MHz
6类	E	250MHz
6a类（超6类）	EA	500MHz
7类	F	600MHz

常见的10M/100M网线属于5类、5e类，我国标准更倾向于应用ISO/IEC体系标注法。

国标中规定，3类、5类、5e类、6类电缆的特性阻抗（Z_0）在从4MHz到电缆类别规定的最高传输频率的整个频带内都应符合要求，如表3-12所示。如果电缆的特性阻抗符合要求，则不必进行回波损耗（RL）的测量。

表3-12

电缆类别	传输频率/MHz	特性阻抗/Ω
3类	4～16	100±15
5类、5e类	4～100	100±15
6类	4～250	100±15

6a类、7类电缆的特性阻抗要求详见标准YD/T 1019—2013《数字通信用聚烯烃绝缘水平对绞电缆》。

网线绝缘层上的字符含义如表3-13所示。

表3-13

实物图	参数	备注
等级 规格 标准 长度 CAT.5e 24AWG/4PR TIA/EIA-568B 099M	（1）等级：5e类。 （2）规格：单根线径24AWG。 （3）双绞线：4对。 （4）标准：TIA/EIA-568B、YD/T 1019—2013。 （5）长度：99m	电缆油墨标识

电缆参考标准：

（1）YD/T 1019—2013《数字通信用聚烯烃绝缘水平对绞电缆》；

（2）《TIA/EIA-568B》。

TIA/EIA-568A 与TIA/EIA-568B标准。对网线与RJ45水晶头的配合、电缆的颜色顺序的规定如表3-14所示。

表3-14

实物图	针脚顺序	10～100Mbit/s速率	1000Mbit/s速率	TIA/EIA-568A颜色规定	TIA/EIA-568B颜色规定
	1	TX+	DA+	白绿色	白橙色
	2	TX-	DA-	绿色	橙色
	3	RX+	DB+	白橙色	白绿色
	4	—	DC+	蓝色	蓝色
	5	—	DC-	白蓝色	白蓝色
	6	RX-	DB-	橙色	绿色
	7	—	DD+	白棕色	白棕色
	8	—	DD-	棕色	棕色

在没有网络服务器时，计算机联机通信、玩游戏有两种方案。

（1）一根交叉网线，直接连两台计算机的RJ45网口，在游戏的局域网界面寻找玩家（只能两人玩）。

（2）两根直连网线，分别连接到一个路由器或交换机，在游戏的局域网界面寻找玩家（可以多人参与）。

在市场商店里能直接购买到的网线通常都是直连网线。

如果需要交叉网线，则告知商家两个RJ45水晶头各自的线序，商家很快就能制作好。直连网线和交叉网线的区别如表3-15所示。

表3-15

实物图	网线	电缆A端RJ45	电缆B端RJ45
电缆A端RJ45　电缆B端RJ45	直连网线	按TIA/EIA-568B颜色规定接线	按TIA/EIA-568B颜色规定接线
	交叉网线	按TIA/EIA-568B颜色规定接线	按TIA/EIA-568A颜色规定接线

直连网线和交叉网线组成局域网的应用场景如图3-29所示。

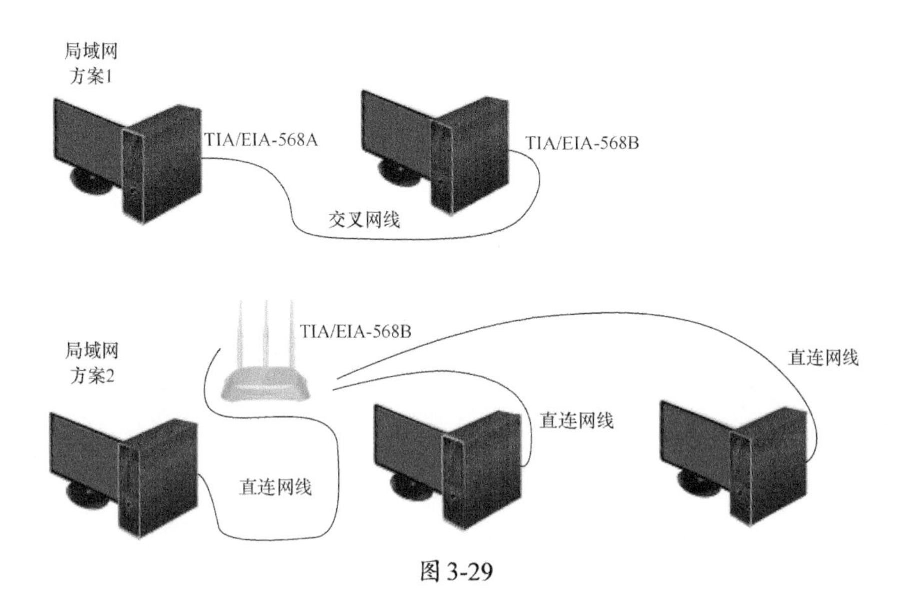

图 3-29

感兴趣的读者可以自制网线并组网，分别验证方案1、方案2的通信效果。例如，在不同的连线方式的局域网中连接计算机，通过玩经典对战互动游戏《魔兽争霸3》《星际争霸》来体验通信效果。

3.4.5 电缆特性阻抗50Ω/75Ω规定

特性阻抗50Ω或75Ω在同轴电缆中应用较多，如图3-30所示。

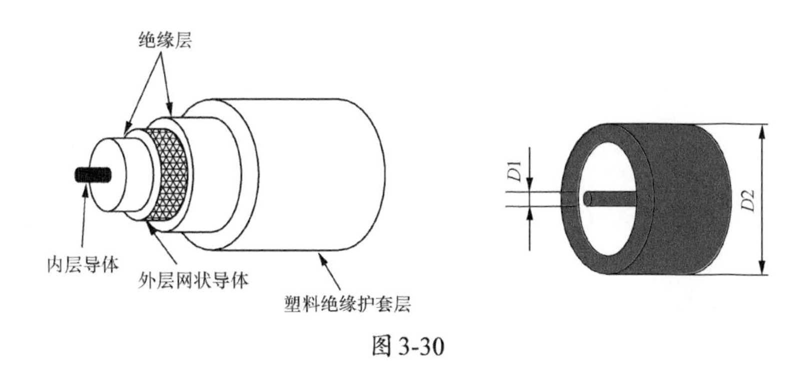

图 3-30

电缆的特性阻抗值不是电阻值，不能用万用表电阻挡测量，它会影响信号的传输质量。

同轴电缆特性阻抗有25Ω、50Ω、75Ω、93Ω等。从事射频信号发送设备研制工作的技术人员接触和使用50Ω、75Ω同轴电缆较多。在应用无线发射、射频技术的项目中，会有让电缆特性阻抗与PCB单端信号线阻抗相同的要求，以便达到和电缆连接时阻抗匹配、损失最小的效果。

若电缆特性阻抗为50Ω，PCB信号线阻抗也是50Ω，则可认为信号在PCB板卡与同轴电缆上传输时质量不受影响，如图3-31所示。

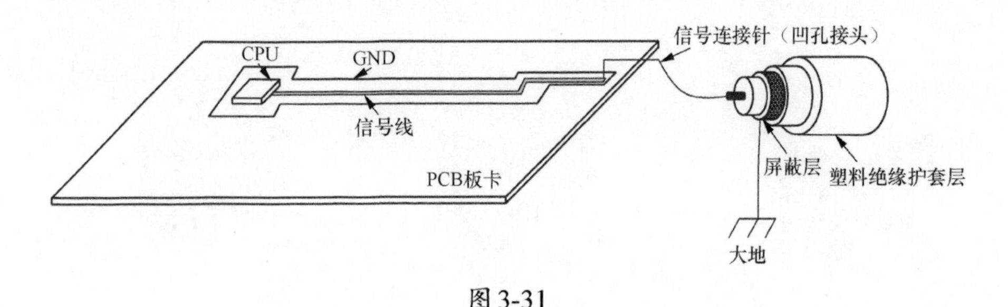

图3-31

实际设计时，电子硬件工程师为了更好地屏蔽隔离电缆接头处带来的干扰，信号连接针附近的铺铜与CPU参考GND的铺铜，可通过磁珠或电阻（10～33Ω）连接，如图3-32所示。

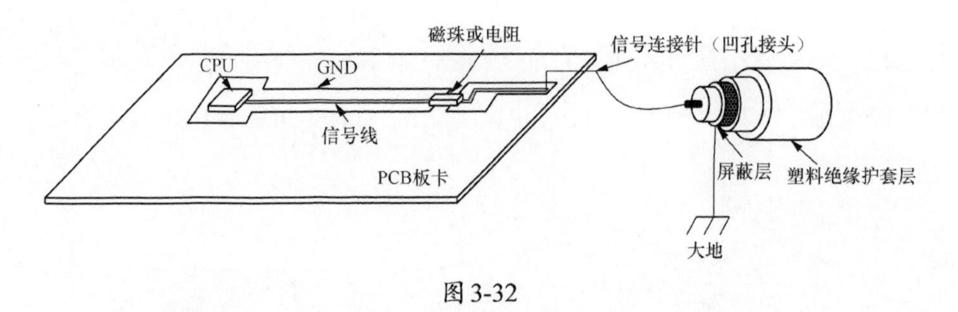

图3-32

为什么电缆特性阻抗是50Ω，而不是51Ω或49Ω等其他数值呢？分析与说明如下。

（1）信号损耗。

通常认为导体横截面积越大、信号损耗就越低，但是事实上，电学专家、材料学家、物理学家、数学家们经过研究后发现，同轴电缆最低损耗并非出现在内导体外径最大时，而是出现在“以空气为介质，外导体内径：内导体外径=3.6”时，此时电缆的阻抗为77Ω（仿真计算值为76.3779Ω，为便于记忆取值77Ω），如图3-33所示。

（2）承受功率。

同轴电缆的最大承受功率同样与特性阻抗有关，依据试验计算，当同轴电缆以空气为介质，外导体内径：内导体外径=1.65时，承受功率最大。此时对应的阻抗为30Ω（仿真计算值为29.6578Ω，为便于记忆取值30Ω），如图3-33所示。

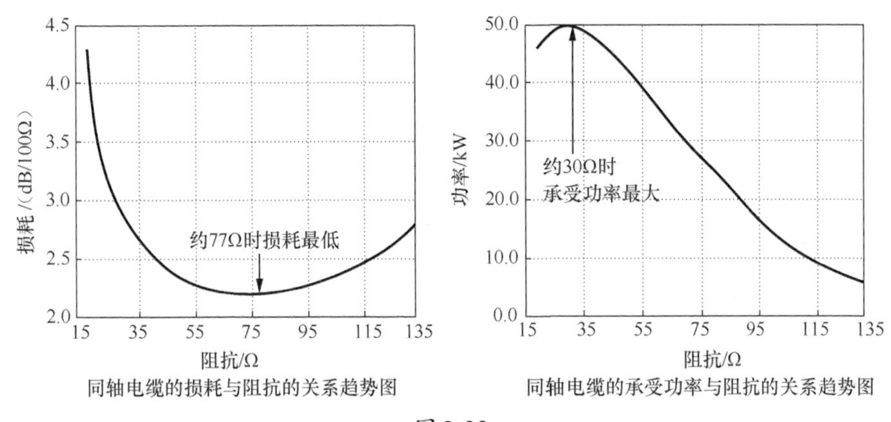

同轴电缆的损耗与阻抗的关系趋势图　　同轴电缆的承受功率与阻抗的关系趋势图

图3-33

电缆用于广播电视类发射站时，主要对外单向传输信号，应选用损耗最小的阻抗，阻抗接近77Ω的电缆是最优的，接近77Ω的标准电缆的阻抗是75Ω。

电缆用于无线电通信，需要发射和接收信号时，同一个设备既要使信号损耗小，还要兼顾承受功率大，在30～77Ω的范围内选择时，折中选择50Ω。

假如设备已经是50Ω输入输出，需要在外面接75Ω的电缆怎么办？增加一个阻抗转接头即可。50Ω—75Ω阻抗转接头的外形及作用如表3-16所示。

表3-16

名称	参考产品1	参考产品2	作用
50Ω—75Ω阻抗转接头			完成特性阻抗为50Ω与75Ω的电缆的相互连接。参考价格：100～300元/只

电子硬件工程师使用“50Ω—75Ω阻抗转接头”的场合有很多。例如，研究无线收发设备（如收音机、对讲机等）FM、AM信号的发送与接收。测试人员可利用信号发生器产生波形，并将波形传输到无线发射设备中进行测试，可在信号发生

器的输出接口上接50Ω转75Ω的阻抗转接头，然后将信号传输到环形天线。测试平台的示意图如图3-34所示。

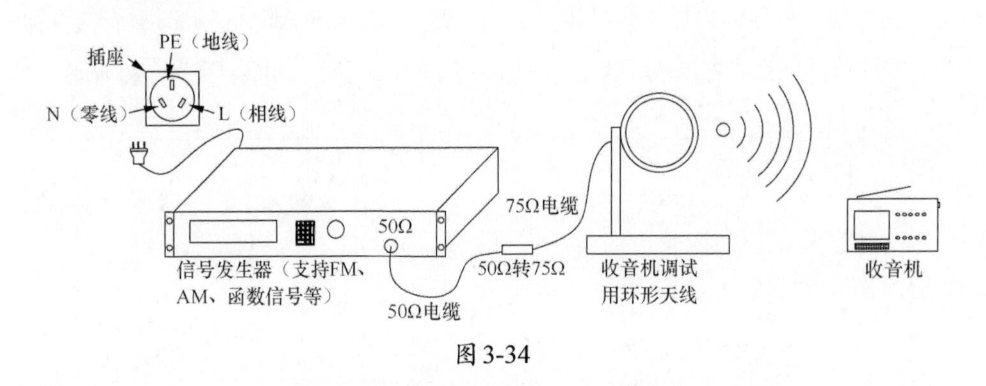

图3-34

知识延伸

同轴电缆特性阻抗50Ω的数学推导

为什么同轴电缆特性阻抗通常是50Ω？

同轴电缆的电场分析如下。

同轴电缆内填充介质ε，假设内导体和外导体之间的电位差为V，导致电导体表面电荷为$\pm Q$，电荷沿同轴电缆长度Δz均匀分布，如图3-35所示。

注：译自《why is 50ΩCoaxial Line so Special Anyway?》。

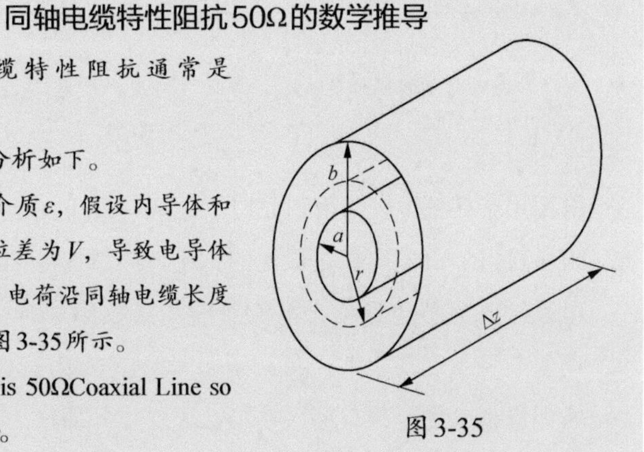

图3-35

参数说明如表3-17所示。

表3-17

数学符号	描述	符号	描述或发音
$\int$	积分	a	导体半径
$\iint$	双重积分	b	外形半径
$\iiint$	三重积分	r	临界半径
$\oint$	曲线积分	Δz	长度
$\oiint$	面积分	ε	epsilon（艾普西隆）

续表

数学符号	描述	符号	描述或发音
$\oiiint$	体积分	π	pai（圆周率）
∂	偏微分	η	eta（伊塔）功率类
$\propto$	正比	ρ	Rho（柔）电阻率、密度
S	面积	σ	Sigma（西格玛）
E	场强	α	Alpha（阿尔法）

电场会按照高斯定律对称放射：

$$\oiint \varepsilon \overline{E} \cdot \mathrm{d}\overline{S} = \iiint \rho \mathrm{d}V \rightarrow E_{\mathrm{r}} = \frac{Q}{2\pi\varepsilon r \Delta z} \tag{1}$$

这样就产生了电压V：

$$V = \int_a^b \overline{E} \cdot \mathrm{d}\xi = \frac{Q}{2\pi\varepsilon\Delta z} \ln(\frac{b}{a}) \tag{2}$$

单位长度的电容C：

$$C = \frac{Q}{V\Delta z} = \frac{2\pi\varepsilon}{\ln(\frac{b}{a})} [\mathrm{F/m}] \tag{3}$$

通过安培定律计算：

$$\oint \overline{H} \cdot \mathrm{d}\xi = I_0 \rightarrow H_{\Phi} = \frac{I_0}{2\pi \boldsymbol{r}} \tag{4}$$

单位长度的电感L：

$$L = \frac{1}{I\Delta z} \iint \overline{B} \cdot \mathrm{d}\overline{S} = \frac{\mu}{2\pi} \ln(\frac{b}{a}) [\mathrm{H/m}] \tag{5}$$

因此可以得到特性阻抗值Z_0：

$$Z_0 = \sqrt{\frac{L}{C}} = \frac{\eta}{2\pi} \ln(\frac{b}{a}) \tag{6}$$

如果电场强度超过一定的临界值，则两导体之间的区域就会发生介电击穿。电场强度是外加电压的线性几何函数。利用公式（1）和公式（2），我们可以把电场强度E_{r}表示为：

$$E_{\mathrm{r}} = \frac{V}{r\ln(\frac{b}{a})} \tag{7}$$

这表明磁场在中心导体附近是最强的，所以最强的磁场可表示为：

$$E_{max}=\frac{V}{a\ln(\frac{b}{a})} \quad (8)$$

电缆的传输功率最大时，可表示为：

$$P=\frac{V^2}{Z_0}=\frac{2\pi}{\eta}a^2E_{max}\ln(\frac{b}{a}) \quad (9)$$

从公式（9）可以看出，最大功率会受到电缆几何形状的影响。为了找到最佳导体尺寸，我们可以通过确定最大功率来找到半径a的最大值：

$$\frac{\partial P}{\partial a}\propto\frac{\partial}{\partial a}(a^2\ln b-a^2\ln a)=a[\ln(\frac{b}{a})-1]=0 \quad (10)$$

当外径与内径之比$\frac{b}{a}$=1.65时，公式（10）是满足的，同轴电缆以空气为介质时，最大功率传输的最佳特性阻抗Z_0=30Ω。

根据传输电缆的分布式电路模型可以发现衰减常数α（低损耗线）为：

$$\alpha\approx\frac{R}{2Z_0}+\frac{GZ_0}{2} \quad (11)$$

R是单位长度的串联电阻，G是单位长度的电导，物理上，串联电阻R来自金属导体的欧姆损耗。使用R_S作为薄片电阻率，单位长度的总电阻R为：

$$R=\frac{R_S}{2\pi}(\frac{1}{b}+\frac{1}{a}) \quad (12)$$

分流电导来自介质材料的损耗，如果介质的电导率为σ，那么根据$J_r=\sigma E_r$，通过介质的总传导电流I_d为：

$$I_d=2\pi r\Delta zJ_r=2\pi r\Delta z\sigma E_r \quad (13)$$

根据公式（7），电导G可通过如下公式计算：

$$G=\frac{I_d}{V\Delta z}=\frac{2\pi\sigma}{\ln(\frac{b}{a})} \quad (14)$$

将公式（12）和公式（14）代入公式（11）置换计算，可以找到衰减最小的最佳线路尺寸：

$$\frac{\partial\alpha}{\partial a}=0\propto\frac{\partial}{\partial a}\frac{(1/b+1/a)}{\ln(b/a)} \quad (15)$$

$$0=1+a/b-\ln(b/a)$$

同轴电缆以空气为介质时，要满足公式（15），则外径与内径之比$\frac{b}{a}$=3.6，此时衰减最小，计算得出Z_0为77Ω，即77Ω是最佳特性阻抗值。

注

要让电缆可承受功率最大，且衰减最小，折中的办法是：依据衰减和功率处理的公式，绘制出把空气作为介质的同轴电缆特性阻抗的函数图，如图3-36所示，大约50Ω的阻抗使电缆整体性能最好。在同轴电缆中填充一个固定的特性阻抗介质（例如PTFE——聚四氟乙烯，$\varepsilon_r \approx 2.25$），特性阻抗值的最佳点会移到较低的位置（不同介电常数的填充物可改变导线的特性阻抗）。

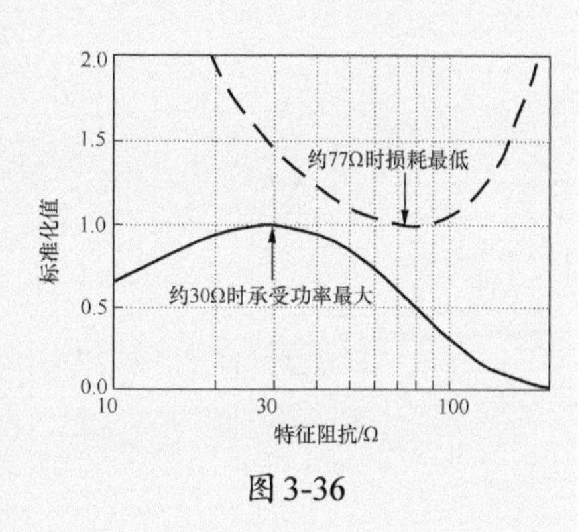

图3-36

知识延伸

阻抗为40～80Ω是一个优化选择

IBM研究机构给出了一个调查统计结果：在目前的材质和工艺水平条件下，PCB板级系统设计时综合考虑延迟、噪声等因素，阻抗为40～80Ω是一个比较优化的选择，50Ω是权衡后选择的值，如图3-37所示。

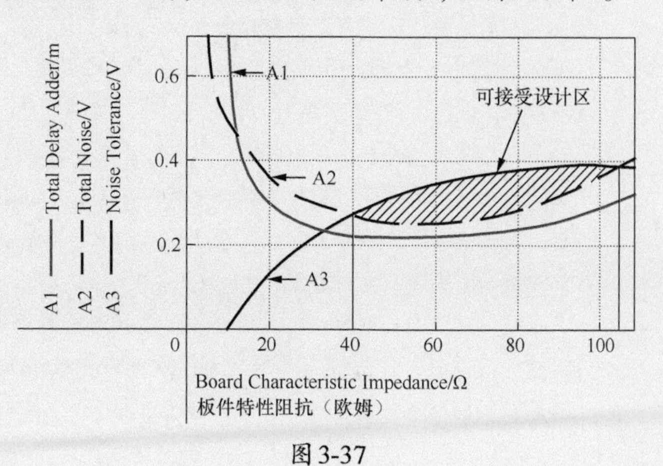

图3-37

贝尔实验室推荐阻抗为50Ω

知识延伸

1929年前后，贝尔实验室做了很多实验，最终发现符合大功率传输、损耗小的同轴电缆的特性阻抗分别是30Ω和77Ω。其中，30Ω同轴电缆可以传输的功率是最大的，77Ω同轴电缆传输信号的损耗是最小的。不同计算的简易取值方式如表3-18所示。

表3-18

传输功率最大的特性阻抗	信号损耗最小的特性阻抗	算术平均值	几何平均值
≈30Ω	≈77Ω	（30+77）/2=53.5Ω	$\sqrt{30\times77}\approx48.06\Omega$

因为要尽可能同时满足最大功率和最小损耗，所以选择50Ω。

通过实践发现，50Ω系统阻抗与半波长偶极子天线和四分之一波长单极子天线的端口阻抗也是匹配的，引起的反射损耗是最小的。

通信材料和美国技术标准引导

在科学技术发展的过程中，通信的进步始终受到材料工艺的限制。文献资料中提到的一个故事如下。

在微波应用的初期，阻抗的选择完全依赖于使用的定制需要。对于大功率传输，30Ω和44Ω常被使用。

最低损耗的空气填充电缆的阻抗是93Ω。在那些岁月里，对于很少用的更高频率的传输，没有易弯曲的软电缆可用，使用的是填充空气介质的刚性导管。半刚性电缆诞生于1950年以后，真正的微波软电缆的出现在1960年以后。

随着通信技术的发展，各个国家和厂家为了设备能通用，希望给出阻抗标准，以便在经济性和方便性上取得平衡。在美国，50Ω是权衡后折中的选择。美国成立了一个JAN组织，联合陆军和海军解决这些技术问题。JAN组织后来发展成了国防电子器材供应中心（DESC）。

欧洲选择了60Ω。事实上，美国使用最多的导管是由已有的标尺竿和水管连接而成的，51.5Ω是十分常见的。但如果使用50Ω到51.5Ω的适配器/转换器，则会感觉很奇怪，因此最终50Ω胜出了，最后世界各国（地区）

都接受了50Ω这个值。此故事选自Harmon Banning编写的《电缆：关于50Ω的来历可能有很多故事》。

3.4.6 阻抗匹配和信号完整性的关系

双绞线阻抗、USB差分线阻抗、PCB板件布线阻抗等都会影响信号的质量。

阻抗匹配和信号完整性、关联性主要从以下两个方面考量。

（1）输出阻抗和接收端输入阻抗相等时，接收端将会得到最大功率的信号。

（2）信号线阻抗匹配时，信号在传输线路上的波形不会出现畸变。

3.4.6.1 信号完整性——典型波形畸变

理想状态下，数字信号的波形接近方波，但实际上，信号往往受干扰后会出现畸变，如图3-38和图3-39所示。在特殊情况下，信号的畸变波形还会出现图3-40所示的台阶效应。

MCU的I/O阻抗是有相对统一的标准的，而PCB设计工程师在设计PCB走线时，往往其阻抗比芯片管脚的输出阻抗要高，因此信号的波形畸变成图3-39所示的样子比较常见（过冲）。

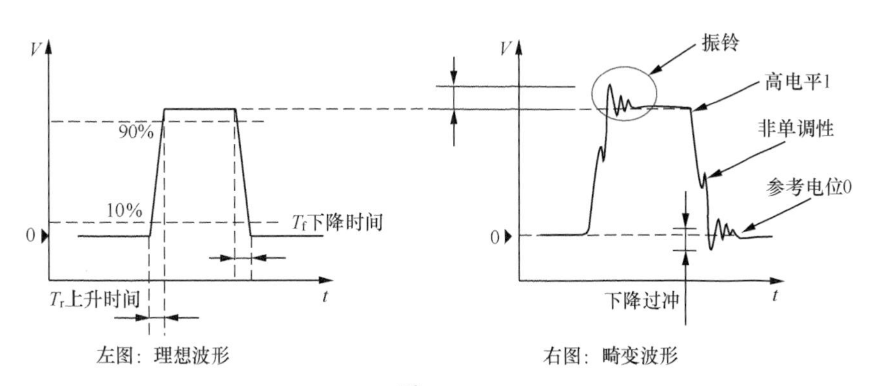

图3-38

（1）过冲，信号的波形高出高电平和低于低电平的部分。芯片IC对于过冲的高度和宽度有一定容忍度，过冲会让芯片内部的ESD防护二极管导通，通常电流在100mA左右。信号长期过冲会缩短芯片的使用寿命。

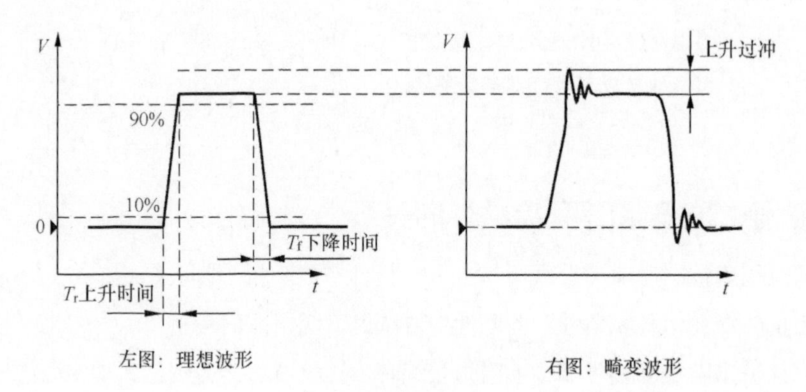

图 3-39

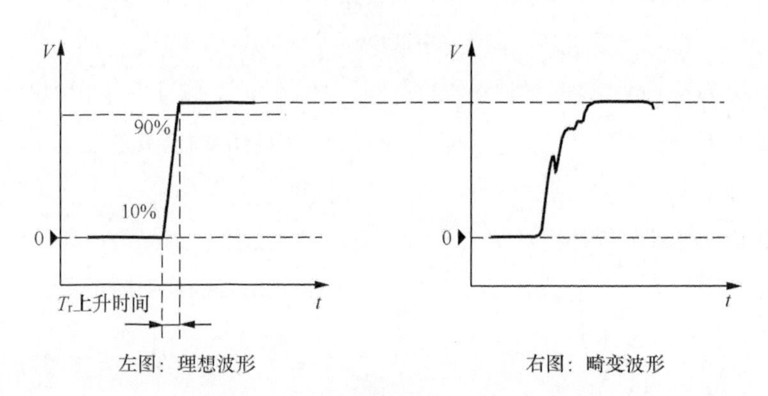

图 3-40

例如，有的设计师错误地将5V的CAN芯片和3.3V的MCU直接连接，由于MCU内部有防护器件，因此在常温（25℃）下装置可能可以通信，但是装置如果长期运行（14天以上），且处于高温环境下，那么常常会出现CAN通信失败的情况。原因是设计错误，长期让5V信号进入3.3V芯片，类似于让一个长期性的过冲信号进入MCU，依靠MCU内部的防护器件消除电平差，这样的设计是不推荐的。

（2）振铃，信号的高低电平存在上下震荡的情况。如果信号的震荡幅值过高，则会让信号门限判断多次，误认为是多个高低电平，导致无法正常识别信号。

（3）非单调性，信号的上升沿或下降沿出现回沟。如果回沟只出现在高电平阈值以下、低电平阈值以上，那么这个回沟（见图3-41左图）不会影响芯片对信号的判断，不用处理。如果回沟出现在高电平阈值、低电平阈值的触发电平上（见图3-41右图），就有可能引起信号误触发。

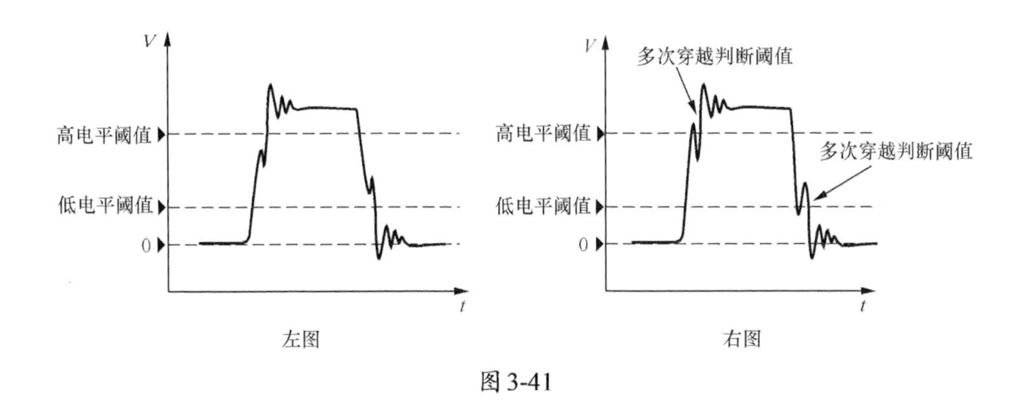

图3-41

3.4.6.2 信号完整性——波形畸变原理及应用案例

信号完整性与很多因素有关，例如，信号频率的提高、上升时间的减少、供电回路不理想、线路通道传输延时等。其中最主要的是线路通道传输延时T_d与信号上升时间T_r的关系，如图3-42所示。

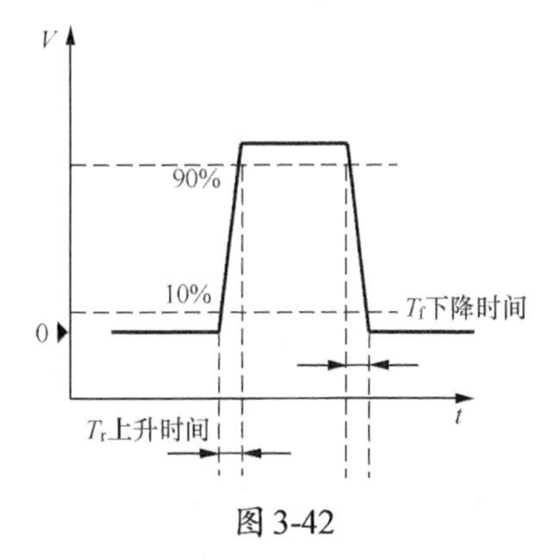

图3-42

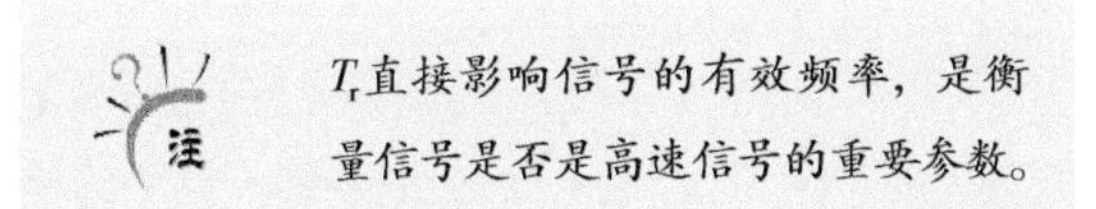

T_r直接影响信号的有效频率，是衡量信号是否是高速信号的重要参数。

部分电子硬件工程师根据组织、行业需求设计的产品就是两层PCB、低速的元器件组合，较少考虑信号完整性。因此建议电子硬件工程师应当有超出当下阶段工作需求以外的技能，如掌握和运用好信号完整性知识。

可以参考图3-43所示的仿真拓扑结构，利用仿真软件尝试得到畸变波形。

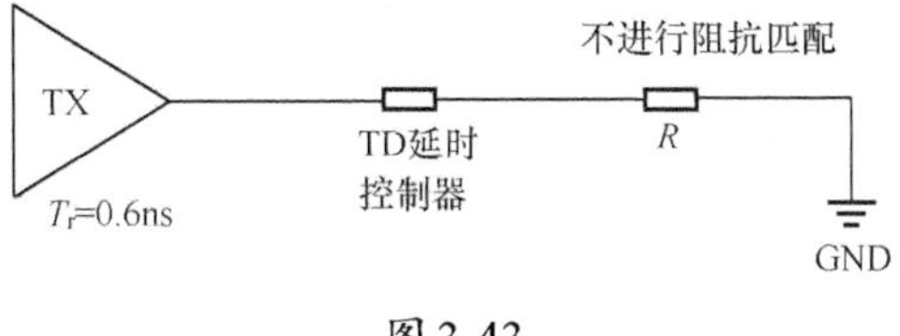

图3-43

利用图3-43和图3-44所示的仿真拓扑结构做对比测试（T_r=0.6ns/0.1ns/1ns等都不影响测试的趋势）。

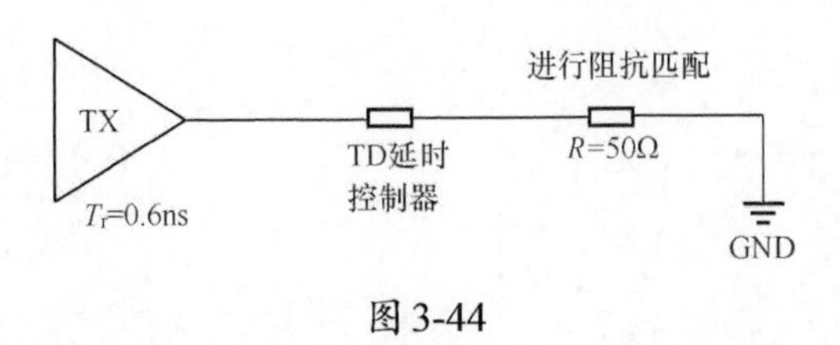

图 3-44

利用不进行阻抗匹配的仿真拓扑结构（见图3-43），通过TD延时控制器改变传输延时（可理解为信号在信号回路中传输的时间，比如走线长度带来的时间），测试信号变化。例如，将传输延时设置为上升时间T_r的1/20、1/10、1/6、1/4，发现当传输延时大于等于1/6T_r时可以看到明显的上升过冲和下降过冲。

利用进行阻抗匹配的仿真拓扑结构（见图3-44），通过TD延时控制器改变传输延时，例如，将传输延时设置为上升时间T_r的1/20、1/10、1/6、1/4，发现在进行阻抗匹配后，信号得到了改善，几乎没有了信号过冲。

电子行业的信号仿真软件有Cadence公司的Sigrity系列、Mentor Graphics公司的HyperLynx、ANSYS公司的SIwave和HFSS以及Keysight公司的ADS。

测量阻抗：可利用网络分析仪或者单独的TDR仪器。利用TDR仪器比较反射脉冲与输出脉冲，以测量阻抗，原理是：当输出信号（ns级或ps级，典型的为35ps脉冲）经过传输线（信号线）时，若信号不匹配或阻抗有差异，则部分信号将反射回信号源（利用示波器捕捉并监控信号的变化）。信号只要经过电阻、电容、电感、过孔、接插件、PCB信号线转角，都会出现阻抗变化，且都会发生反射，简易原理示意图如图3-45所示。

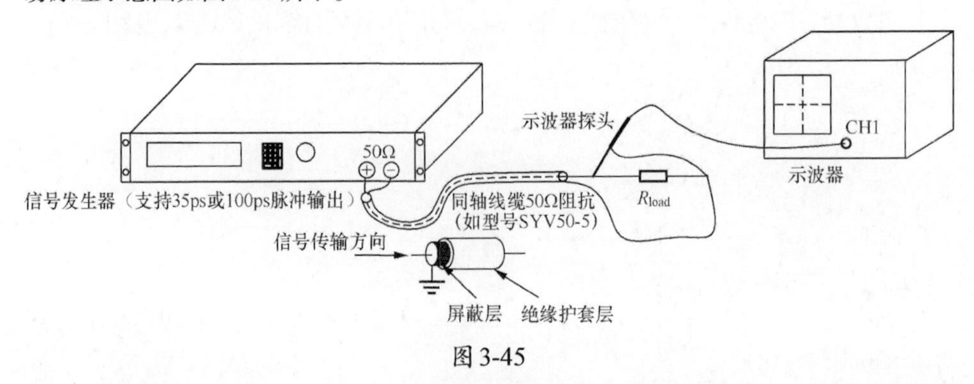

图 3-45

$$\text{传输延时}=\frac{\text{信号电缆长度}L}{\text{信号传输速度}C}$$

估算方式如下。

（1）要求信号上升时间为0.1ns，在电缆中的传输延时为1ns，通过示波器监测接收端波形。（因为只有信号在通道的传输延时≥脉冲的上升时间的1/6，才能在接收端明显地看到信号过冲等现象。）

（2）信号传输速度C≈光速≈3×10^8m/s，1s=1×10^9ns。

（3）通过计算可得：

$$\begin{aligned}\text{信号电缆长度}L&=\text{传输延时}\times\text{信号传输速度}C\\&=1\text{ns}\times(3\times10^8\text{m/s})\\&=0.3\text{m}\end{aligned}$$

即测试用的信号电缆长度至少应该有0.3m。

传输线的特性阻抗影响如下。

（1）如果传输线的特性阻抗＞信号源输出阻抗，则反射电压为正，叠加到信号上后表现出过冲现象。

（2）如果传输线的特性阻抗＜信号源输出阻抗，则反射电压为负，叠加到信号上后表现出台阶效应。

电子硬件工程师的技能和企业可提供的测试设备密切相关。

随着智能设备的信号频率越来越高，集成IC功能越来越复杂，电子硬件工程师需要的更强大的开发辅助工具也越来越精密、昂贵。许多企业暂时无法购置精密的测试设备，以致于电子硬件工程师的研发能力被限制，他们只能借助低频率示波器、万用表、电烙铁进行电子电路的设计与开发。

硬件研发与应用企业对信号完整性大致有以下3种态度。

（1）不关心信号完整性，只要设备能通信，就开始批量生产，设备出了问题再来分析原因，重新设计PCB。

（2）适当关心信号完整性，在设计电路、PCB时，凭借学识、经验控制阻抗、等长等基本要素；只要设备功能正常，通过高低温、静电、浪涌、脉冲群等测试，就开始批量生产，设备出了问题再分析具体原因。

（3）关心信号完整性、电源完整性，按照“可预测、可设计、可验证、可复用、可传承”的要求设计产品。

- 可预测：可利用电子电气理论知识、电路仿真（如Proreus、Multisim、Pspice、OrCAD、AltuimDesigner等）、信号完整性仿真（ADS、HFSS等）进行预测。
- 可设计：有相应的设计软件工具，技术人员要掌握使用方法，且能获取到该工具以及所需的电子元器件。
- 可验证：设计的电子电路在软硬件配合时可以完成既定目标，并满足相关的标准参数要求。（可以通过示波器、万用表、网络分析仪、频谱仪等手段检测信号波形的正确性、完整性。）
- 可复用：满足要求的电路，其设计参数可以复用、借用。
- 可传承：电路设计、PCB设计对特定功能有针对性，普遍适用于某一应用领域。

缺乏测试设备，硬件设计在某些方面就会有所欠缺。信号阻抗匹配测试常用的设备及其简介如表3-19所示。

表3-19

序号	图示	设备名称	参考价位
1		网络分析仪	价格为（10～25）万元/台，依据配置不同，价格差异巨大。例如，是德科技的产品E5063A-215（100kHz～1.5GHz），其价格约为10万元/台，参数详情请咨询当地供应商
2		矢量网络分析仪	南京新联电讯仪器有限公司提供的EE5200矢量网络分析仪是一款频率范围为300kHz到1.3/3GHz的双端口单通路经济型网络分析仪，端口阻抗有50Ω和75Ω两种，特别适用于广播电视、科研教育等领域的射频器件和组件的研发、生产测试和维护
3		矢量网络分析仪VNA 6000A	深圳市炫力电子提供的VNA6000A，其价格为1500～3200元/台。VNA6000A配合计算机显示器提供人机交互界面，可以进行RFID/NFC、Wi-Fi 2.4～5.8GHz天线测试。VNA6000A集成史密斯图带软件开路、短路、负载、直通校准等功能，使得测试结果更准确。VNA6000A支持导出多种格式（JPEG、Excel、ZPlot、S2P、PDF）的数据，拥有友好的用户界面，支持Windows、Linux、macOS，RF端口为SMA连接器，适合中小型公司、电子研发者、追求低成本学习和研究的人员使用

如果暂时没有满足测试需求的仪器设备怎么办呢？可以利用电路仿真软件。虽然电路仿真软件不能代替实际电路，但可以做到让硬件工程师对电路有一定的预测能力。进行电路仿真的时候可通过调整匹配输入、输出阻抗，实现控制反射系数。

- 反射系数是衡量信号反射量的重要指标。这个系数也是硬件工程师在设计电路图、PCB时调整信号线宽度、厚度，考虑是否串联电阻，串联多少阻值的电阻参考指标。
- 反射系数描述了反射电压和传输信号的幅度比值。反射系数的计算公式为：

$$\rho=\frac{Z_S-Z_0}{Z_S+Z_0}$$

公式中，Z_0为变化前的阻抗，Z_S为变化后的阻抗。

案例1

如果有一个上升时间T_r为0.1ns的信号，PCB的走线特性阻抗是50Ω，信号在传输过程中遇到一个100Ω的贴片接地电阻（相当于一个100Ω的阻抗负载），则在不考虑寄生电容、寄生电感的情况下，反射系数为：

$$\rho=\frac{Z_S-Z_0}{Z_S+Z_0}=\frac{100-50}{100+50}=\frac{1}{3}$$

仿真软件中的电路如图3-46所示。由于$Z_S>Z_0$，所以信号反射后波形叠加到原始波形上，原始波形将出现过冲现象，如图3-47所示。

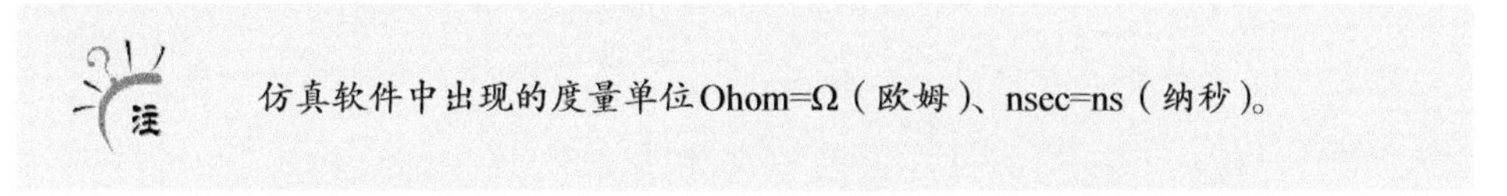

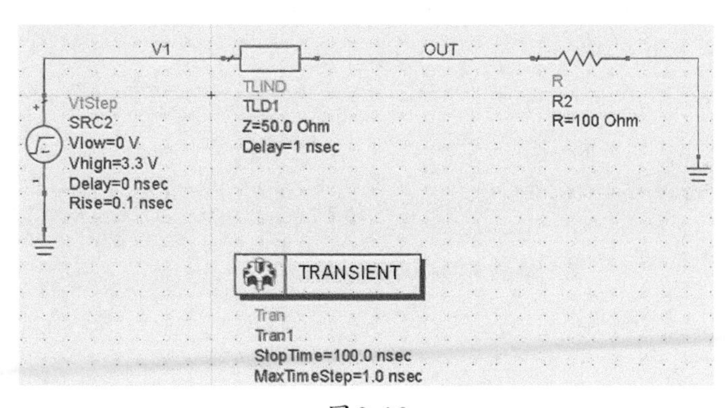

图3-46

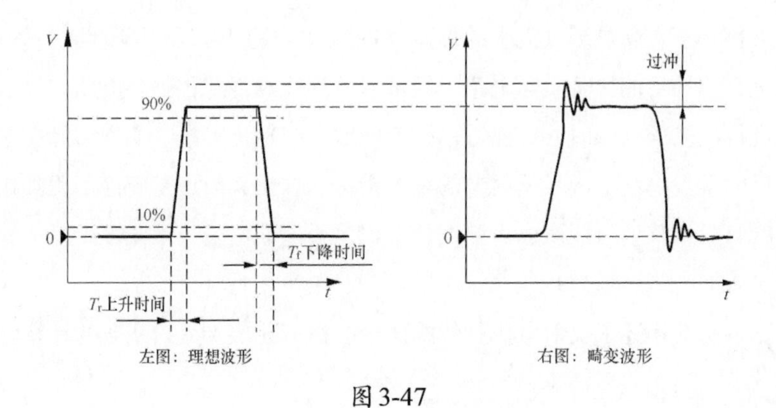

图3-47

按反射系数叠加理论计算，可得到：假如输入的信号是3.3V电平，那么信号反射后幅值最高应该是3.3V×（1+1/3）≈ 4.4V。推荐将过冲控制在 5 %以内，避免芯片受损。

案例2

如果有一个上升时间T_r为0.1ns的信号，PCB的走线特性阻抗是50Ω，信号在传输过程中遇到一个25Ω的贴片电阻，则在不考虑寄生电容、寄生电感的情况下，反射系数为：

$$\rho=\frac{Z_S-Z_0}{Z_S+Z_0}=\frac{25-50}{25+50}=-\frac{1}{3}$$

由于$Z_S < Z_0$，所以信号反射后波形叠加到原始波形上，原始波形将出现台阶效应。按反射系数叠加理论计算，可得到：假如输入的信号是3.3V电平，那么信号反射后台阶幅值应该是3.3V×(1-1/3)≈2.2V

反射系数在射频领域运用较多。硬件设计领域中有一个岗位专门做射频研究，该岗位叫射频工程师。射频领域经常使用的参数有S参数、Y参数、Z参数，其中S参数是散射参数，它是微波传输中十分重要的参数之一。S参数描述了线性电气网络在变化的稳态电信号激励时的电气行为，可用于射频领域分析无源器件的可靠性。

S_{11}为输入反射系数，影响输入回波损耗，主要用于描述通道的连续性。

S_{12}为反向传输系数，也叫隔离。

S_{21}为正向传输系数，也叫增益，主要用于描述通道的损耗情况。

S_{22}为输出反射系数，影响输出回波损耗。

知识扩展

在设计天线（如RFID、NFC天线）时，回波损耗的计算公式为：

$$RL=-20\log S_{11}$$

$$S_{11}=\frac{Z_{in}-Z_0}{Z_{in}+Z_0}$$

公式中，Z_{in}为天线的输入阻抗；Z_0为特性阻抗，特性阻抗通常为50Ω或75Ω。

回波损耗越小，S_{11}的值越小，说明天线反射到信号发生器的能量越小，可以辐射到空气中的能量越多。

通常在设计天线时要求频带内$S_{11}<-10$dB，即回波损耗在10dB以上。如果设备要求更高，则要求频带内$S_{11}<-15$dB，如移动通信基站天线。

在设计天线时，电子硬件工程师通常需要通过HFSS或者CST软件来仿真获取一个天线的匹配参数，然后设计出电路图、PCB，焊接上电阻、电容，再通过矢量网络分析仪（重点是查看S_{11}参数、斯密斯圆图）反复调节参数直到完美状态。

下面以应用最广泛的二端口网络为例来说明各个S参数在高频产品的设计过程中的含义，单根传输线或一个过孔就可以等效为一个二端口网络，如图3-48所示。

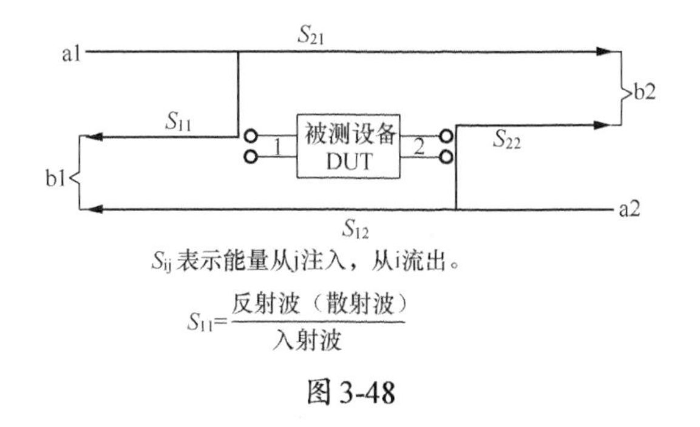

图3-48

在图3-48中，a1、a2代表的是能量注入端，b1、b2代表的是能量检测端。在实际的仪器仪表中，如果使用BNC或者SMA接头，那么往往看到的就是一个端子接口。

图3-49和图3-50所示为BNC、SMA接头的典型代表，实际设计产品时还有很

多型号的接头可供选择。

图 3-49

图 3-50

假如以PCB走线为待测网络DUT，参考图3-51所示的方式测试。

（1）在收发数字信号时，依据电平门限值判断电平是否有效，判断信号完整性是否影响通信。

（2）在收发射频模拟信号时，反射系数会影响信号辐射能量，阻抗匹配程度会影响通信距离、信号强度。

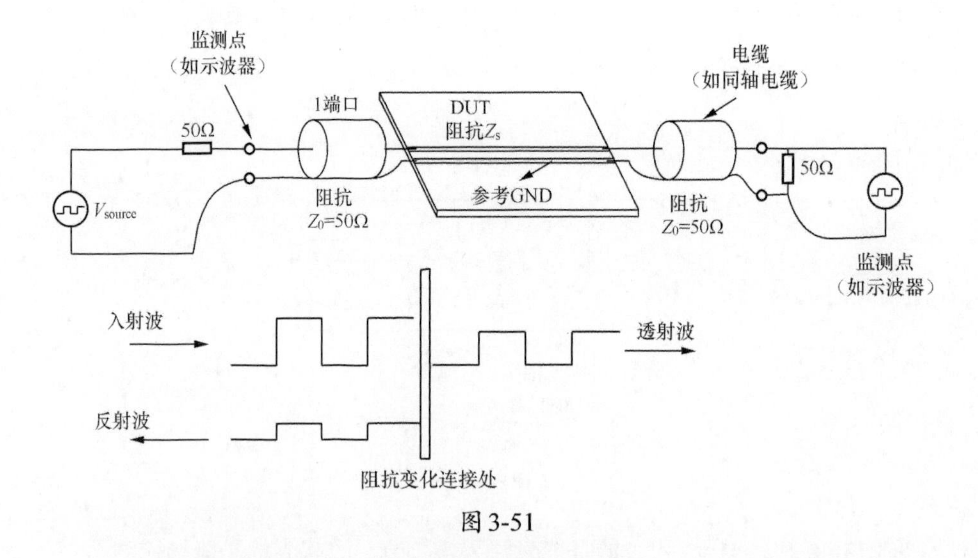

图 3-51

3.4.6.3 信号完整性——信号反射对波形的影响

用ADS仿真软件测试信号反射对波形的影响，常见的场景及参数设置如表3-20所示。

为方便读者熟悉仿真软件界面，本书仿真的电气符号、单位标注选自仿真软件，未按照我国有关电气符号标准及出版物规定书写，与本书其他部分文中标注不一定一致，请读者注意。

表3-20

试验	阻抗仿真参数设置		举例描述
1	负载阻抗＞传输线阻抗时	信号上升时间 T_r=0.1ns	ADS仿真软件的典型值
2		信号上升时间 T_r=4ns	例如，单片机的USB接口为全速模式时，上升时间一般是4～20ns
3		信号上升时间 T_r=8ns	例如，单片机的SPI接口的clock
4		信号上升时间 T_r=125ns	例如，单片机的I/O口
5		信号上升时间 T_r=300ns	例如，单片机的I2C接口的SCL脚
6	负载阻抗＜传输线阻抗时	信号上升时间 T_r=0.1ns	ADS仿真软件的典型值
7		信号上升时间 T_r=1ns	—
8		信号上升时间 T_r=125ns	例如，单片机的I/O口
9	负载阻抗=传输线阻抗时	信号完美匹配，无过冲现象和台阶效应	—
10	传输线阻抗不连续时	信号上升时间 T_r：T_r=0.1ns	例如，PCB走线粗细不一致，或阻抗设计的信号线经过接插件，或没有按阻抗设计的PCB，都存在阻抗不连续的情况

秒（s）、毫秒（ms）、微秒（μs）、纳秒（ns）、皮秒（ps）之间的换算关系为：

$$1\text{s}=10^{3}\text{ms}=10^{6}\mu\text{s}=10^{9}\text{ns}=10^{12}\text{ps}$$

PCB上同一种阻抗的信号走线中，微带线延时为145.9ps/1000mil，带状线延时为173.6ps/1000mil（通常在PCB表层的走线叫微带线，在内层的走线叫带状线）。1000mil=25.4mm。

对于带状线，信号的传输速率大约为6mil/ps。

负载阻抗与传输线阻抗对传输信号波形的影响如图3-52～图3-54所示。

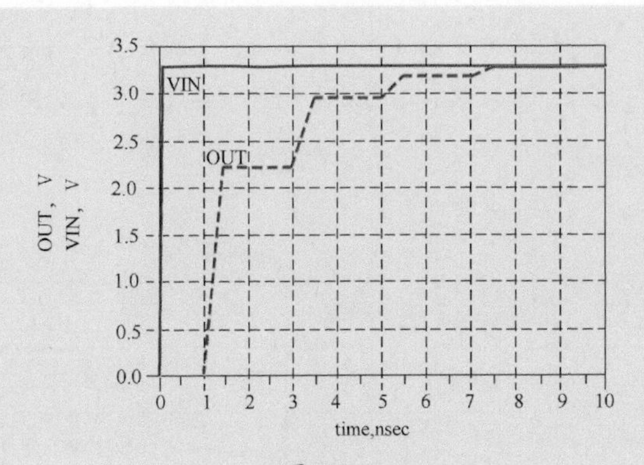

图 3-52

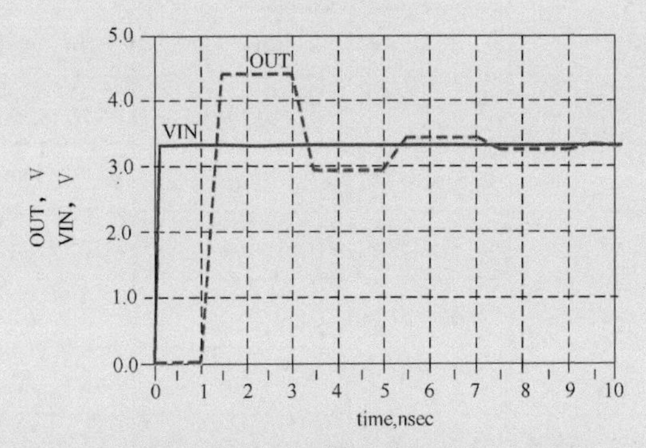

图 3-53

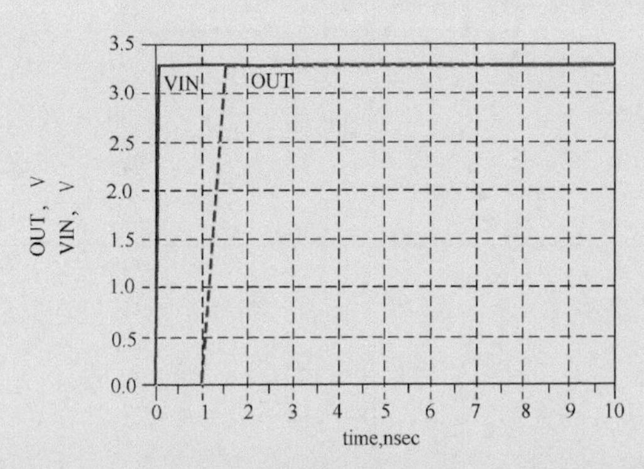

图 3-54

VIN代表信号原始波形，OUT代表信号经过传输线和负载阻抗后的波形。OUT波形比VIN波形延迟1ns，这1ns接近信号在传输过程中的飞行时间。

1.试验1：条件与结果如下

（1）信号源上升时间T_r=0.1ns；传输线阻抗为50Ω，传输延时为1ns；负载阻抗为100Ω。

（2）检测输入波形V1与输出波形OUT的差异。

（3）仿真拓扑结构如图3-55所示。

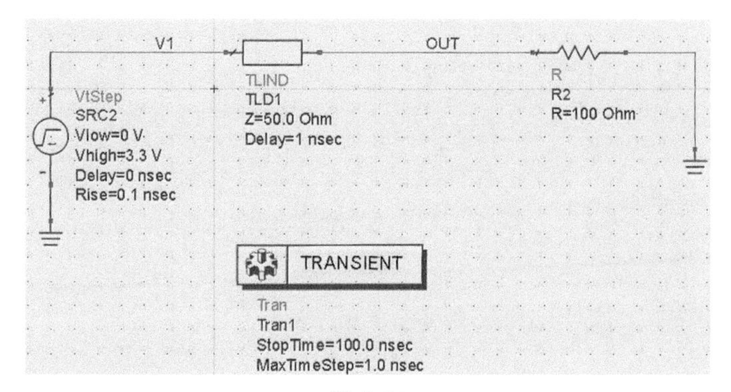

图3-55

仿真结果如图3-56所示。

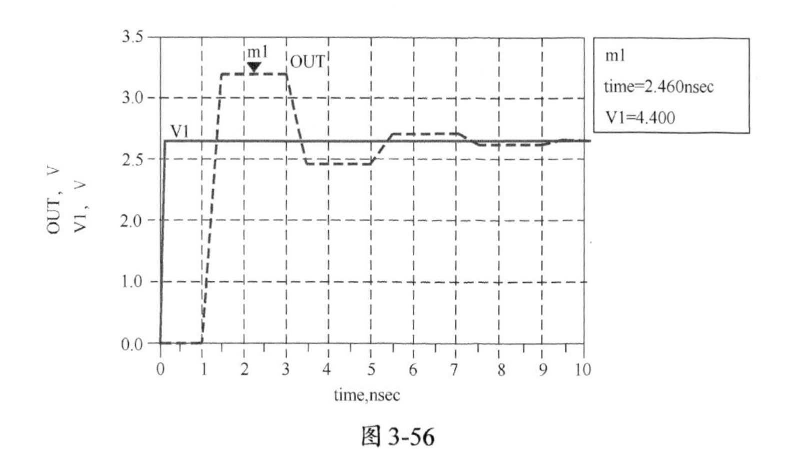

图3-56

此时在信号过冲波形OUT的顶峰m1处测得的值为4.400V。

按理论值计算，反射系数为：

$$\rho=\frac{Z_S-Z_0}{Z_S+Z_0}=\frac{100-50}{100+50}=\frac{1}{3}$$

假如输入的信号是3.3V电平，那么信号反射后幅值最高应该是3.3V×（1+1/3）≈4.400V，与测试值一致。

2.试验2：条件与结果如下

（1）信号上升时间T_r=4ns；传输线阻抗为50Ω，传输延时为1ns；负载阻抗为100Ω。

（2）检测输入波形V1与输出波形OUT的差异。

（3）仿真拓扑结构如图3-57所示。

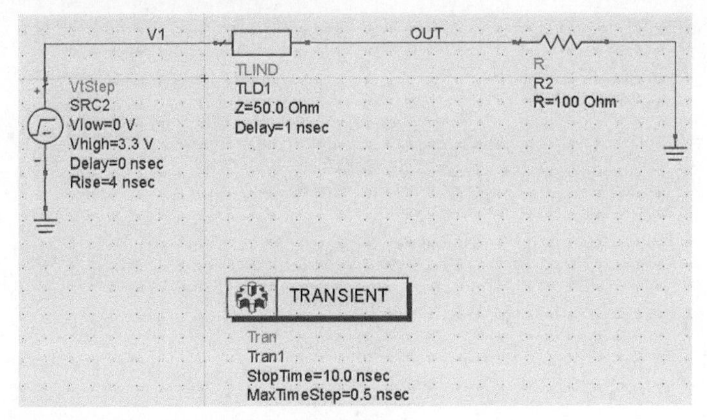

图3-57

仿真结果如图3-58所示。

此时在信号过冲波形OUT的顶峰m1处测得的值为3.632V。

按理论值计算，反射系数为：

$$\rho=\frac{Z_S-Z_0}{Z_S+Z_0}=\frac{100-50}{100+50}=\frac{1}{3}。$$

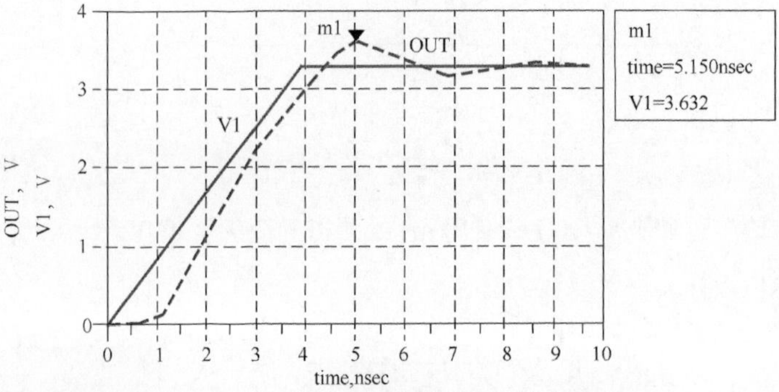

m1
OUT
V1
OUT，V
V1，V
0 1 2 3 4
0 1 2 3 4 5 6 7 8 9 10
time,nsec
m1
time=5.150nsec
V1=3.632

图3-58

假如输入的信号是3.3V电平，那么信号反射后幅值最高应该是3.3V×（1+1/3）≈4.400V，与测试值3.632 V有差异。由此可见，在相同的电路中，只要信号传输上升时间T_r不同，最高幅值就会不同。

3.试验3：条件与结果如下

（1）信号上升时间T_r=8ns；传输线阻抗为50Ω，传输延时为1ns；负载阻抗为100Ω。

（2）检测输入波形V1与输出波形OUT的差异。

（3）仿真拓扑结构如图3-59所示。

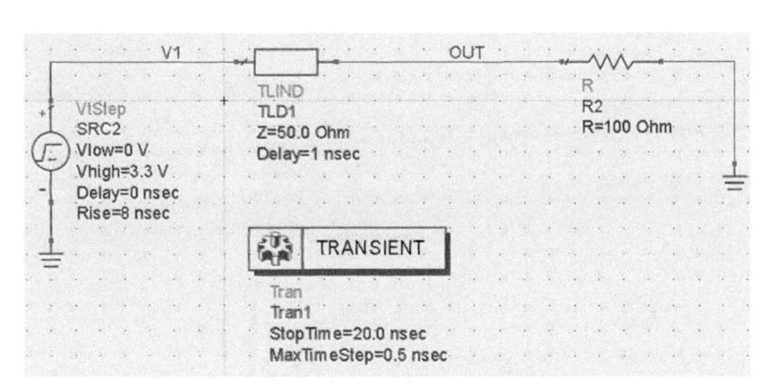

图3-59

仿真结果如图3-60所示。

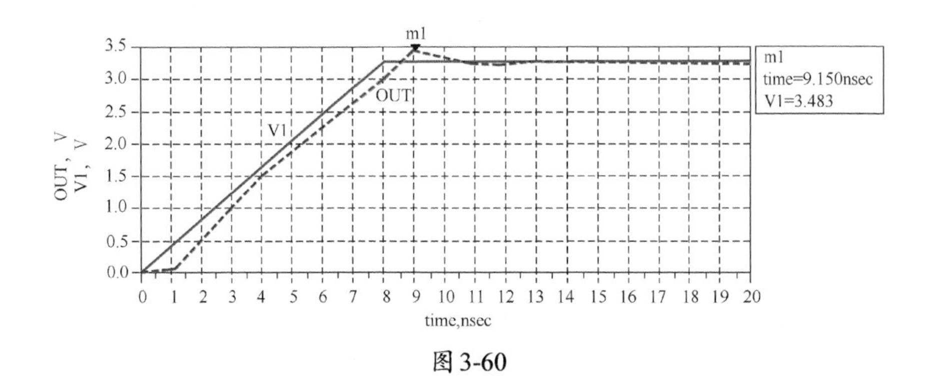

图3-60

此时在信号过冲波形OUT的顶峰m1处测得的值为3.483V。

4.试验4：条件与结果如下

（1）信号上升时间T_r=125ns；传输线阻抗为50Ω，传输延时为1ns；负载阻抗为100Ω。

（2）检测输入波形V1与输出波形OUT的差异。

（3）仿真拓扑结构如图3-61所示。

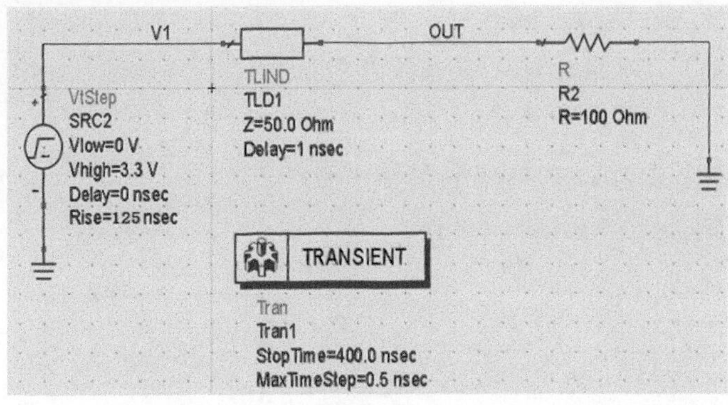

图3-61

仿真结果如图3-62所示。

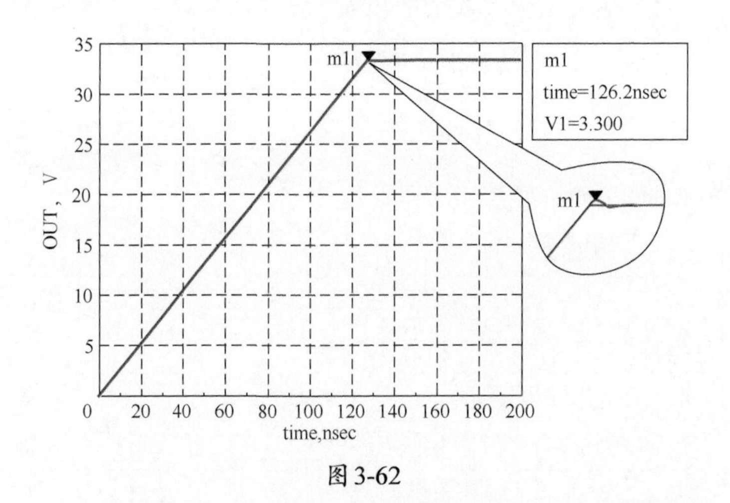

图3-62

此时在信号过冲波形OUT的顶峰m1处测得的值为3.300V，根据仿真结果，可以发现随着上升时间T_r的增加，信号过冲波形越来越靠近原始波形。

5.试验5：条件与结果如下

（1）信号上升时间T_r=300ns；传输线阻抗为50Ω，传输延时为1ns；负载阻抗为100Ω。

（2）检测输入波形V1与输出波形OUT的差异。

（3）仿真拓扑结构如图3-63所示。

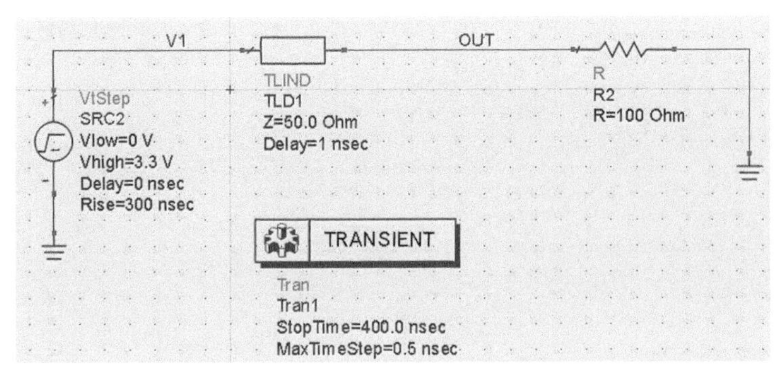

图3-63

仿真结果如图3-64所示。

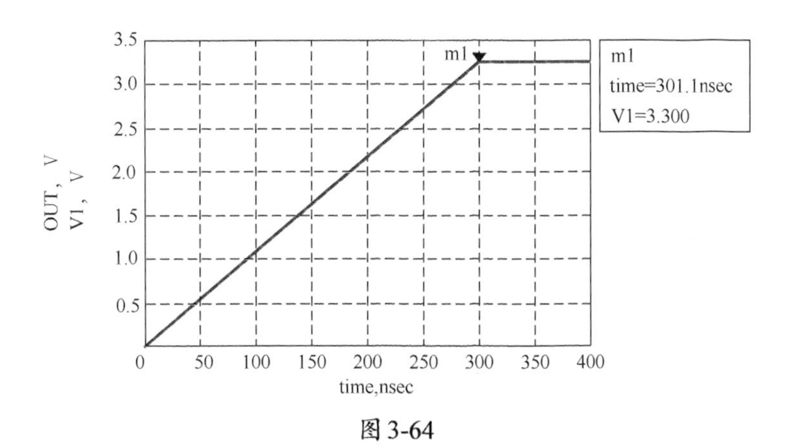

图3-64

此时在信号过冲波形OUT的顶峰m1处测得的值为3.300V，根据仿真结果，可以发现随着上升时间T_r的增加，信号过冲波形越来越靠近原始波形，直到相同。

6.试验6：条件与结果如下

（1）信号上升时间T_r=0.1ns；传输线阻抗为50Ω，传输延时为1ns；负载阻抗为25Ω。

（2）检测输入波形V1与输出波形OUT的差异。

（3）仿真拓扑结构如图3-65所示。

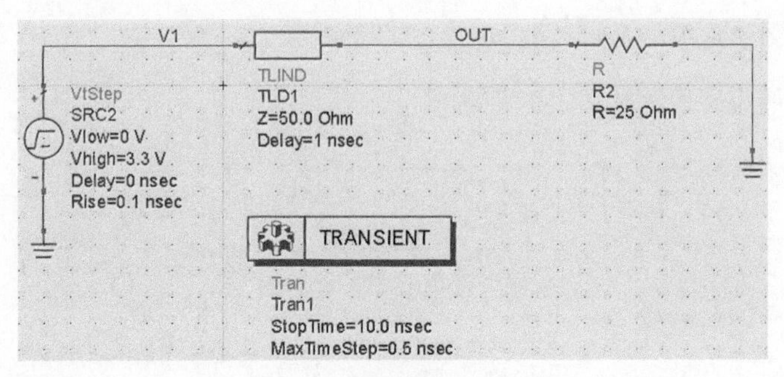

图 3-65

仿真结果如图3-66所示。

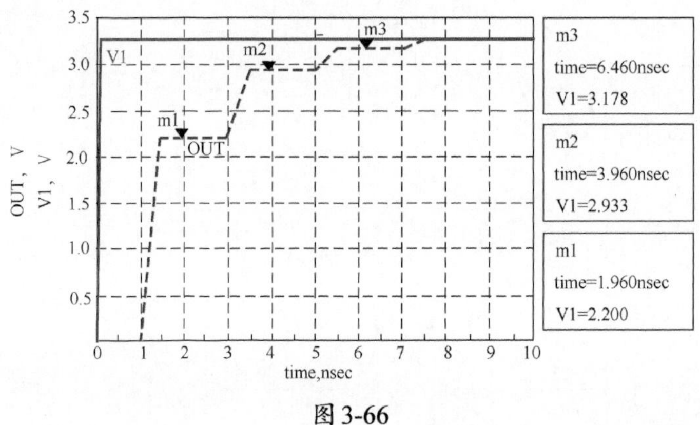

图 3-66

此时信号波形呈现出台阶效应，在第一个台阶m1处测得的电压值为2.200V。

按理论值计算，反射系数为：

$$\rho=\frac{Z_S-Z_0}{Z_S+Z_0}=\frac{25-50}{25+50}=-\frac{1}{3}$$

由于$Z_S<Z_0$，所以信号反射后波形叠加到原始波形上，原始波形将出现台阶效应。假如输入的信号是3.3V电平，那么信号反射后台阶幅值应该是3.3V×（1-1/3）≈2.200V，与测试值吻合。

7. 试验7：条件与结果如下

（1）信号上升时间T_r=1ns；传输线阻抗为50Ω，传输延时为1ns；负载阻抗为25Ω。

（2）检测输入波形V1与输出波形OUT的差异。

（3）仿真拓扑结构如图3-67所示。

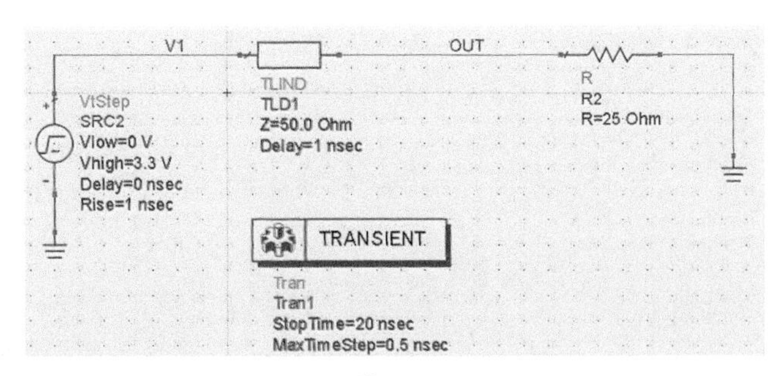

图3-67

仿真结果如图3-68所示。

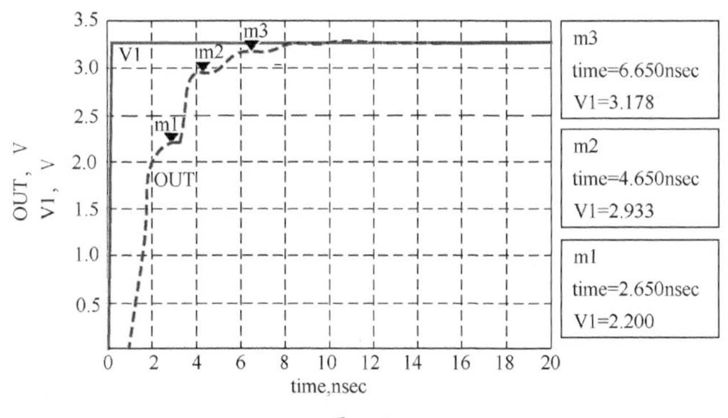

图3-68

此时信号波形呈现出台阶效应，在第一个台阶m1处测得的电压值为2.200V。

8. 试验8：条件与结果如下

（1）信号上升时间T_r=125ns；传输线阻抗为50Ω，传输延时为1ns；负载阻抗为25Ω。

（2）检测输入波形V1与输出波形OUT的差异。

（3）仿真拓扑结构如图3-69所示。

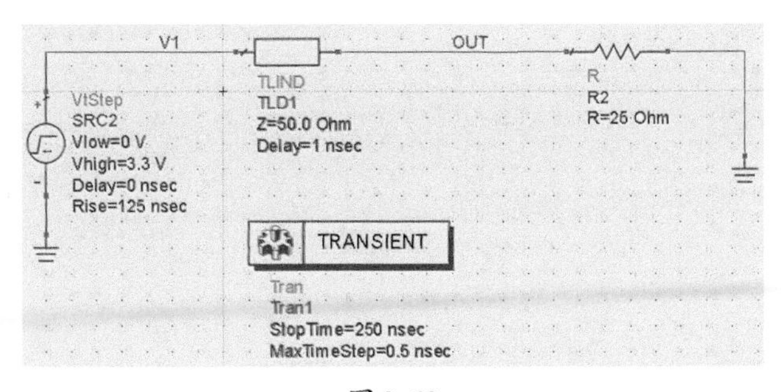

图3-69

仿真结果如图3-70所示。

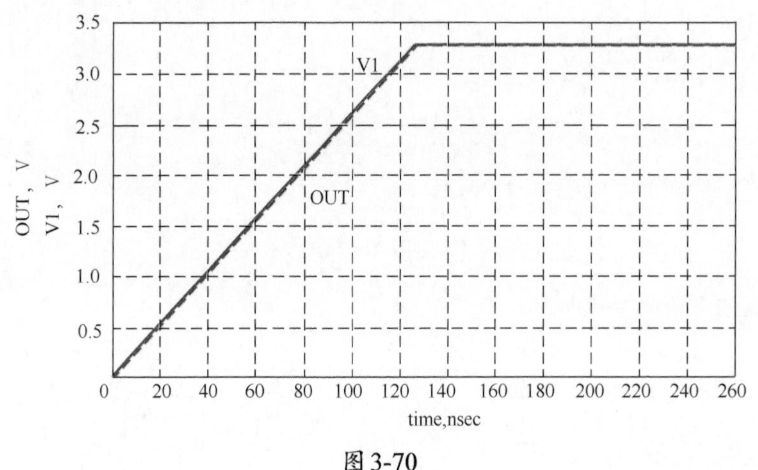

图3-70

台阶效应和过冲现象类似，随着上升时间T_r的增加，导致波形畸变的因素会逐渐消失，即如果上升速率变缓（电平提升相同的幅值，时间越长），那么信号在不同阻抗的传输线上的反射会变少。

9.试验9：条件与结果如下

（1）信号上升时间T_r=0.1ns；传输线阻抗为50Ω，传输延时为1ns，负载阻抗为50Ω。

（2）检测输入波形V1与输出波形OUT的差异。

（3）仿真拓扑结构如图3-71所示。

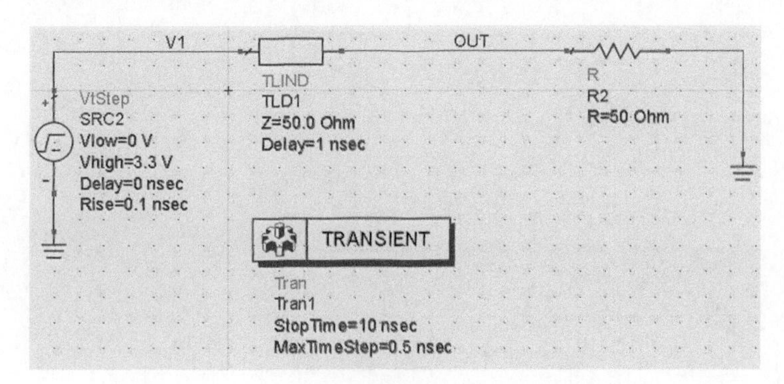

图3-71

仿真结果如图3-72所示。

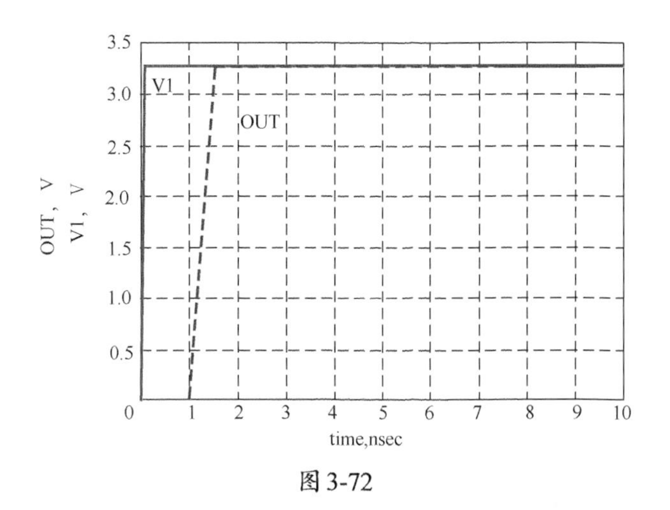

图3-72

当传输线阻抗和负载阻抗相等时，没有过冲现象和台阶效应。

10. 试验10：条件与结果如下

（1）信号上升时间T_r=0.1ns；传输线1阻抗为50Ω，传输延时为1ns；传输线2阻抗为83Ω，传输延时为1ns；负载阻抗为50Ω。

（2）检测输入波形VIN、VIN2与输出波形OUT的差异。

（3）仿真拓扑结构如图3-73所示。

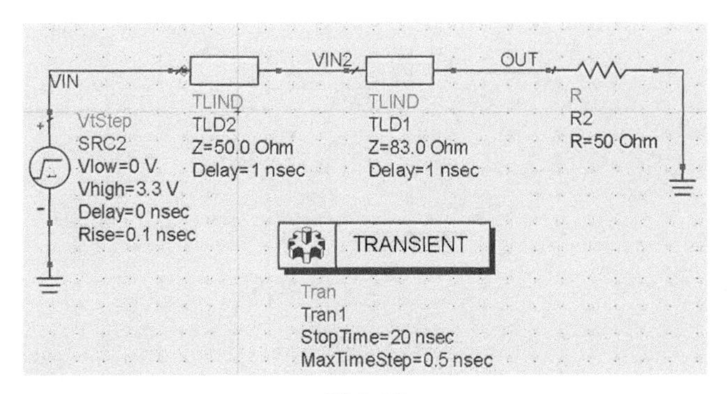

图3-73

仿真结果如图3-74所示。

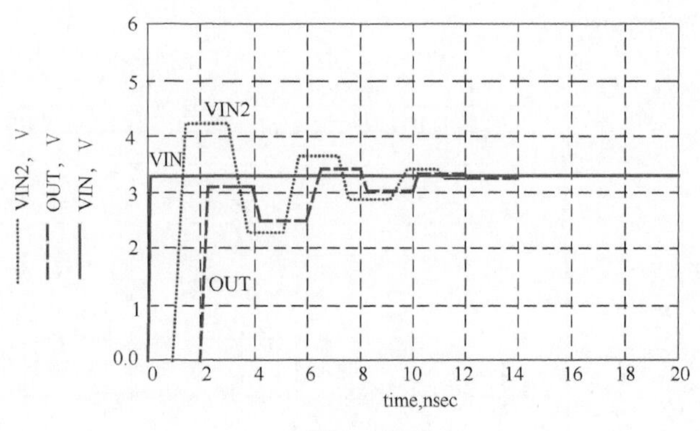

图 3-74

通过10个试验的仿真演示可以发现，在信号上升速率高的时候，传输线粗细不一致、过孔等因素会导致阻抗不连续，即使是同一根传输线，在不同的测试点得到的波形也不一样。设计者需要保证最后进入接收信号的最终端口（或接收信号的芯片管脚处）的波形满足要求。

知识延伸

利用信号反射测量电缆长度的方法如下。

使用信号发生器（或脉冲发生设备）、示波器、信号分支器测量电缆长度，如图3-75所示。

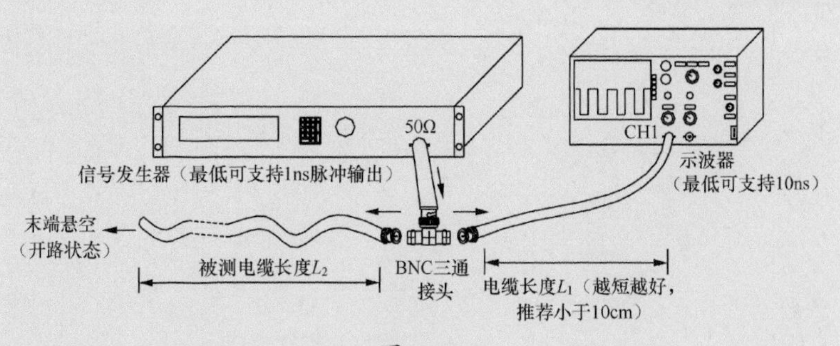

图 3-75

图3-75中各参数的说明如下：

L_2：被测电缆长度（单位为m）；

V_f：电缆速度因子，常量，无单位（安泰测试试验室推荐，同轴电缆的速度因子V_f=0.62）。

被测电缆长度的计算公式为：

$$被测电缆长度\ L_2=\frac{\Delta t}{2}(c\times V_f)$$

Δt：信号从发射到反射回来的时间差（单位为s，$1s=1\times10^9ns$）；

c：信号传输速度≈光速≈3×10^8m/s。

不同电缆的速度因子有所差异，可以先选取固定长度的参考电缆（双绞线或网线等），如2m，然后利用公式先计算得到待测量电缆的速度因子V_f，再测量其长度。

测量试验如下。

选取被测电缆，其长度L_2=1.5m。调节示波器捕获信号发生器发出的脉冲信号的边沿反射信号，通过计算验证被测电缆的长度是否为1.5m。示波器捕获的脉冲信号上升沿如图3-76所示。

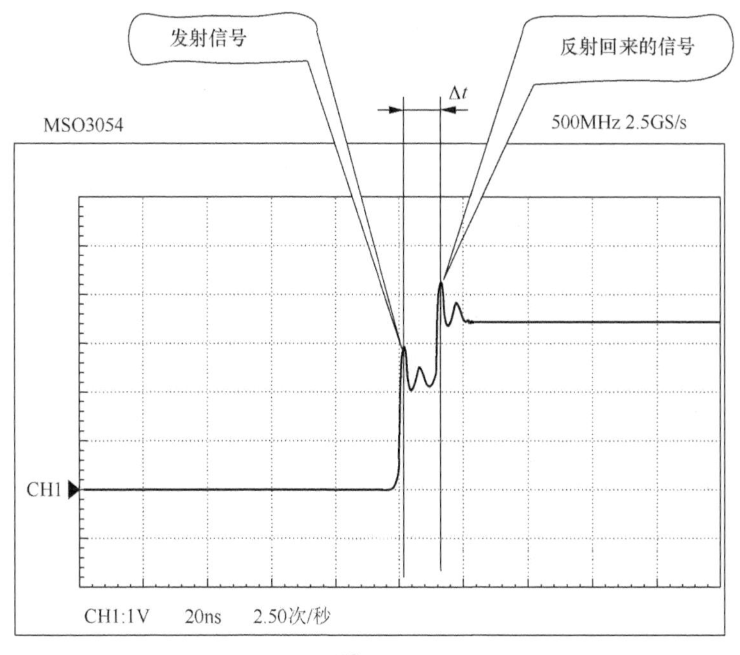

图3-76

用示波器测量得到：Δt=16.2ns。

代入公式计算得到：

$$被测电缆长度L_{2计}=\frac{\Delta t}{2}(c\times V_f)=\frac{16.2\text{ns}}{2}(3\times10^8\text{m/s}\times0.62)=1.5066\text{m}$$

可见通过这种方法计算得到的被测电缆长度$L_{2计}$和电缆的实际长度L_2基本吻合。

3.4.6.4 信号完整性——阻抗及时序匹配技术

设备外部：信号完整性与电缆的型号和接触是否良好有关；设备内部：信号完整性与PCB的设计思路有关系。常见的优化PCB信号完整性的指导性措施如表3-21所示。

表3-21

序号	措施描述
1	当焊接好PCB后才开始优化信号波形时，割信号线（铜皮）后串联、并联电阻
2	（1）设计PCB时，修改信号线宽度、厚度，PCB叠层结构，PCB板材控制阻抗； （2）更改PCB布局多个元器件时的拓扑结构，如T形拓扑、菊花链拓扑等
3	设计电路原理图时，设计冗余提前，在关键信号线中串联或者并联电阻
4	其他措施（不排除还有其他思路和方案）

有经验的电子硬件工程师、射频工程师都能做到表3-21中措施2、3的描述；缺乏知识体系支撑和缺少经验的电子硬件工程师只能做到措施1的描述，他们需要花费更多时间，且同一个PCB可能需要改版多次，开发周期较长。

电子硬件工程师的经验、智慧基本是靠大量资金“养”成的，能做到设计PCB一次就成功的电子硬件工程师是企业的“宝贝”。

信号完整性设计的常用措施及优缺点如表3-22所示。

信号完整性设计的阻抗匹配方式及波形变化趋势如表3-23所示。

表3-22

措施	描述	可应用场合及优缺点
信号线串联电阻 Z_s R_t Z_0 Z_{Load} 信号源输出阻抗　匹配电阻　传输线阻抗　信号负载端 当 $Z_S < Z_0$ 时，选用 $R_t=Z_0-Z_S$	源端电阻串联匹配。 在尽量靠近信号发出端的位置串联一个电阻（如22Ω、33Ω等），目的是使源端反射系数为零，避免从负载端反射回来的信号再从源端反射回负载端	可改善信号过冲现象、台阶效应。 常用于主板MCU的I/O脚通过电阻连接的插件处。从EMC角度看，这个小电阻具有限流作用，可以帮助减少地弹噪声。但要注意，小电阻分压后信号可能不能驱动部分负载，因此阻值要权衡应用
信号线并联电阻 Z_s Z_0 R_t Z_{Load} 信号源输出阻抗　传输线阻抗　匹配电阻　信号负载端 当 $Z_{Load} > Z_0$ 时，选用 $R_t=Z_0$	终端电阻并联匹配。 在信号负载端通过一个电阻下拉到地（GND）实现匹配，因为 R_t 与 Z_{Load} 并联后，其等效值一定略小于 R_t（即 Z_0），所以可将过冲波形变成台阶波形	可改善信号过冲现象。 只要台阶效应不影响信号门限的判断，就可以设法将过冲波形转变为台阶波形。 台阶效应不会导致接收芯片被烧坏，而过冲现象可能会导致接收芯片被烧坏
其他措施，如戴维南匹配，在信号线上同时加上拉电阻、下拉电阻	由于上拉电阻、下拉电阻的参数值有一定讲究，不能影响信号电平的识别，所以还需要考虑和每个产品配对通信的设备的情况	信号线要同时加上拉电阻、下拉电阻，使用了更多的器件，且电阻和电源之间随时都在消耗功率

续表

措施	描述	可应用场合及优缺点
T形拓扑	尽量让时序匹配，即MCU与外设并口芯片的数据同时抵达、同时被判断	多片并口芯片的设计。 常见的案例：SDRAM、DDR、并口铁电存储器、并口的ADC芯片等
菊花链拓扑	类似于MCU引出大的总线，然后通过总线分支分别与其他芯片相连接	菊花链拓扑、T形拓扑常见于并口芯片的PCB设计。实际设计时，依据设计师和工程应用权衡后选择适用的即可。 注：如果PCB设计选用T形拓扑空间不够，则采用菊花链拓扑可以方便走线

表3-23

信号完整性设计的阻抗匹配方式及波形变化趋势			
假设：Z_S=17Ω，Z_0=50Ω，Z_{Load}=100kΩ		匹配参数值参考	波形影响示意图
没有阻抗匹配	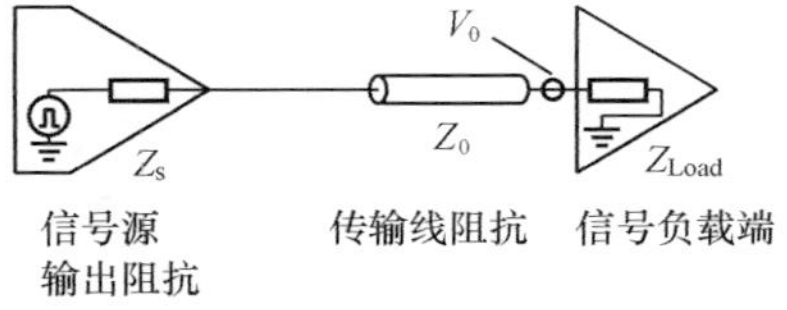 Z_s 信号源输出阻抗；Z_0 传输线阻抗；V_0；Z_{Load} 信号负载端		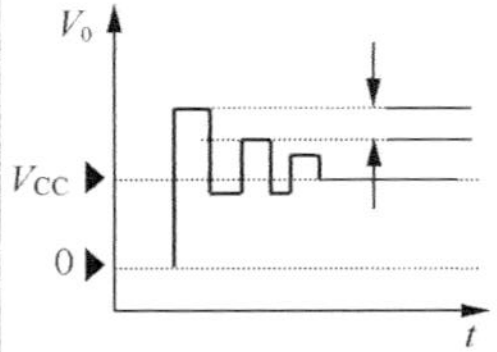 V_0，V_{CC}，0，t；振铃现象
负载端串联电阻	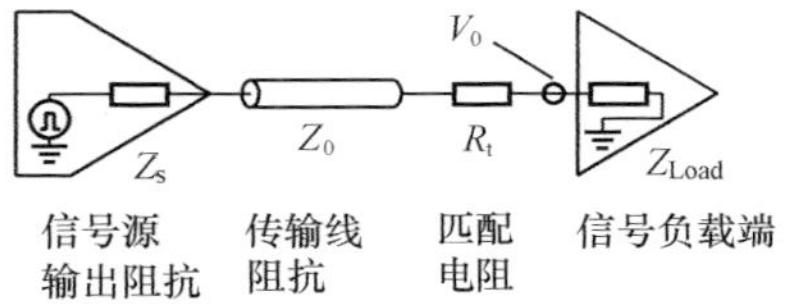 Z_s 信号源输出阻抗；Z_0 传输线阻抗；R_t 匹配电阻；V_0；Z_{Load} 信号负载端	$R_t=Z_0-Z_S$	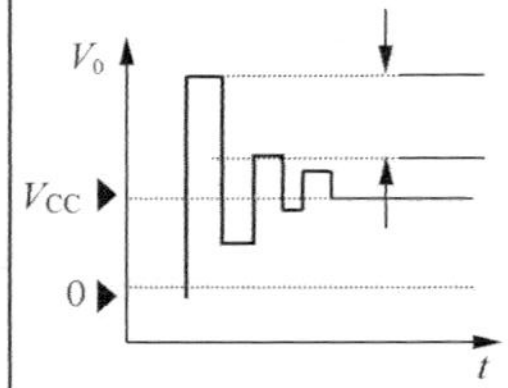 V_0，V_{CC}，0，t；振铃现象更明显
信号线中间串联电阻	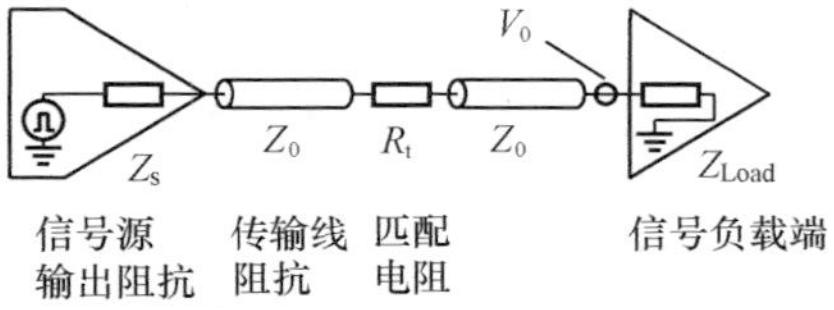 Z_s 信号源输出阻抗；Z_0 传输线阻抗；R_t 匹配电阻；Z_0；V_0；Z_{Load} 信号负载端	$R_t=Z_0-Z_S$	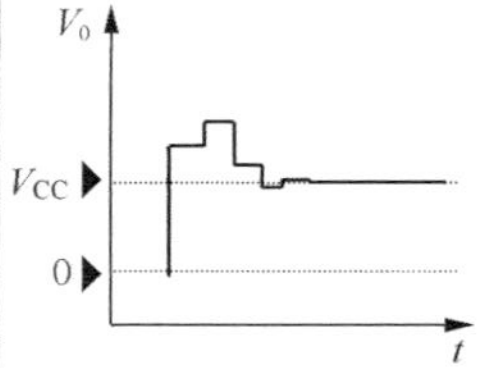 V_0，V_{CC}，0，t；振铃现象减弱
源端串联电阻	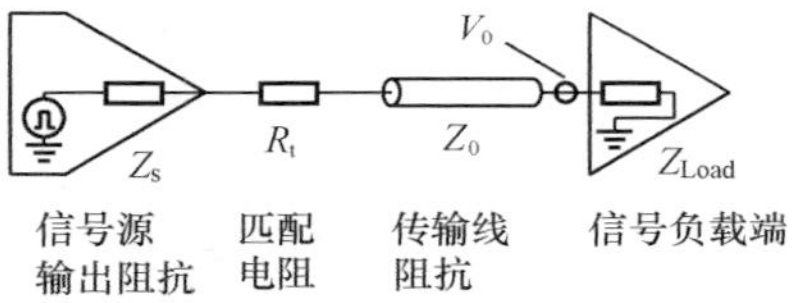 Z_s 信号源输出阻抗；R_t 匹配电阻；Z_0 传输线阻抗；V_0；Z_{Load} 信号负载端	$R_t=Z_0-Z_S$	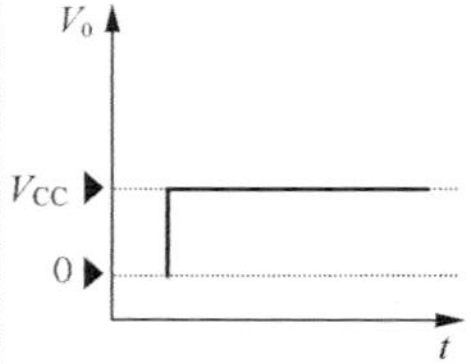 V_0，V_{CC}，0，t；振铃现象消失

续表

信号完整性设计的阻抗匹配方式及波形变化趋势			
假设：Z_S=17Ω，Z_0=50Ω，Z_{Load}=100kΩ		匹配参数值参考	波形影响示意图
负载端下拉电阻匹配	信号源输出阻抗 传输线阻抗 匹配电阻 信号负载端 当 $Z_{Load} > Z_0$ 时，下拉电阻匹配会让信号高电平整体降低一点	参考匹配值： $R_t=2Z_0$ 下拉后：信号高电平降低 $V_{OH}=V_{CC}\left(\frac{R_t}{R_t+Z_S}\right)$	高电平降低
负载端上拉电阻匹配	信号源输出阻抗 传输线阻抗 匹配电阻 信号负载端 可以改善波形，但会让信号低电平整体升高一点	参考匹配值： $R_{t1}=2Z_0$ 上拉后：信号低电平升高 $V_{OH}=V_{CC}\left(\frac{Z_S}{R_{t1}+Z_S}\right)$	低电平升高
负载端戴维南匹配	信号源输出阻抗 传输线阻抗 匹配电阻 信号负载端 （1）R_{t1} 与 R_{t2} 的值调节阻抗匹配，可让信号高电平、低电平不出现降低、升高现象； （2）增加了电路电阻的静态功耗	$Z_0=\frac{R_{t1}\times R_{t2}}{R_{t1}+R_{t2}}$	波形适中，无明显升高和降低

续表

信号完整性设计的阻抗匹配方式及波形变化趋势			
	假设：Z_S=17Ω，Z_0=50Ω，Z_{Load}=100kΩ	匹配参数值参考	波形影响示意图
负载端 R 与 C 匹配	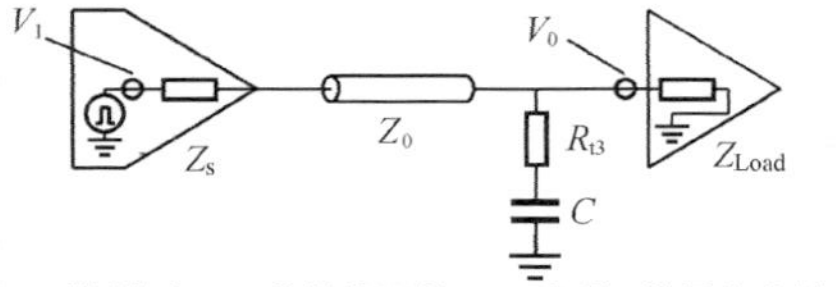 V_1　Z_s　Z_0　V_0　R_{t3}　C　Z_{Load} 信号源输出阻抗　传输线阻抗　RC串联匹配　信号负载端 （1）R_{t3} 与 C 组合可以不增加电路的静态功耗； （2）因为 C 存在，所以信号频率变化可能导致信号波形不是标准的方波； （3）具有特殊性，不利于复用到其他电路	$R_{t3}=Z_0$ 电容值与信号频率有关，电容值需要调节到一个适合电路的值	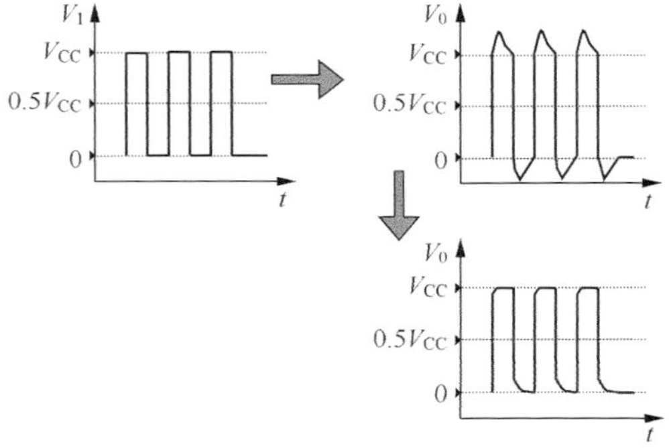 V_1　V_{CC}　$0.5V_{CC}$　0　t V_0　V_{CC}　$0.5V_{CC}$　0　t V_0　V_{CC}　$0.5V_{CC}$　0　t

T形拓扑布线如图3-77所示。

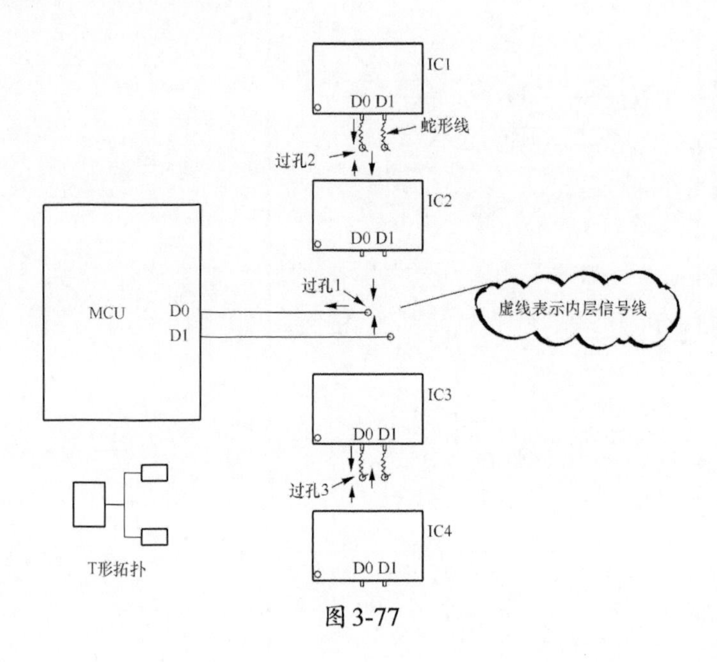

图3-77

T形拓扑布线一般用在多层PCB（大于等于4层），在实际操作时，要求数据线组内各信号线等长、地址线组内各地址线等长（等长不是绝对的，在一定范围内的偏差是允许的，比如±200mil。不同产品的要求有所不同，有的DDR或者MCU数据手册上给出了允许的偏差范围）。例如，布线数据组为D0～D7，以D0数据线为例介绍，如表3-24所示。

表3-24

步骤	实际操作方式
1	从MCU的管脚D0出发，在偶数片并口芯片的对称轴（图3-77中的IC2和IC3的中点所在的直线）附近形成第1个T形，设置过孔（如过孔1）
2	从过孔2走线到IC1和IC2的中点附近（如过孔2），形成第2个T形
3	从过孔3走线到IC3和IC4的中点附近（如过孔3），形成第3个T形
4	在实际设计PCB走线时，T形拓扑的直线走线会出现某信号线铜皮长度不相等的情况，为了满足信号完整性（时序尽量匹配），利用蛇形线来故意拉长信号线，以达到与同组信号线等长的目的。例如，直线走线时，IC2的D0管脚到过孔2的长度一定大于IC1的D0管脚到过孔2的长度，所以IC1的D0管脚需要走蛇形线到过孔2

3.5 电缆的选择——双绞线

3.5.1 RS485电缆——9841电缆介绍

在早期的工程项目中，有的施工客户要求通信电缆用百通9841，这是为了尽可能地吻合RS485通信标准的应用手册推荐的参数：电缆采用双绞线，特性阻抗为120Ω，线径为24AWG，导体直流电阻为25Ω/1000ft。

RS485通信电缆型号的演变和发展经历了标准相互引用借鉴的历程，如图3-78所示。

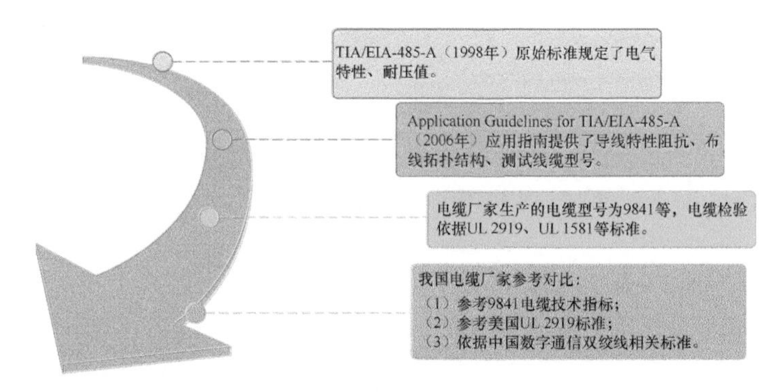

图3-78

RS485通信标准主要用于RS485通信电缆中。外国企业广泛使用的是美国百通公司的9841电缆。

美国百通公司的9841电缆的型号、线径、阻抗以及直流电阻参数如图3-79所示。

One Pair DMX（RS-485）

描述	百通型号编码	标准长度 ft（英尺）	标准长度 m（米）	线径	阻抗（Ω）	电容 pF/ft	电容 pF/m	屏蔽	绝缘	护套	公称直径（mm）	UL Type
畅销款	9841	500	152	24AWG（7×32）	120	12.8	42	100%箔，90%编织+地线	PE	PVC	5.89	CM
		1000	305									
		5000	1524									
LSZH版本	9841NH	500	152	24AWG（7×32）	120	14.5	26	100%箔，90%编织+地线	PE	LSZH	6.55	CMG
		1000	305									
Plenum版本	82841	500	152	24AWG（7×32）	120	12	39	100%箔，90%编织+地线	Foam FEP	PVC	5.18	CMP
		1000	305									
		5000	1524									

电气特性
导体直流电阻（DCR）

常规导体直流电阻	常规外部屏蔽层直流电阻
24Ω/1000ft	3.4Ω/1000ft

图3-79

1000ft=304.8m，9841电缆标称导体直流电阻为24Ω/1000ft，标称屏蔽导体直流电阻为3.4Ω/1000ft。

我国的电缆制造厂商可提供与9841电缆类似的电缆。例如，天津电缆厂提供的RS485通信电缆，其产品手册上写着：RS485通信电缆，执行标准为UL AWM 2919。

3.5.2 双绞线标准及选型介绍

双绞线型号有9841、AWM 2919或RVSP-120等，电子硬件工程师应该怎么选择？

图3-80中列举了两种具有代表性的电缆型号以及产品认证标准。

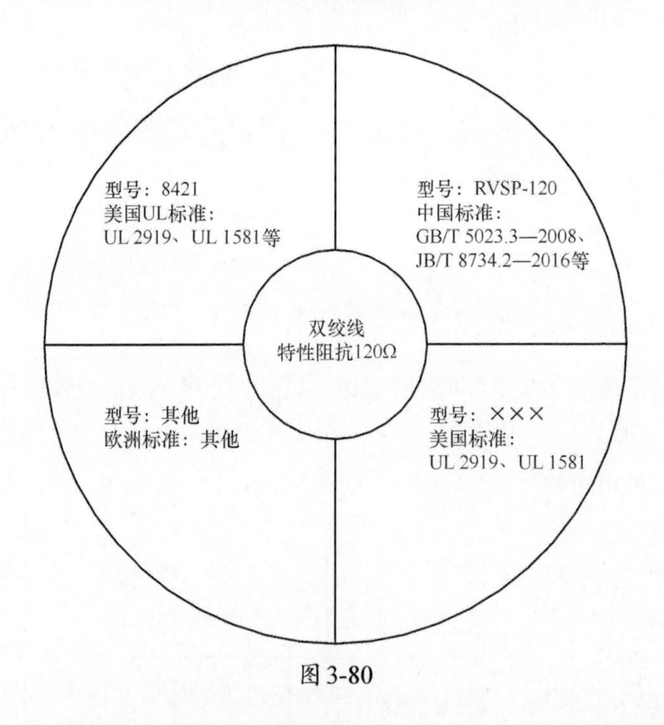

图3-80

由于本书无法一一列举每个厂家生产的电缆的型号，所以我国厂家执行美国标准生产的电缆型号在此用×××代替。

在图3-80中，左侧是国外生产的电缆的型号及执行的标准，右侧是国产的电缆的型号及执行的标准。

美国保险商试验所（Underwriter Laboratories Inc.，UL）是美国最具权威的机构之一，也是世界上从事安全试验和鉴定的较大的民间机构。作为独立的、营利的、为公共安全做测试的专业机构，它采用科学的测试方法来研究并确定各种材料、装置、产品、设备、建筑等对生命、财产有无危害和危害的程度；确定、编写、发行相应的标准和有助于减少及防止生命、财产的损失的资料，同时开展实情调研业务。UL认证在美国属于非强制性认证，主要是产品安全性能方面的检测和认证。产品通过了该机构的认证和检测，就可以加上UL标志。

进入UL官网，如图3-81所示，如果要查阅有关UL2919的内容，则在Style Page栏目下输入关键字“2919”，单击【Search】按钮即可得到UL2919电缆的相关描述。

图3-81

UL2919电缆的内容如图3-82所示，简要描述了两个或两个以上的导体、双绞线或多组绞合在一起的导体电缆。UL AWM 2919属于UL AWM栏目中Page 2919一页，此页中没有指出特性阻抗为120Ω，而制造这个电缆参考的是UL758标准。UL758标准中是否有电缆的特性阻抗要求呢？

在查询页面中直接输入关键字“758”进行查询，如图3-83所示。

查阅UL758标准得知：UL758标准中未明确规定特性阻抗为120Ω。单纯的基于UL2919或UL758标准的有UL标识的电缆，并非RS485指定的特性阻抗为120Ω的电缆。在UL2919标准基础上，制造商需要增加特性阻抗工艺，才能使电缆拥有与9841电缆媲美的参数特性。

在我国，可以通过工标网查阅我国标准，其官网首页如图3-84所示。

APPLIANCE WIRING MATERIAL

Subj.758 Section 2 Page 2919 Issued:1978-03-22
Revised:2013-08-23

Style 2919 Multi-conductor cable with non-integral jacket

Rating	80 deg C, 30 Vac, Cable flame.
Insulated Conductor	Labeled or complying with manufacturer's AWM procedure. 40 AWG minimum.
Assembly	Two or more conductors, twisted pairs or groups of twisted conductors twisted together. The conductors or groups of conductors may be laid parallel forming a flat, oval or round cable. The lay of the conductors is not specified. Barrier layers, binders over groups of conductors and/or the complete conductor assembly, and/or fillers are optional. Manufacturer shall maintain a complete description of each assembly. May use same or mixed AWG size.
Covering	Optional. A 6 mil or heavier PVC covering may be extruded over groups of conductors and/or over the complete conductor assembly.
Shield	Optional. May be provided over groups of conductors and/or over the complete conductor assembly.
Jacket	Extruded PVC.

Diameter of core assembly under jacket*	Minimum average thickness	Minimum thickness at any point
0.425 inch or less	30 mils	24 mils
0.426-0.700 inch	45 mils	36 mils
0.701-1.000 inch	60 mils	48 mils
1.000-1.500 inch	80 mils	64 mils
1.501-2.500 inch	110 mils	88 mils
2.501 inch and larger	140 mils	112 mils

* - Major diameter if cable is flat or oval.

Braid	Optional.
Standard	Appliance Wiring Material UL 758.
Marking	General.
Use	Internal wiring or external interconnection in Class 2 Circuits of electronic computers and electric business machines.

图3-82

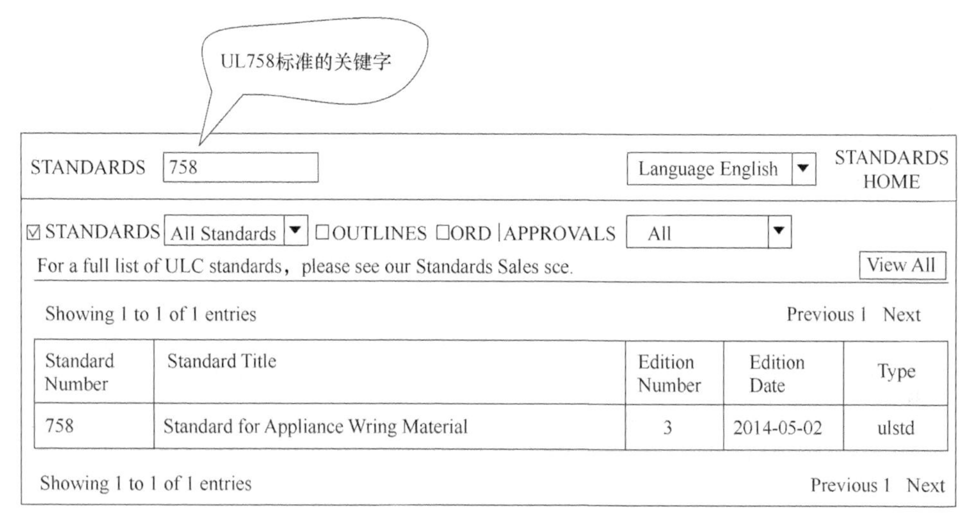

图 3-83

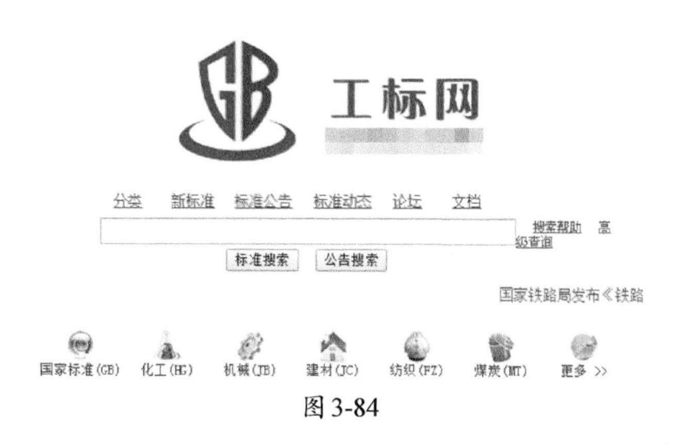

图 3-84

GB/T 5023.3—2008与JB/T 8734.2—2016标准只对电缆结构、导体材质、测试方式做出了规定，并未明确规定电缆特性阻抗为120Ω。

以下4点能较好地解释为什么同一厂家生产的有特性阻抗的电缆需要定制或者特殊说明。

（1）电子电路知识：电缆的特性阻抗与电缆的长度无关，与电缆的材质、绝缘材质、分布电容有关。

（2）特性阻抗：电缆的绝缘材质、导体材质、双绞线的缠绕方式、电容的分布方式等决定了制造出来的电缆的特性阻抗。所以按特定的材料、结构做出来的双绞线，其特性阻抗将在特定的区间内。这个技术是由厂家通过测试方式不断验证改进后得到的。电缆特性阻抗的测试原理请读者自行查阅相关资料。

（3）双绞线是否满足特性阻抗为120Ω取决于生产电缆的厂家是否有意愿将电缆设计成阻抗满足特性阻抗要求的电缆。因为特性阻抗为120Ω的双绞线的价格大约是粗细、长度相同的非特性阻抗电缆价格的3倍，甚至更高。

（4）非特定传输信号、通信距离近、无干扰的场合不需要用有特性阻抗的双绞线。

如图3-85所示，RS485标准规定了电气信号特性→RS485标准应用手册推荐了电缆特性阻抗为120Ω→找到电缆厂家并提出购买满足所在国家或地区的行业标准要求的结构、材质等规定和特性阻抗为120Ω的要求的双绞线→电缆厂家依据客户要求生产特性阻抗为120Ω的双绞线→电子硬件工程师将定制的双绞线用于RS485通信场所。

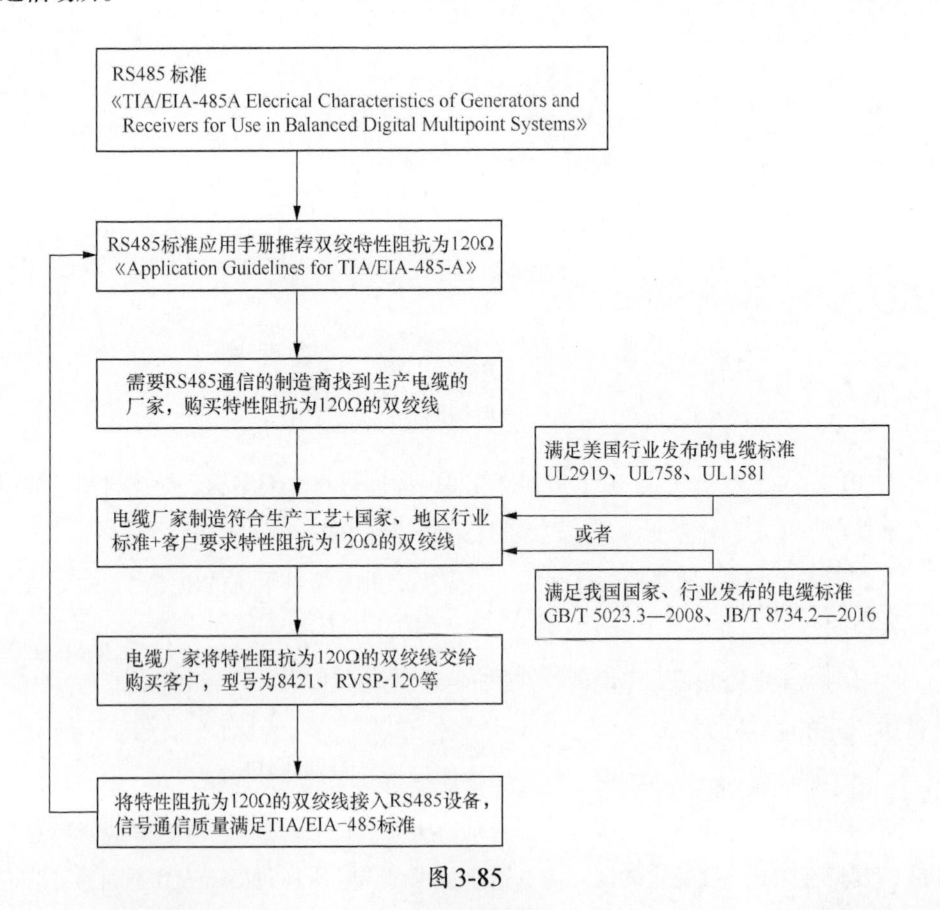

图3-85

3.5.3 追查通过UL2919认证的企业

特性阻抗为120Ω的电缆可从通过认证的企业生产的电缆中选择。此处介绍3种电缆，分别为欧美标准的UL2919电缆，中国标准的ASTP-120、RVSP-120电缆。

要查询已经通过了UL认证并满足2919认证的中国企业，可在UL官网查询页面的Country（国家）栏中输入“CHINA”，在Keyword（关键字）栏中输入“2919”，如图3-86所示。

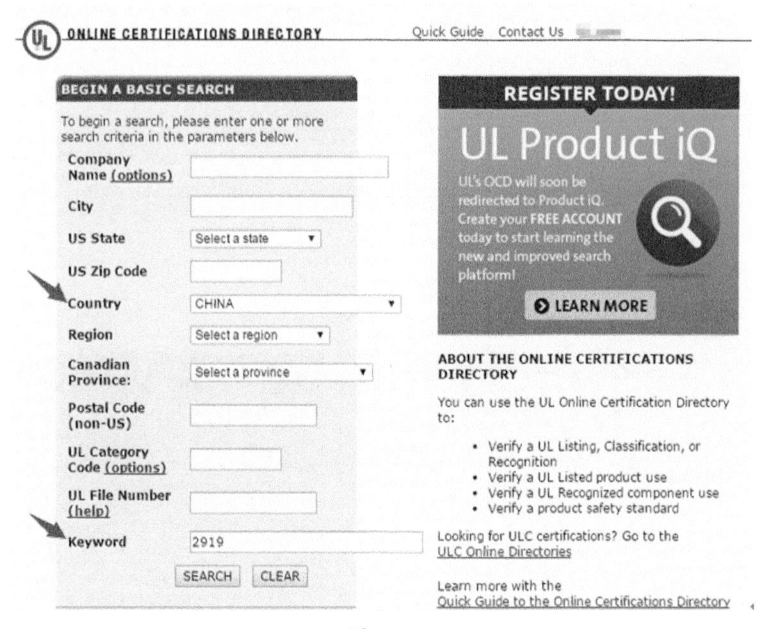

图3-86

单击【SEARCH】（搜索）按钮，搜索结果如图3-87所示。

从图3-87可以看到，已通过UL 2919认证的企业非常多，一页显示10家，多达28页。

在众多通过UL 2919认证的企业中筛选出指定地区的企业，例如寻找中国东莞的企业，则筛选时在UL官网查询页面的City（城市）栏中输入“dongguan”，如图3-88所示。

单击【SEARCH】（搜索）按钮，搜索结果如图3-89所示。

ONLINE CERTIFICATIONS DIRECTORY　Home　Quick Guide　Contact Us

IMPROVED CERTIFICATIONS SEARCH TOOL. REGISTER NOW! LEARN MORE

Search results

You may choose to Refine Your Search.

Company Name	Category Name	Link to File
3F ELECTRONICS INDUSTRY CORP	Appliance Wiring Material - Component	AVLV2.E305786
3Q WIRE & CABLE CO LTD	Appliance Wiring Material - Component	AVLV2.E341104
ALLIANCE UNITED CABLE TECHNOLOGY (JI'AN) CO LTD	Appliance Wiring Material - Component	AVLV2.E466862
AMPHENOL ASSEMBLETECH (XIAMEN) CO LTD	Appliance Wiring Material - Component	AVLV2.E326508
ANCHEER CABLE-TECH LTD	Appliance Wiring Material - Component	AVLV2.E326778
ANFU CE LINK LTD	Appliance Wiring Material - Component	AVLV2.E342987
AOMAGA (ZHONGSHAN) ELECTRONIC & PLASTIC CO LTD	Appliance Wiring Material - Component	AVLV2.E255388
ASAP TECHNOLOGY (JIANGXI) CO LTD	Appliance Wiring Material - Component	AVLV2.E321011
ATOP SOLUTIONS INC	Appliance Wiring Material - Component	AVLV2.E256123
AWIN WIRE & CABLE CO LTD	Appliance Wiring Material - Component	AVLV2.E228637

Page: 1 | 2 | 3 | 4 | 5 | 6 | 7 | 8 | 9 | 10 | 11 | 12 | 13 | 14 | 15 | 16 | 17 | 18 | 19 | 20 | 21 | 22 | 23 | 24 | 25 | 26 | 27 | 28

图 3-87

ONLINE CERTIFICATIONS DIRECTORY　Quick Guide　Contact Us

BEGIN A BASIC SEARCH

To begin a search, please enter one or more search criteria in the parameters below.

Company Name (options)
City: dongguan
US State: Select a state
US Zip Code
Country: CHINA
Region: Select a region
Canadian Province: Select a province
Postal Code (non-US)
UL Category Code (options)
UL File Number (help)
Keyword: 2919
SEARCH　CLEAR

REGISTER TODAY!
UL Product iQ
UL's OCD will soon be redirected to Product iQ. Create your FREE ACCOUNT today to start learning the new and improved search platform!
LEARN MORE

ABOUT THE ONLINE CERTIFICATIONS DIRECTORY

You can use the UL Online Certification Directory to:

- Verify a UL Listing, Classification, or Recognition
- Verify a UL Listed product use
- Verify a UL Recognized component use
- Verify a product safety standard

Looking for ULC certifications? Go to the ULC Online Directories

Learn more with the

图 3-88

单击认证编号为“AVLV2.E249743”的项，可以看到此认证编号具体支持的内容，其中就有UL2919，如图3-90所示。

Search results

You may choose to Refine Your Search.

Company Name	Category Name	Link to File
DONG GUAN HYX INDUSTRIAL CO LTD	Appliance Wiring Material - Component	AVLV2.E476394
DONG GUAN LAN SHUO INDUSTRAL CO LTD	Appliance Wiring Material - Component	AVLV2.E318900
DONG GUAN YUWEI WIRE CABLE CO LTD	Appliance Wiring Material - Component	AVLV2.E169161
DONGGUAN ANHUAN ELECTRONICS CO LTD	Appliance Wiring Material - Component	AVLV2.E331545
DONGGUAN ARIN ELECTRONICS TECHNOLOGY CO LTD	Appliance Wiring Material - Component	AVLV2.E474198
DONGGUAN ASIA TAI ELECTRICAL TECHNOLOGY CO LTD	Appliance Wiring Material - Component	AVLV2.E302625
DONGGUAN BANG KAI HARDWARE ELECTRONICS CO LTD	Appliance Wiring Material - Component	AVLV2.E172829
DONGGUAN CHANGAN HUAWEI WIRE CO LTD	Appliance Wiring Material - Component	AVLV2.E320244
DONGGUAN CHENG JIA WIRE & CABLE CO LTD	Appliance Wiring Material - Component	AVLV2.E329867
DONGGUAN CHENG XING ELECTRONIC CO LTD	Appliance Wiring Material - Component	AVLV2.E249743

Page: 1 | 2 | 3 | 4 | 5 | 6 | 7

图 3-89

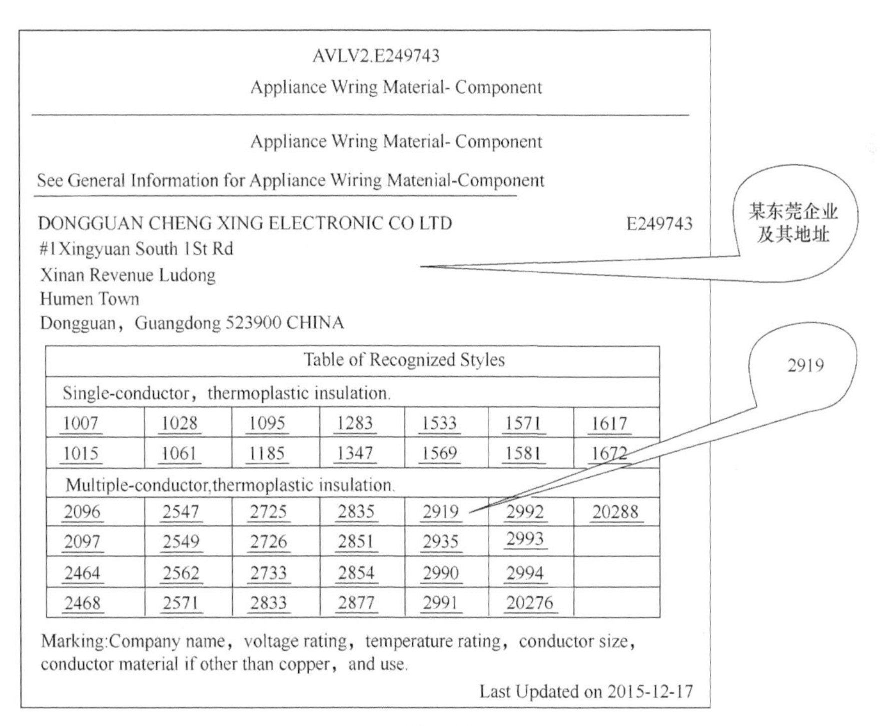

AVLV2.E249743

Appliance Wring Material- Component

Appliance Wring Material- Component

See General Information for Appliance Wiring Matenial-Component

DONGGUAN CHENG XING ELECTRONIC CO LTD E249743
#1Xingyuan South 1St Rd
Xinan Revenue Ludong
Humen Town
Dongguan，Guangdong 523900 CHINA

Table of Recognized Styles						
Single-conductor，thermoplastic insulation.						
1007	1028	1095	1283	1533	1571	1617
1015	1061	1185	1347	1569	1581	1672
Multiple-conductor,thermoplastic insulation.						
2096	2547	2725	2835	2919	2992	20288
2097	2549	2726	2851	2935	2993	
2464	2562	2733	2854	2990	2994	
2468	2571	2833	2877	2991	20276	

Marking:Company name，voltage rating，temperature rating，conductor size，conductor material if other than copper，and use.

Last Updated on 2015-12-17

图 3-90

图3-90所示是东莞胜牌电线电缆有限公司的UL认证。

该公司更名前是东莞承兴电线电缆有限公司。

找到目标企业后，与该企业的销售人员取得联系，并告知自己所需的电缆的型号和特性阻抗，该企业便可提供对应的电缆。

3.5.4 查看检验报告

在我国的标准GB/T 5023.1—2008《额定电压450/750V及以下聚氯乙烯绝缘电缆 第1部分：一般要求》中，电缆型号的字母和数字代表的意义如图3-91所示。

项目	代号
B.1.1 按用途分	
固定敷设用电缆（电线）	B
连接用软电缆（软线）	R
电梯电缆	T
装饰照明用软线	S
B.1.2 按材料特征分	
铜导体	省略
铜皮铜导体	TP
绝缘聚氯乙烯	V
护套聚氯乙烯	V
护套耐油聚氯乙烯	VY
B.1.3 按结构料特征分	
圆形	省略
扁形（平形）	B
双绞形	S
屏蔽型	P
软结构	R
B.1.4 按耐热特性分	
70℃	省略
90℃	90

图3-91

我国市场上用于RS485或CAN总线的电缆的型号大多标注为“RVSP-120”（连接用软电缆、绝缘聚氯乙烯、双绞形、屏蔽型、铜导体、圆形、耐热70℃）。

由于制造特定型号的电缆涉及多个标准，因此认证组织会在检验报告检验依据处注明主要依据的标准。例如，标准JB/T 8734.5—2016《额定电压450/750V及以下聚氯乙烯绝缘电缆电线和软线　第5部分：屏蔽电线》明确要求了导体标称截面积为0.75mm^{2}的多芯屏蔽软电线的参数，如图3-92所示。

多芯RVVP型及RVVP1型300/300V铜芯聚氯乙烯绝缘聚氯乙烯护套屏蔽或缠绕屏蔽电线

芯数×导体标称截面积（mm^2）	导体中单线最大直径（mm）	绝缘厚度规定值（mm）	屏蔽层单线直径标称值（mm）	护套厚度规定值（mm）	平均外径或外形尺寸（mm）		20℃时导体电阻最大值（Ω/km）		70℃时绝缘电阻最小值（MΩ·km）
					下限	上限	铜芯	镀锡铜芯	
2×0.08	0.13	0.4	0.10	0.4	3.2 2.4×3.5	4.2 2.9×4.2	247	254	0.019
2×0.12	0.16	0.4	0.10	0.6	3.7 2.8×4.0	4.9 3.4×4.9	158	163	0.016
2×0.2	0.16	0.4	0.10	0.6	4.1 3.0×4.4	5.3 3.6×5.3	92.3	95.0	0.013
2×0.3	0.16	0.5	0.15	0.6	4.8 3.5×5.1	6.2 4.2×6.2	69.2	71.2	0.014
2×0.4	0.16	0.5	0.15	0.6	5.1 3.6×5.4	6.6 4.4×6.6	48.2	49.6	0.012
2×0.5	0.21	0.5	0.15	0.6	5.3 3.7×5.6	6.8 4.5×6.8	39.0	40.1	0.012
2×0.75	0.21	0.5	0.15	0.6	5.8 4.0×6.1	7.4 4.8×7.4	26.0	26.7	0.010
2×1.0	0.21	0.6	0.15	0.6	6.4 4.3×6.7	8.2 5.2×8.3	19.5	20	0.011
2×1.5	0.26	0.6	0.15	0.8	7.3 4.9×7.6	9.2 6.0×9.3	13.3	13.7	0.0094

2×0.75mm^{2}电缆，26.0Ω/km

图3-92

无检验报告的电缆，其直流电阻可能不合格，从而导致RS485通信的距离达不到设计要求。

标准要求：一根RVVP型电缆，按照2×0.75mm^{2}的规格生产，检验认证时，要求这根电缆在20℃时的导体电阻值最大为26.0Ω/km（2.6Ω/100m）；数字通信用聚烯烃绝缘水平对绞电缆的单根导体的直流电阻小于等于9.5Ω/100m。

产品的检验报告可以通过各省指定的监督检验机构的官网（有的监督检验机构会提供简要的预览报告，有的监督检验机构不提供预览报告）或者联系厂家获取。一份由我国广东产品质量监督检验研究院认证通过的产品的检验报告样本如图3-93～图3-96所示，供读者了解学习。

No DX20170 XXX

检验报告

Test Report

产品名称 铜芯聚氯乙烯绝缘、屏蔽、聚氯乙烯护套软电缆

型号规格 RVSP 300/300V 2×0.75mm²

受检单位 东莞 ×××× 有限公司

检验类别 委托检验

广东产品质量监督检验研究院

Guangdong Testing Institute Of Product Quality Supervision

图 3-93

广 东 产 品 质 量 监 督 检 验 研 究 院

检 验 报 告

共 3 页 第 1 页

<table>
<tr><td rowspan="3">产 品 名 称
（型号、规格、商标、等级）</td><td colspan="2" rowspan="3">铜芯聚氯乙烯绝缘、屏蔽、聚氯乙烯护套软电缆
RVSP 300/300V 2×0.75mm²</td><td>生 产 日 期</td><td>——</td></tr>
<tr><td>编号或批号</td><td>——</td></tr>
<tr><td>抽（送）样单号</td><td>YDD17/2011</td></tr>
<tr><td>受 检 单 位</td><td colspan="2">东莞 ×××× 有限公司</td><td>检 验 类 别</td><td>受托检验</td></tr>
<tr><td>受 托 单 位</td><td colspan="2">东莞 ×××× 有限公司</td><td>样 品 数 量</td><td>58米</td></tr>
<tr><td>生 产 单 位</td><td colspan="2">——</td><td>抽 样 数 量</td><td>——</td></tr>
<tr><td>抽 样 地 点</td><td colspan="2">——</td><td>抽（送）样日期</td><td>2017年4月12日</td></tr>
<tr><td>来 样 方 式
抽（送）样单号</td><td colspan="2">送 样</td><td>验 讫 日 期</td><td>2017年4月22日</td></tr>
<tr><td>检验依据</td><td colspan="4">JB/T-8734.5-1998 《额定电压450/750V及以下聚氯乙烯绝缘电缆电线和软线 第 5 部分：屏蔽电线》</td></tr>
<tr><td>检
验
结
论</td><td colspan="4">本次委托检验共检19项，所检项目全部符合标准的要求。
2017年4月23日</td></tr>
<tr><td>备
注</td><td colspan="4">——</td></tr>
</table>

批准：　　　　审核：　　　　主检：

图 3-94

检 验 报 告

序号	检验项目		标准要求		检测结果		分项
					蓝色	棕色	判断
1	结构和尺寸检查						
1.1	导体单丝直径	最大	0.21	mm	0.2	0.2	合格
1.2	绝缘厚度	最小	0.5	mm	0.55	0.57	合格
1.3	绝缘最薄点的厚度	最小	0.35	mm	0.41	0.39	合格
1.4	护套厚度	最小	0.6	mm	0.66	0.65	合格
1.5	护套最薄点的厚度	最小	0.41	mm	0.45	0.45	合格
1.6	外径尺寸		5.8～7.4	mm	5.9		合格
1.7	椭圆度	最大	15	%	4		合格
1.8	屏蔽层编织密度	最小	80	%	90		合格
2	导体电阻（20℃）	最大	26	Ω/km	25.1	24.8	合格
3	电压试验						
3.1	成品电缆（2000V、5min）		不击穿		符合	符合	合格
3.2	绝缘线径（2000V、5min）		不击穿		符合	符合	合格
4	绝缘物理机械性能						
4.1	老化前抗张强度	最小	10.0	N/mm²	15.6	15.8	合格
4.2	老化前断裂伸长率	最小	150	%	198	195	合格
5	护套物理机械性能						
5.1	老化前抗张强度	最小	10.0	N/mm²	16.2		合格
5.2	老化前断裂伸长率	最小	150	%	210		合格
6	标志						
6.1	标志内容检查		电缆应具有制造厂名、产品型号和额定电压的连续标志		符合		合格
6.2	标志连续性检查——一个完整标志的末端与下一个标志的始端之间的距离	最大	500	mm	120		合格
6.3	标志耐擦性检查		油墨印字应耐擦		符合		合格
6.4	标志清晰度检查		所有标志字迹清楚		符合		合格

图 3-95

检 验 报 告

共 3 页 第 3 页

附注

1. 试验地点（如与本报告地址不同）：———

2. 委托单价地址与及邮编：东莞市 ×××× 工业区

3. 检验环境条件

温度：（20～25）℃。相对湿度：（[illegible]5）%。其他：——

4. 抽样程序（如适用）：———

5. 偏离标准方法的说明（如适用）：———

6. 检验结果不确定度说明（如适用）：———

7. 分包项目及分包方（如适用）：———

图3-96

通过检验报告可知：在进行电缆选型时，不仅需要选择电缆型号对应的参数，例如“RVSP-120的双绞线屏蔽结构，特性阻抗为120Ω”，也需要查证该电缆制造商是否已取得了相应的认证证书。

3.6 RS485通信故障及理论指导

3.6.1 案例1：RS485上拉电阻值、下拉电阻值的影响

为帮助某业主完成建设项目，A厂提供了通信主机和甲类采集设备，B厂提供了乙类采集设备，系统示意图如图3-97所示。

故障现象及处理：B厂与A厂的RS485总线上的通信主机通信时断时续，每通信一段时间就会中断几秒，在无人干预的情况下，又能恢复通信，如此反复。双方软件工程师排查软件通信协议，未发现任何问题。于是A厂与B厂向业主投诉对方

设备的通信质量问题。最后A厂和B厂的电子硬件工程师介入，发现问题所在，并顺利解决问题，保证了项目的按期验收。

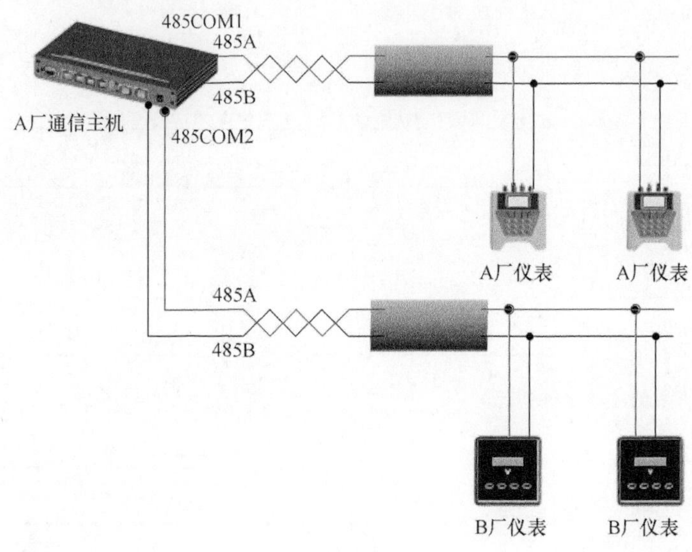

图 3-97

案例中故障的处置措施

电子硬件工程师介入后，对故障做了如下处置。

（1）将A厂通信主机与B厂仪表一对一连接，通信距离为100m，且在最远端并联一个120Ω的电阻，发现通信故障依然存在。

（2）分别测量通信时485A、485B的波形，查看通信主机和仪表收到和发送的数据。

通信正常时：

B厂仪表发送的数据为E6 01 02 03 04 H6 88 AA B1 C1 00 00

A厂通信主机收到的数据为01 C2 02 03 04 H6 88 AA B1 C1 00 00

通信中断时：

B厂仪表发送的数据为E6 01 02 03 04 H6 88 AA B1 C1 00 00

A厂仪表收到的数据为00 11 02 03 04 H6 88 AA B1 C1 00 00

B厂仪表发送的数据为E6 01 02 03 04 H6 88 AA B1 C1 00 00

A厂通信主机收到的数据为01 C2 02 03 04 H6 88 AA B1 C1 00 00

经过对比观察，电子硬件工程师向A厂、B厂的软件工程师了解了数据交互机制，如图3-98所示。

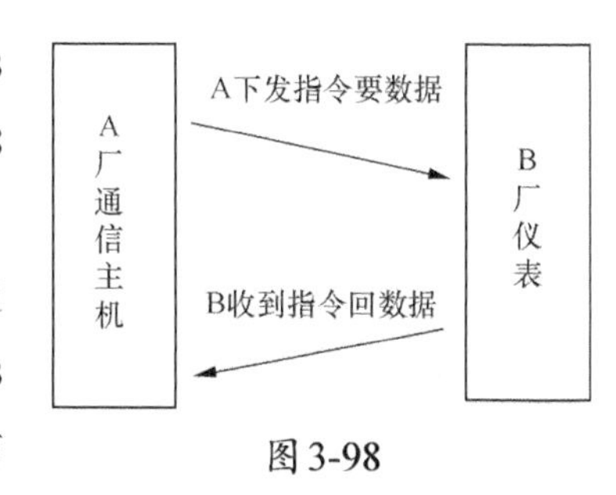

图3-98

电子硬件工程师发现，通信正常时，A厂通信主机发送的数据要正确且被B厂仪表识别，B厂仪表才会有返回数据；通信中断时，A厂通信主机收到的返回数据的帧头错误。

通信故障的原因可能有如下两个。

- 原因1：软件收发时序不匹配。A厂的RS485总线为半双工收发模式，通信主机发送数据后切换到接收状态并准备妥当前，B厂仪表已经返回了数据，导致数据帧头接收出现故障。
- 原因2：RS485总线硬件电路驱动能力不足。

B厂软件工程师在电子硬件工程师的要求下，增加了在收到A厂的指令后返回数据的延时，但故障依然存在，因此排除原因1。

（3）电子硬件工程师对比两家仪表在RS485总线上的接口设计电路，如图3-99和图3-100所示。发现B厂仪表预留的RS485总线的上拉电阻、下拉电阻并未焊接，导致RS485总线硬件电路驱动能力不足，从而引起设备通信故障。

现场使用了大量的B厂仪表，调整B厂仪表需要耗费大量时间，因此双方电子硬件工程师在权衡系统需求后，决定调整A厂通信主机的RS485总线硬件电路：分别将上拉电阻、下拉电阻由10kΩ改为1kΩ，B厂仪表不做改动。由此顺利解决了本次通信故障。

在实验室调试时，笔者做过验证，两台485设备，一主一从，相距5m传输信号，无外部干扰，无上拉电阻、下拉电阻，485A和485B信号线之间的电压差大于0.2V，未出现通信故障。但是在工程现场应用（周围有电动机、变压器）时，随着通信距离的增加，信号的波形会产生畸变，电压差会改变，所以推荐工业产品在实际使用时都设计上拉电阻、下拉电阻，以增强通信的稳定性。

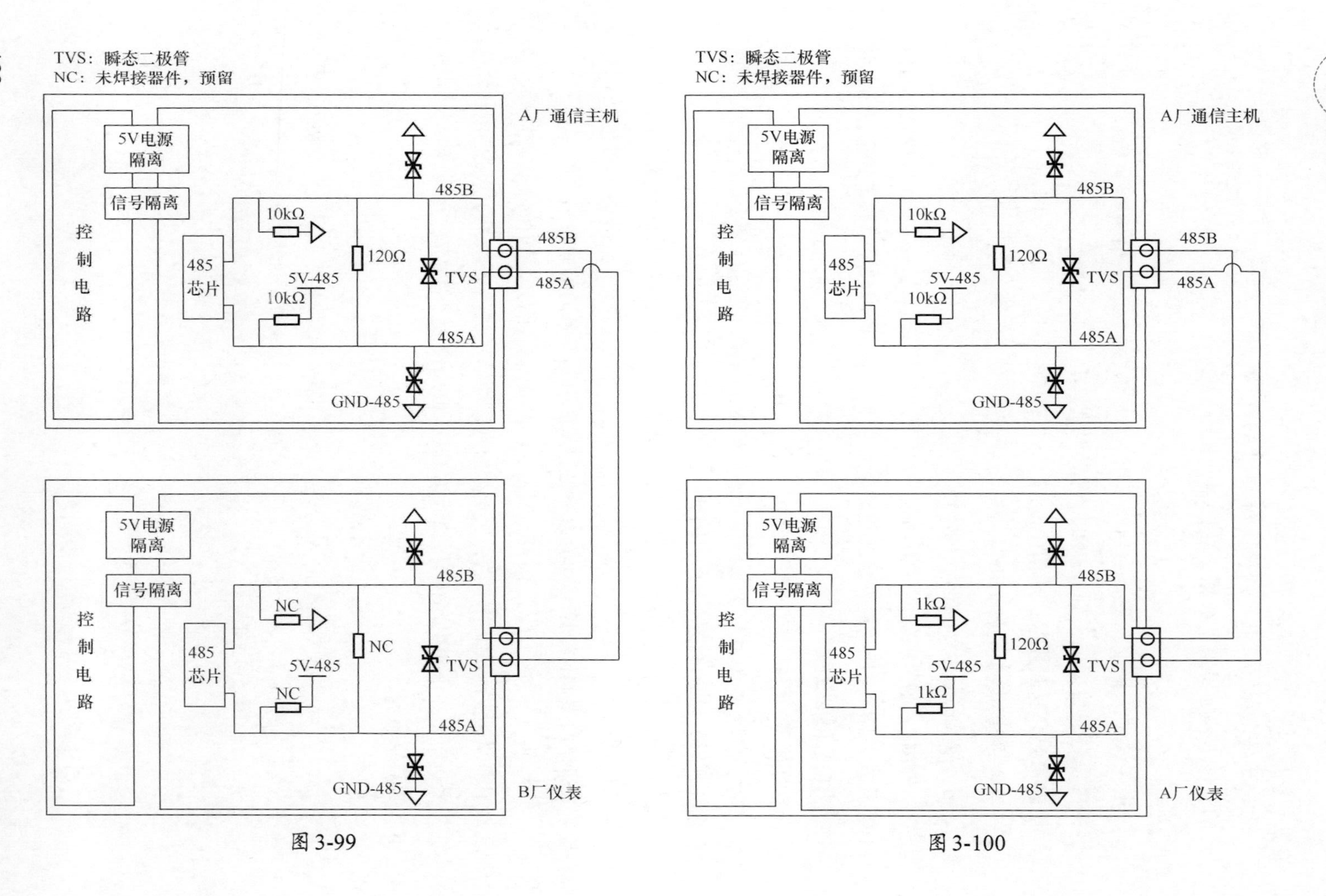
TVS：瞬态二极管
NC：未焊接器件，预留
A厂通信主机
5V电源隔离
信号隔离
控制电路
485芯片
10kΩ
5V-485
10kΩ
120Ω
TVS
485B
485A
GND-485
B厂仪表
NC
NC
NC
TVS：瞬态二极管
NC：未焊接器件，预留
A厂通信主机
A厂仪表
1kΩ
1kΩ
120Ω

图 3-99

图 3-100

解决故障理论指导：上拉电阻值、下拉电阻值合理匹配

将上述工程案例中的通信故障线路简化为拓扑结构图，如图3-101所示。

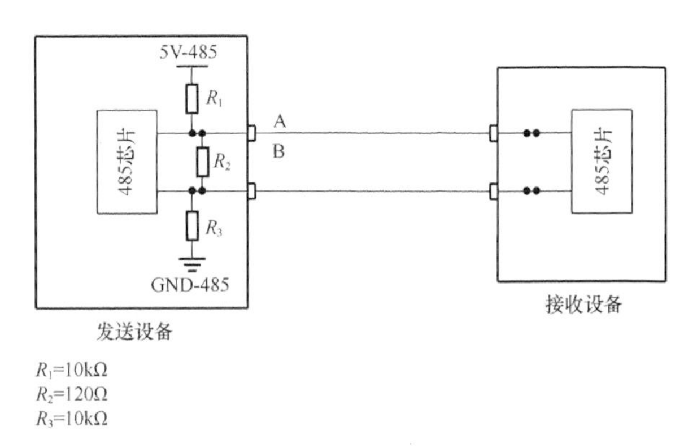

图3-101

发现故障时，上拉电阻、下拉电阻为10kΩ，发送设备有120Ω的匹配电阻R_2，接收设备无匹配电阻R_2，通过计算可知：

$$V_A - V_B = \frac{R_2}{R_1 + R_3 + R_2} \times V_{CC} \ (V_{CC} = 5V)$$

所以：

$$V_A - V_B = \frac{120\Omega}{10k\Omega + 10k\Omega + 120\Omega} \times 5V \approx 0.0298V = 29.8mV$$

查阅MAX485芯片手册，如图3-102所示，可以看到在Table2.Receiving中，485A和485B之间的电压差大于等于+0.2V时芯片才认为接收到了有效电平1，485A和485B之间的电压差小于等于-0.2V时芯片才认为接收到了有效电平0。

Table 1. Transmitting

INPUTS			OUTPUTS	
$\overline{RE}$	DE	DI	Z	Y
×	1	1	0	1
×	1	0	1	0
0	0	×	High-Z	High-Z
1	0	×	High-Z*	High-Z*

X=Don′t care
High-Z=High impedance
*Shutdown mode for MAX481E/MAX483E/MAX487E

Table 2. Receiving

INPUTS			OUTPUT
$\overline{RE}$	DE	A-B	RO
0	0	≥+0.2V	1
0	0	≤-0.2V	0
0	0	Inputs open	1
1	0	×	High-Z*

X=Don′t care
High-Z=High impedance
*Shutdown mode for MAX481E/MAX483E/MAX487E

图3-102

案例中的RS485总线的上拉电阻、下拉电阻、钳位电阻分别为10kΩ、10kΩ、120Ω，分压后V_A-V_B=29.8mV，处于+0.2V与-0.2V之间，导致通信出现故障。

处理故障后，将上拉电阻、下拉电阻均改为1kΩ，发送设备有120Ω的匹配电阻R_2，接收设备无匹配电阻，通过计算可知：

$$V_A-V_B=\frac{R_2}{R_1+R_3+R_2}\times V_{CC}\ (V_{CC}=5V)$$

所以：

$$V_A-V_B=\frac{120\Omega}{1k\Omega+1k\Omega+120\Omega}\times 5V\approx 0.283V=283mV$$

默认状态下，283mV满足数据手册规定的大于0.2V门限值，所以通信正常。

使用RS485总线时需要注意：默认情况下，在不操作总线时，推荐接收端电压$V_A-V_B\geqslant +0.2V$。

为什么推荐大于等于0.2V呢？因为RS485接口芯片通常是与MCU的TXD、RXD串口配合使用的，而MCU的RXD接收端在无数据时默认为高电平，当低电平来临时触发MCU的中断处理RXD的数据。

匹配的终端电阻阻值不一定是120Ω，因为使用终端电阻是为了减少电缆的反射信号，其阻值与电缆的特性阻抗有关，通常在电缆特性阻抗额定值±20%的范围波动。例如，当电缆的特性阻抗为100Ω时，匹配的终端电阻值范围是80～120Ω。

3.6.2 案例2：电缆的直流电阻影响通信距离

为完成某个项目，业主提供了通信电缆，厂家提供了通信主机和液位采集仪表。由于现场有16个液位采集仪表，通信距离在1000m以内，因此业主要求用RS485总线通信，且无RS485中继器转接，如图3-103所示。

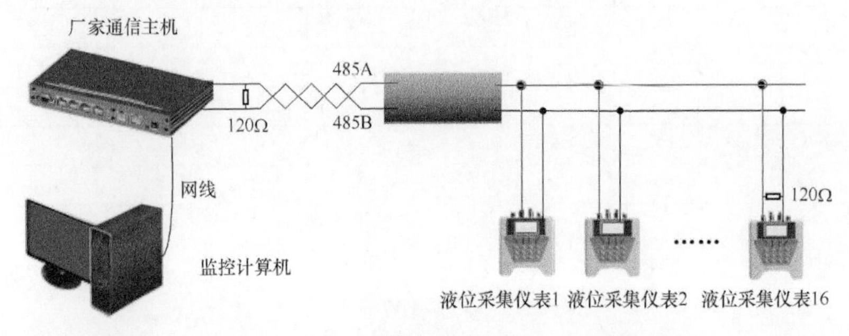

图3-103

故障现象：液位采集仪表与通信主机通信时，距离远的液位采集仪表无法与通信主机通信；软件工程师现场调试时，发现液位采集仪表距离通信主机越近通信效果越好，随着通信距离的增加，通信效果越来越差，在1000m附近时几乎不能通信。

案例中故障的处置措施

（1）电子硬件工程师排查故障时，分析了工程现场的通信主机与液位采集仪表的通信接线拓扑结构。经过分析得出：RS485总线的端接匹配电阻、液位采集仪表的接线方式都符合设计要求。

（2）将采集仪表全部与RS485总线断开连接，再分别将每台液位采集仪表与RS485总线连接并测试，如图3-104所示。测试发现：远端的液位采集仪表16距离通信主机约900m，即使只连接这一台，也无法通信。

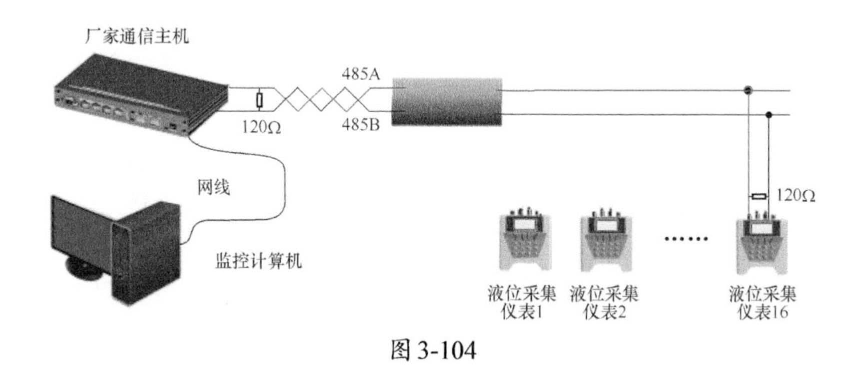

图3-104

（3）采用示波器在液位采集仪表16处测量485A、485B之间的波形，发现波形畸变，波形的高低电平差不满足RS485总线通信的要求。

（4）观察发现该项目使用的双绞线的铜芯色泽不对，怀疑电缆质量不达标。电子硬件工程师将施工现场还未启用的1000m同型号电缆卷成一圈后，用万用表测量其直流电阻，如图3-105所示。使用万用表电阻档，红表笔接触点1、黑表笔接触点2，测出该电缆单根铜芯导线的直流电阻很大。

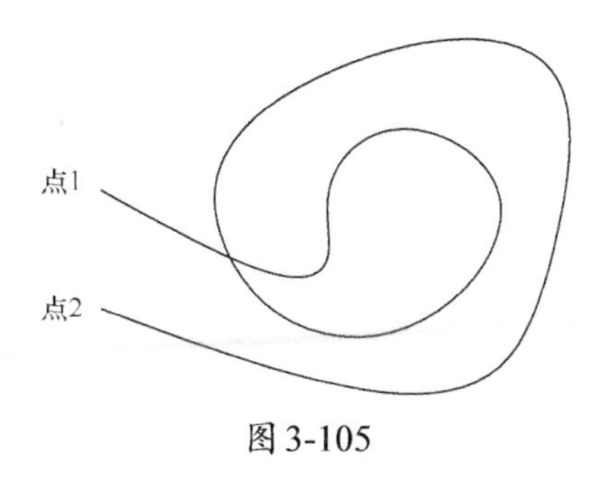

图3-105

（5）电子硬件工程师要求将电缆更换为公司专用的双绞线并重新布线，更换电缆后所有液位采集仪表与通信主机通信成功。

（6）电子硬件工程师事后告知业主：不满足国家生产标准的电缆内的直流电阻过大，导致无法通信。

解决故障理论指导：电缆的直流电阻影响通信距离

将上述工程案例中的通信故障线路简化为拓扑结构图，如图3-106（上图）所示。

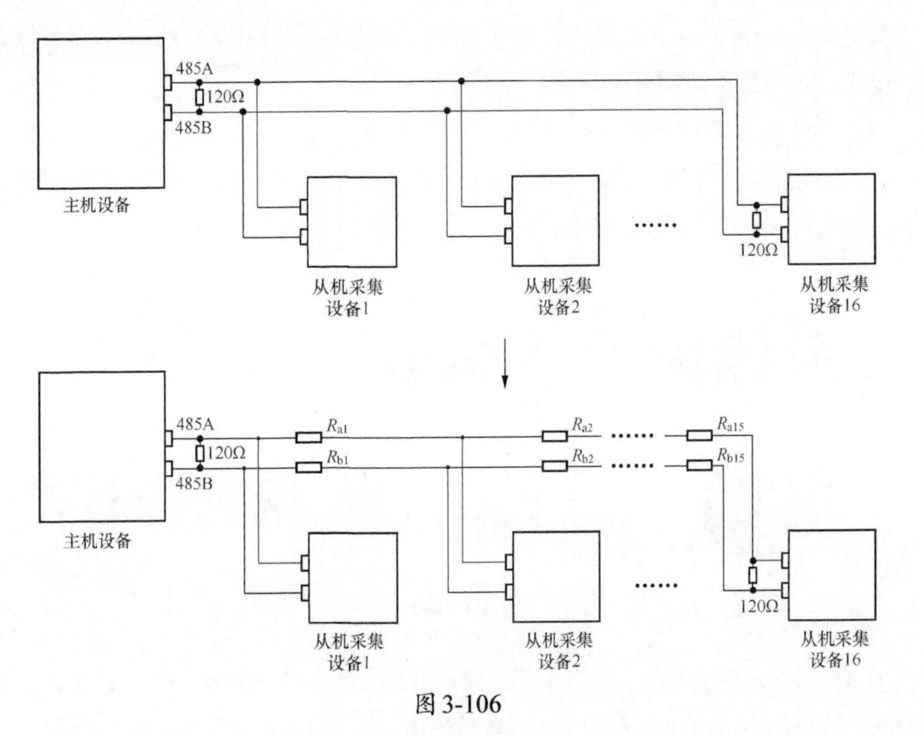

图3-106

在实际工程中，由于导线本身是有直流电阻的，所以我们将拓扑结构图等效为“无电阻的理想电缆和从机采集设备之间串联电阻”的简化图，如图3-106（下图）所示，主机设备与从机采集设备16的等效简化图如图3-107所示。

简化后，图中导线直流电阻值$R_a = R_{a1} + R_{a2} + \cdots + R_{a16}$，$R_b = R_{b1} + R_{b2} + \cdots + R_{b16}$。

本次案例中的485A、485B没有上拉电阻、下拉电阻。

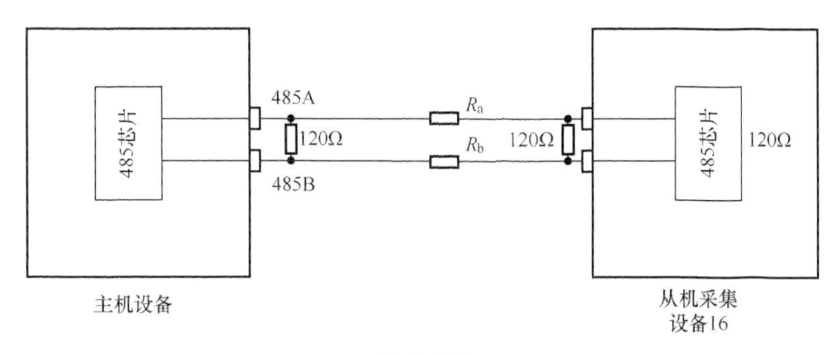

图3-107

由于RS485的电气标准TIA/EIA-485-A规定RS485芯片输出端有数据逻辑高电平时驱动电压差 $V_a-V_b > 1.5V$，接收端低电平识别的接收电压差 $V_a-V_b < 0.2V$，如图3-108所示。

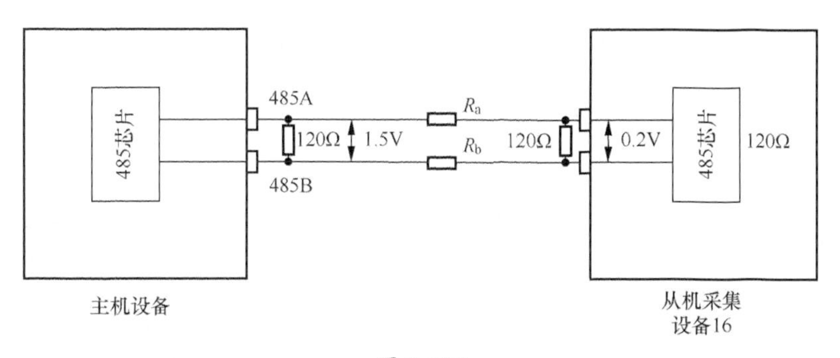

图3-108

信号从主机设备发出后，经过导线到达从机采集设备，因此图3-108所示的电路简化图可以等效为图3-109所示的电路模型图。

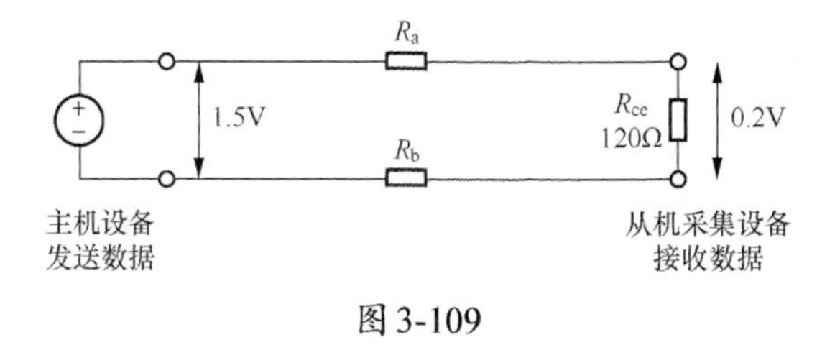

图3-109

在图3-109中，R_a、R_b就是导线自身的电阻，依据电路学的电阻分压定律，接收端的电压即R_{ce}上的电压，计算公式为：

$$V_{rce}=\frac{R_{ce}}{R_a+R_b+R_{ce}}\times 1.5$$

其中因为双绞线（即两条电缆相互螺旋缠绕）中485A和485B等长，且所用材质一样，所以$R_a=R_b$。将$R_a=R_b$、$R_{ce}=120\Omega$、$V_{rce}=0.2\text{V}$代入公式计算，可得：

$$0.2=\frac{120}{2\times R_a+120}\times 1.5$$

则$R_a=390\Omega$。

即当线路中所有元器件都处于理想状态时，单根导线的电阻值小于等于于390Ω才能保证RS485总线的接收端可以接收到有效信号。假如工程现场的电缆的直流电阻值大于390Ω，就存在无法通信的隐患。

现在制造厂商设计的485驱动器的驱动能力加强后，$R_a>390\Omega$时也可能出现接收端收到微弱信号的特殊情况，这不在本书的探讨范围。

RS485电路中上拉电阻、下拉电阻，以及通信电缆的直流电阻对波形的影响的测试如表3-25和表3-26所示。

表3-25

知识点：如果485接收端（从机）使用匹配电阻120Ω，且485A和485B上无上拉电阻、下拉电阻，则必须满足电缆直流电阻$R_a=R_b<390\Omega$	
测试条件	测试设置：波特率为9600bit/s，数据位为8bit，停止位为1bit，奇校验，485A上无上拉电阻，485B上无下拉电阻
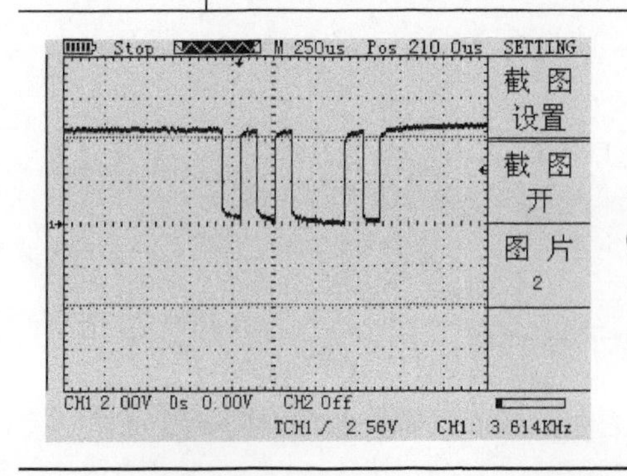 	控制器发送45H时，MCU_TXD脚的波形（波形从左往右，第一个低电平为UART起始位）

续表

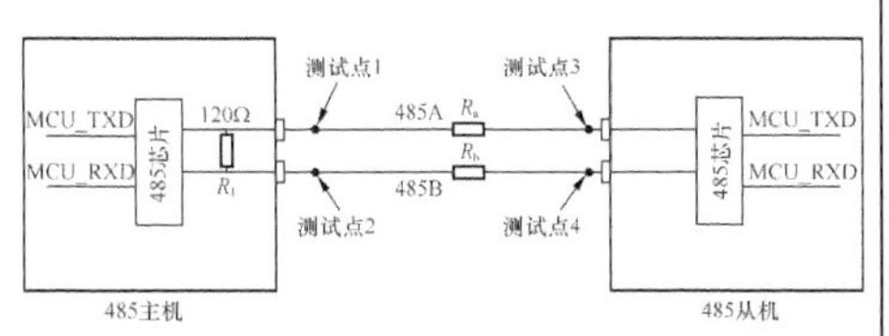 （1）R_a=R_b=200Ω，无匹配电阻120Ω时的波形如下图所示。 通道1：为测试点1与测试点2之间的波形。 通道2：为测试点3与测试点4之间的波形。 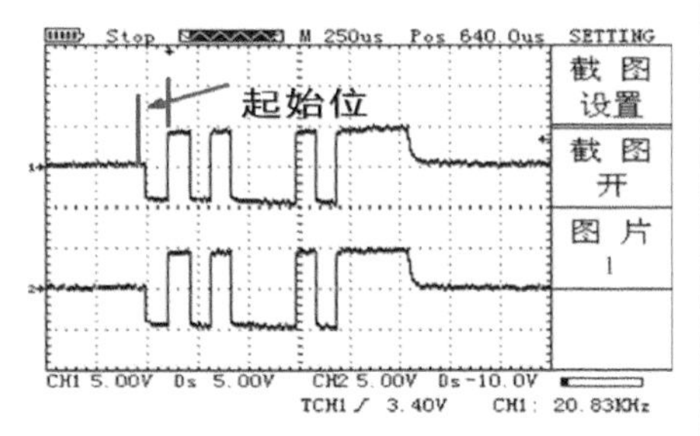 图片1（幅值：5V/格） 485主机，通道1电压差约为10V（远远大于1.5V的最低要求）。 485从机，通道2电压差约为9V，大于200mV。 注：485A无上拉电阻、485B无下拉电阻时，485A和485B之间的电压差为0V	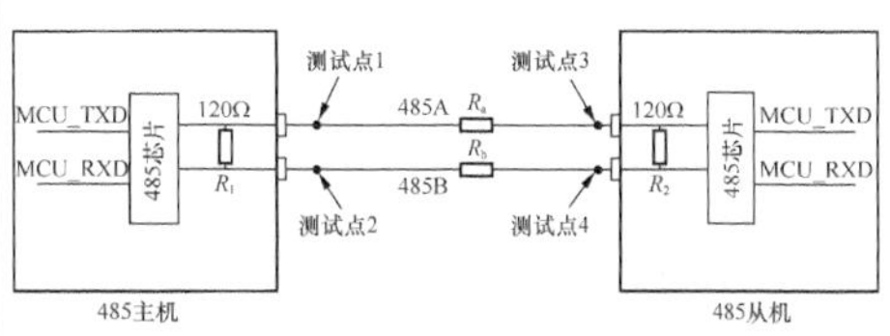 （2）R_a=R_b=200Ω，有匹配电阻120Ω时的波形如下图所示。 通道1：为测试点1与测试点2之间的波形。 通道2：为测试点3与测试点4之间的波形。 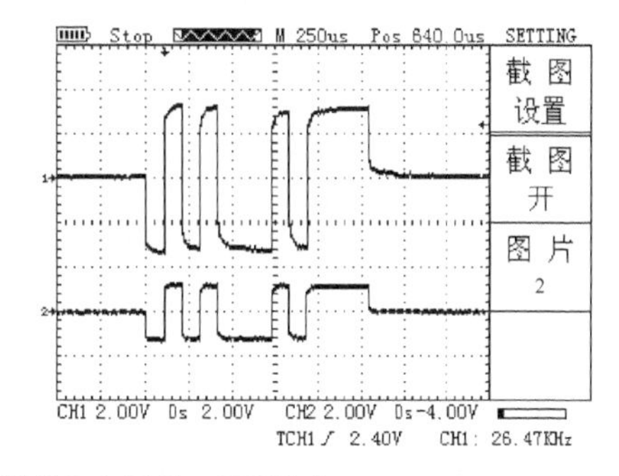 图片2（幅值：2V/格） 485主机，通道1电压差约为6V（远远大于1.5V的最低要求）。 485从机，通道2电压差约为2.6V，大于200mV，可被识别。 接收端有匹配电阻120Ω，接收端波形受电缆直流电阻R_a和R_b的影响非常大

表3-26

知识点：如果485驱动器（主机）485A上有上拉电阻（电阻可选1～4.7kΩ），485B上有下拉电阻，电缆直流电阻R_a=R_b=200Ω，则485接收端（从机）无120Ω匹配电阻的波形比有120Ω匹配电阻的波形更容易观测到UART（串行）的起始位（低电平）	
测试条件	测试设置：波特率为9600bit/s，数据位为8bit，停止位为1bit，奇校验，485A上有上拉电阻，485B上有下拉电阻

续表

<table>
<tr>
<td>
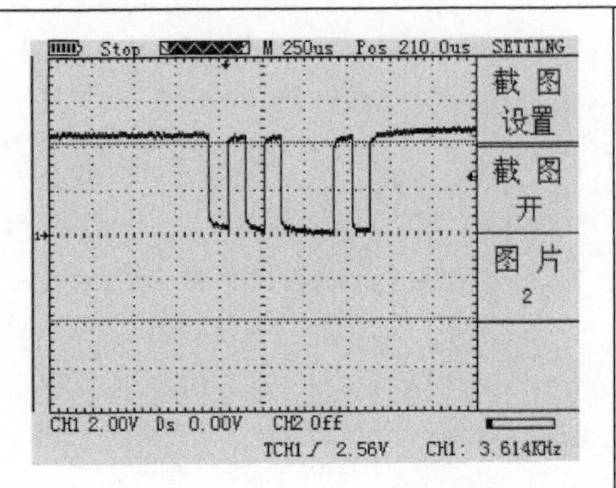

</td>
<td>
控制器发送45H时，MCU_TXD脚的波形（波形从左往右，第一个低电平为UART的起始位）
</td>
</tr>
<tr>
<td>
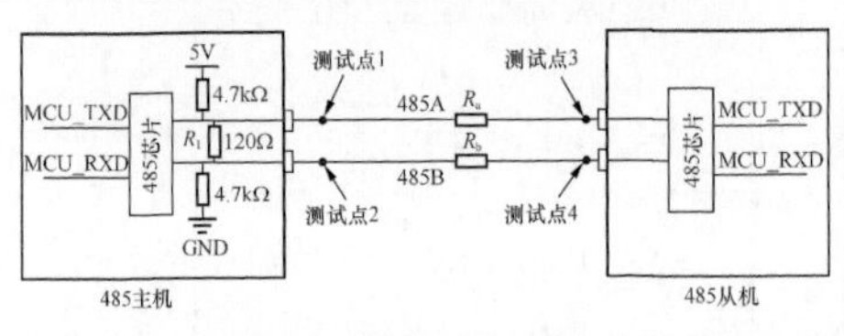

（1）R_a=R_b=200Ω，接收端无匹配电阻120Ω时的波形如下图所示。

通道1：为测试点1与测试点2之间的波形。

通道2：为测试点3与测试点4之间的波形。

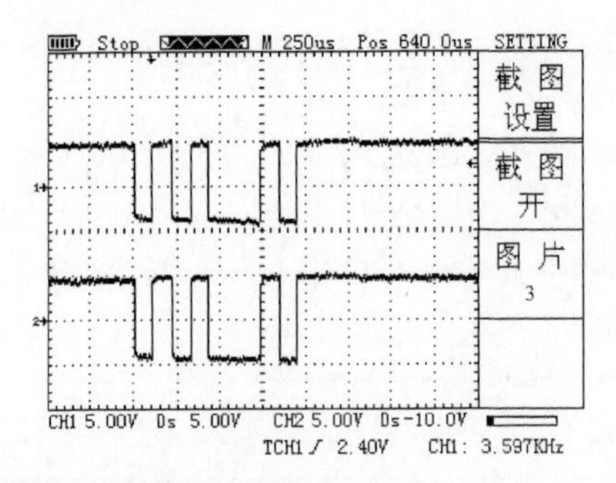

图片3（幅值：5V/格）

485主机，通道1电压差约为10V（远远大于1.5V的最低要求）。

485从机，通道2电压差约为9V，大于200mV。

注：图片3与表3-25中的图片1相比，485A上有上拉电阻、485B上有下拉电阻时，UART发送数据的起始位（低电平）在波形中可明显观察到
</td>
<td>
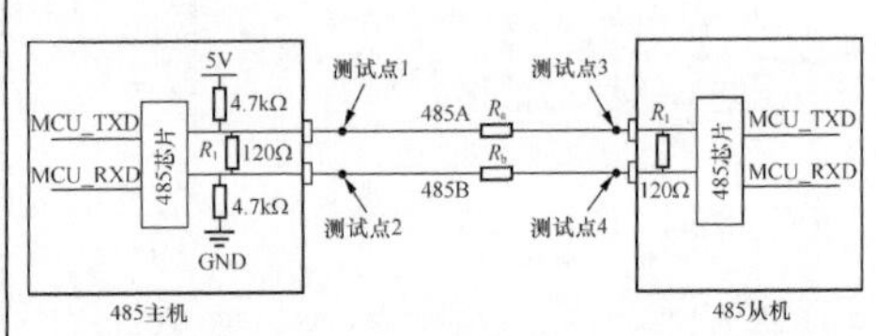

（2）R_a=R_b=200Ω，接收端有匹配电阻120Ω时的波形如下图所示。

通道1：为测试点1与测试点2之间的波形。

通道2：为测试点3与测试点4之间的波形。

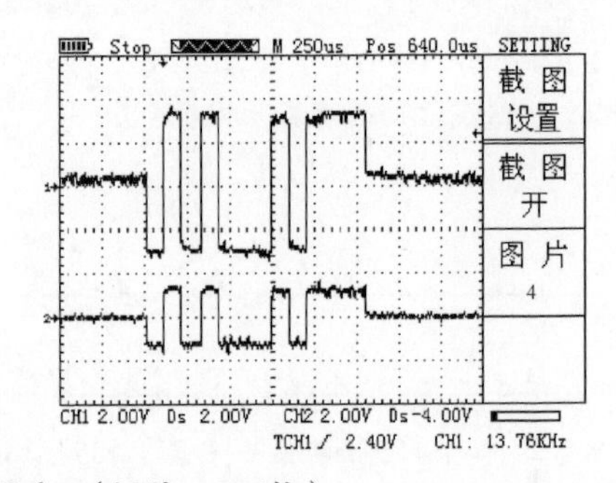

图片4（幅值：2V/格）

485主机，通道1电压差约为6V（远远大于1.5V的最低要求）。

485从机，通道2电压差约为2.8V，大于200mV，可被识别
</td>
</tr>
</table>

485A和485B之间通道1、通道2波形最低点的电压V_{A-B}不等于0V，原因如下。

（1）发送端有120Ω的电阻，与上拉电阻、下拉电阻分压了5V，分压约为120Ω×5V/（4.7kΩ+4.7kΩ+120Ω）≈63mV。

（2）485收发器在默认无数据收发，且无120Ω的电阻时，两个485芯片的管脚默认分别有一个500mV～2V相对于GND的电压（不同的制造厂商的芯片悬空电压略有不同，但是如果有了上拉电阻、下拉电阻，则芯片自带的悬空电压将不再有任何影响）。

电子硬件工程师遇到RS485总线的信号驱动能力不足的情况时，改善总线信号驱动能力的方法有以下几种。

（1）从电缆角度考虑，采用基于美国标准UL2919的电缆，或者基于中国标准ASTP-120、RVSP-120的电缆等。

（2）从设备的RS485芯片考虑，在485A、485B信号线上分别增加上拉电阻、下拉电阻以增强信号驱动能力。

（3）降低通信波特率来改善信号。

（4）RS485通信，推荐485驱动器配置上拉电阻、下拉电阻。

（5）RS485通信，如果485A和485B之间无信号反射，波形状态良好，通信稳定，则可以不加终端匹配电阻。

实物器件举例：驱动输出电压与接收电压的关系

图3-110所示为应用指导手册中MAX13485E的参数。

RS485标准为工程界应用总线提供了参考指导。推荐RS485总线的直流电阻为375～390Ω，不能超过最大值。总线中的直流电阻越大，通信距离越短。

例如，9841号双绞线，24Ω/1000ft（1000ft=304.8m），请问最长理想通信距离L为多少米？

我们选取推荐的RS485总线直流电阻375～390Ω中的较大值390Ω计算，采用等比例规律计算通信距离：

$$\frac{24}{304.8}=\frac{390}{L}$$

则L=4953m。

半双工RS-485/RS-422收发器MAX13485E
最大极限参数（所有电压参考的GND）

V_{CC}......+6V	工作温度......−40℃ to +85℃
DE，$\overline{RE}$，DI......−0.3V to +6V	结温度（Junction Temperature）......+150℃
A，B......−8V to +13V	贮存温度......+150℃−65℃ to +150℃
短路持续（RO，A，B）to GND......条件	焊接温度（焊接，10s）......+300℃
持续功率损耗（T_A=+70℃）	
8脚SO封装（+70℃以上时，下降5.9mW/℃）.........471mW 8脚μDFN封装（+70℃以上时，下降4.8mW/℃）...380.6mW	

电气特性
（V_{CC}=+5V±5%，T_A=T_{MIN} to T_{MAX}，典型试验条件为V_{CC}=+5V，T_A=+25℃）

参数	符号	条件	MIN	TYP	MAX	单位
驱动器（DRIVER）						
差分输出	V_{DD}	R_{DIFF}=100Ω	2.0		V_{CC}	V
		R_{DIFF}=54Ω	1.5			
		No Load			V_{CC}	
差分输出幅度变化	ΔV_{DD}	R_{DIFF}=100Ω或R_{DIFF}=54Ω			0.2	V
驱动器共模输出电压	V_{OC}	R_{DIFF}=100Ω或R_{DIFF}=54Ω		0.5V_{CC}	3	V
驱动器共模输出电压幅度变化	ΔV_{OC}	R_{DIFF}=100Ω或R_{DIFF}=54Ω			0.2	V
输入高电平	V_{IH}	DI，DE，$\overline{RE}$	2.0			
输入低电平	V_{IL}	DI，DE，$\overline{RE}$			0.8	
输入电流	V_{IN}	DI，DE，$\overline{RE}$			±1	μA
驱动短路输出电流	I_{OSD}	0V≤V_{OUT}≤+12V	+50		+250	mA
		−7V≤V_{OUT}≤0V	−250		−50	
驱动器短路反馈输出电流	I_{OSDF}	（V_{CC}−1）V≤V_{OUT}≤+12V	20			mA
		−7V≤V_{OUT}≤0V			−20	
接收器（RECEIVER）						
输入电流（A和B）	$I_{A,B}$	DE=GND，V_{CC}=GND或+5V，V_{IN}=+12V			250	μA
		DE=GND，V_{CC}=GND或+5V，V_{IN}=−7V	−200			
接收差分门槛电压	V_{TH}	−7V≤V_{CM}≤+12V	−200		−50	mV
接收输入滞后	ΔV_{TH}	V_A+V_B=0V		25		mV
输出高电平	V_{OH}	I_O=−1.6mA，V_A−V_B>V_{TH}	V_{CC}−1.5			V

图3-110

然而信号的传输还与信号的传输速率有关，在实际应用的时候是无法达到理想状态的。

距离的延长，分布电容、线路干扰等因素，以及电缆铜芯纯度和精度的偏差，都会缩短信号在电缆中的传输距离。

TIA/EIA-485-A的TSB-89-A应用指导手册中给出了最大通信距离与通信速率、信号延时的关系，如图3-111所示。

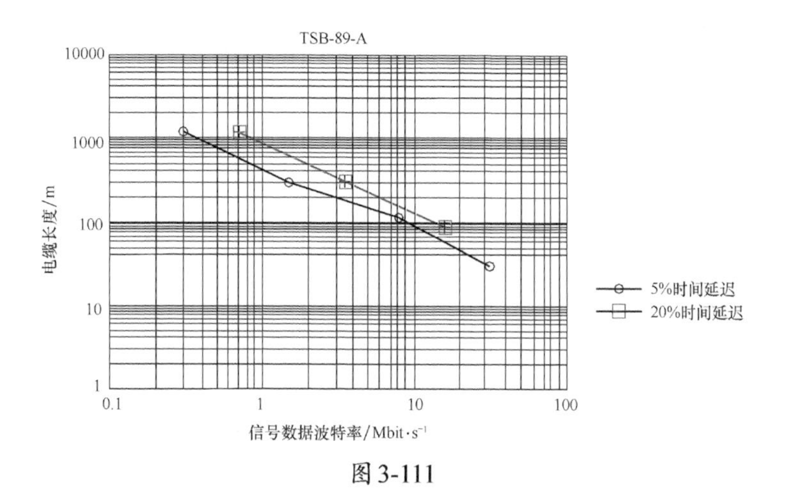

图3-111

注 以上数据截图来自TIA/EIA-485-A的TSB-89-A应用指导手册。

通过图3-111可知，双绞线在传输RS485信号时，通信距离与通信速率成反比，速率越高，通信的最大距离越短。在波特率为0.2Mbit/s时，最大通信距离为1000～1200m；在波特率为10Mbit/s时，最大通信距离约为60m。

在工程仪表、嵌入式部件等应用中，设备通常由USART串口通过485芯片后用双绞线传输数据。USART的波特率在电表行业常用1200bit/s、2400bit/s，在传感器仪表行业常用9600bit/s，部分厂家也会用115200bit/s。

依据图3-111所示的波特率与通信距离的关系，大多数嵌入式设备采用的波特率在1.2kbit/s到0.3Mbit/s这一区间，这就是为什么大多数文献资料会推荐RS485的通信距离在1200m以内，因为只要双绞线是严格按照特性阻抗120Ω匹配的，且双绞线满足直流电阻小于390Ω，通信距离为1200m就是成立的。

3.6.3 案例3：屏蔽层不可靠接地导致通信被干扰

某水利工程项目采购了一套A厂的RS485通信系统，用以采集设备的工作状态：转速、振动、电压波动等变化情况。现场有16个采集仪表，通信距离在300m以内。该水利工程项目部的技术主管在阅读了厂家A的通信系统安装指导书后，告知项目部管理人员："该通信系统接线简单，调试容易，可自行组织人员安装"。项目部管理人员为节省开支，决定自行铺设电缆，调试通信系统。通信系统的示意图如图3-112所示。

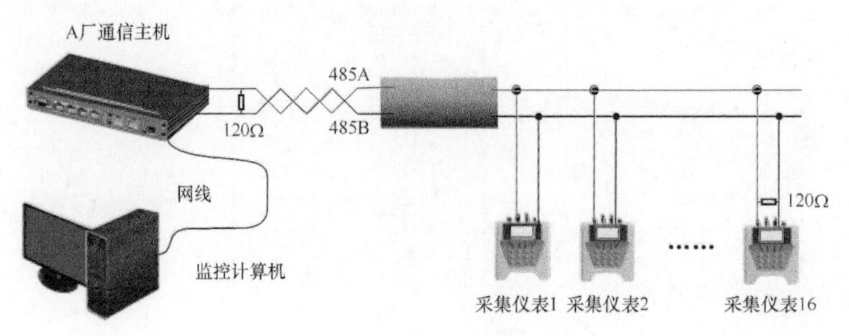

图3-112

故障现象及处理：项目部技术人员安装并调试通信系统后，通信系统可正常通信，但是当项目部的水轮发电机开始运行发电时，RS485通信将中断；水轮发电机停止运行后，RS485通信恢复正常。应业主工程部请求，A厂硬件工程师抵达工程现场，经过询问和观察分析后，发现了问题所在，并顺利解决了问题。

案例中故障的处置措施

（1）电子硬件工程师询问并查阅现场布线设计图，分析工程现场的通信主机与采集仪表的通信接线拓扑结构，经过分析得出：RS485通信电缆的端接匹配电阻和采集仪表的接线方式都符合设计要求。

（2）观察设备运行空间环境，了解设备相互之间的影响关系。电子硬件工程师观察到，在水轮发电机运行时，现场的监控计算机屏幕中的鼠标指针会出现反应迟钝的现象。

（3）分析现场综合布线。RS485通信电缆与发电机的电力电缆在同一个电缆沟中，并经过监控计算机的正下方，水轮发电机工作时，监控计算机正下方的电力电缆将有强电通过。

（4）合理推断干扰源并求证。由于RS485的通信电缆与电力电缆在同一个电缆沟内，因此电子硬件工程师结合自身的专业素养推断：水轮发电机发出的电能在通过电力电缆时，其产生的电场耦合对RS485弱电信号产生了干扰。现场工程场景如图3-113所示。

（5）水轮发电机停止运行后，电子硬件工程师请求工程部的技术人员打开电缆沟，以检查通信线路的布线。

图 3-113

（6）排查故障后，发现通信电缆的屏蔽层未可靠接入大地，这导致水轮发电机运行时产生的强电流流过电力电缆后，对在同一个电缆沟中的RS485通信电缆中的信号产生了耦合。重新将屏蔽层接地后，通信一切正常。

解决故障理论指导：强电电缆磁场耦合影响弱电信号

现场布线按照机电工程管理与实务的要求：强电电缆与弱电电缆分层布置；强电电缆在上，弱电电缆在下，避免潮湿物与强电电缆接触，如图 3-114 所示。

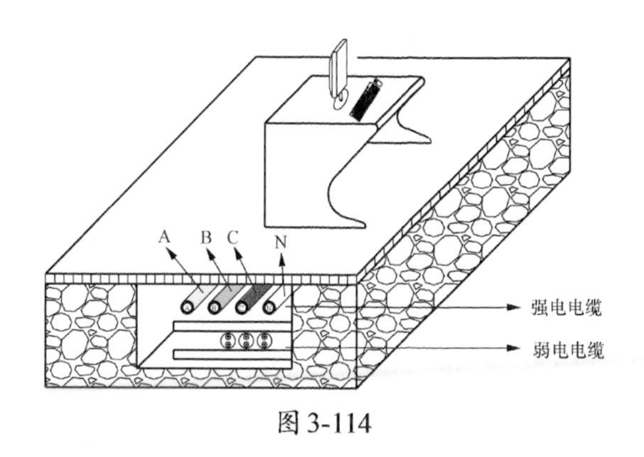

图 3-114

由于通信电缆的屏蔽层没有可靠接入大地，因此当强电电缆有电流流过而产生一个电场时，这个电场就变成了干扰源，它会对对差分通信电缆产生干扰，如图3-115所示。

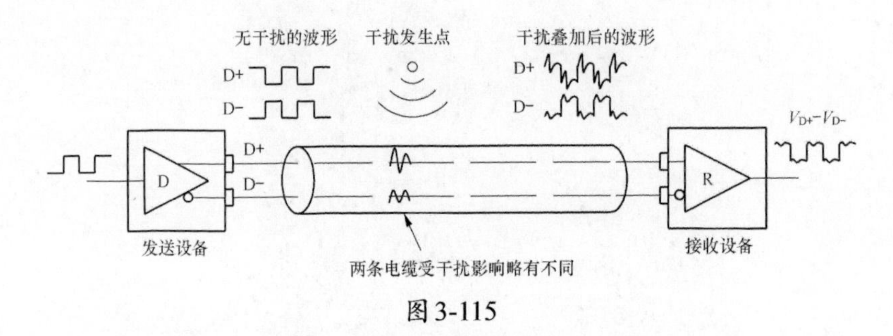

图3-115

通信电缆的屏蔽层可靠接入大地后，对通信电缆产生的干扰将通过屏蔽层进入大地，如图3-116所示。

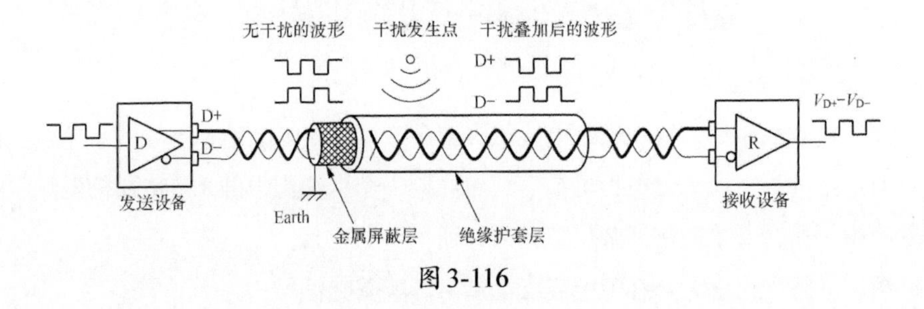

图3-116

3.6.4 案例4：设备被烧坏导致通信中断

重庆丰都某水利工程要新建项目，A厂、B厂、C厂分别提供了不同功能的设备。通过RS485总线通信，监控室可以通过通信管理机获取不同厂家设备采集的数据，并下发控制命令，通信距离在300m以内。经过布线、通信测试后，开始进行系统试运行，系统如图3-117所示。

故障现象及处理：在系统试运行的过程中，B厂的发电机调速控制器（PLC）屡次更换，屡次烧坏，共计烧坏了8台，总结得到如下的事故记录报告。

（1）A厂设备与B厂设备通信正常，不会烧坏设备。

（2）B厂设备与C厂设备通信正常，不会烧坏设备。

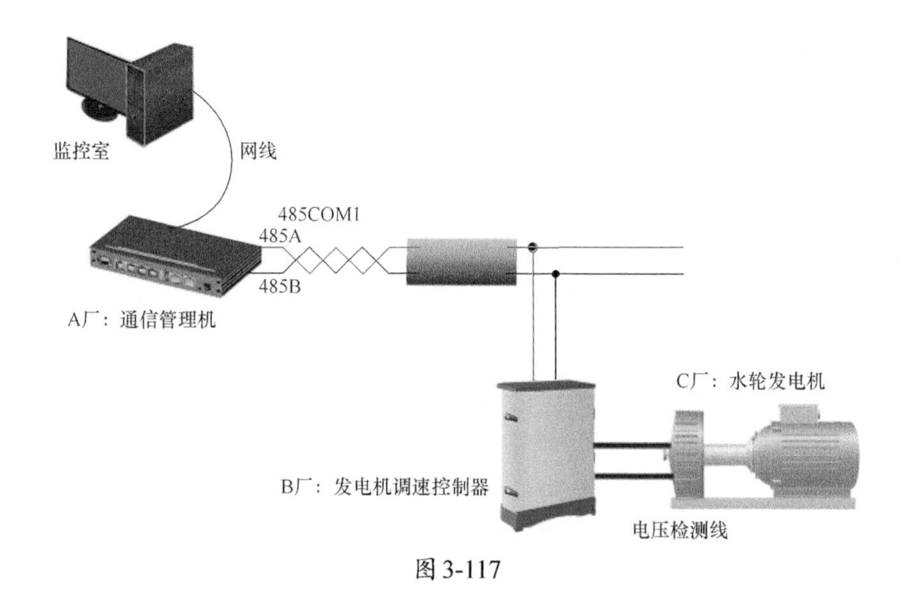

图3-117

（3）A厂设备、B厂设备、C厂设备同时工作时，通信一段时间后，A厂设备与B厂设备通信中断，B厂设备被烧坏。

应业主请求，A厂、B厂、C厂的硬件工程师抵达工程现场，经过询问和检查分析后，发现了问题所在，并顺利解决了问题。

案例中故障的处置措施

（1）A厂、B厂、C厂的电子硬件工程师询问并查阅现场布线设计图，分析工程现场的设备的通信接线拓扑结构，经过分析得出：RS485通信电缆的端接匹配电阻和设备的接线方式都符合设计要求。

（2）观察设备运行空间环境，了解设备相互之间的影响关系，确认布线、连接方式符合设计要求。

（3）检查问题线路设备，各厂家自查自纠。与通信相关的A厂、B厂、C厂设备断电，问题线路的装置断开通信连接，厂家各自开箱检查自家设备的完整性，例如，设备是否有明显的损坏点，是否有元器件被烧毁，是否有短路、开路等现象。

（4）A厂电子硬件工程师检查通信管理机发现：A厂设备的485通信口有明显的灼烧痕迹，如图3-118所示。因此分析通信中断是由于RS485电路被烧毁，RS485通信回路被毁。因为RS485电路是低压直流电路，不可能将电路烧成这样，所以可以确定的是RS485总线上串入了强电压，如220VAC。由此，A厂电子硬件工程师要求B厂电子硬件工程师对B厂设备的通信线路进行检查。

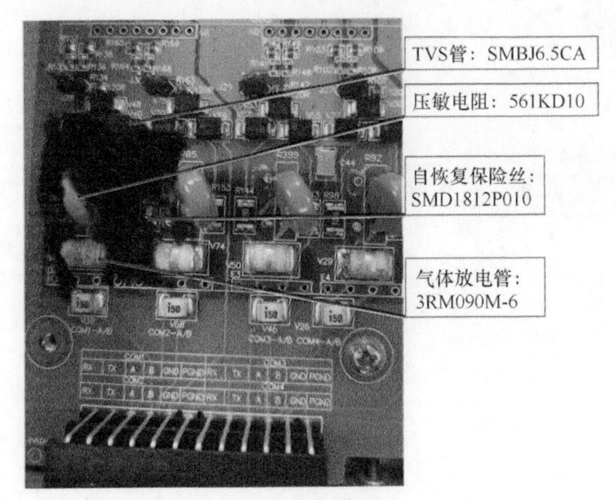

图3-118

（5）B厂电子硬件工程师检查自家设备，发现设备的485通信口有明显的灼烧痕迹，如图3-119所示。有灼烧痕迹的485通信口是与A厂设备进行通信的。这种烧毁通信口，且出现大面积熏烤黑色物质的情况一定是强电压所致，如220VAC。

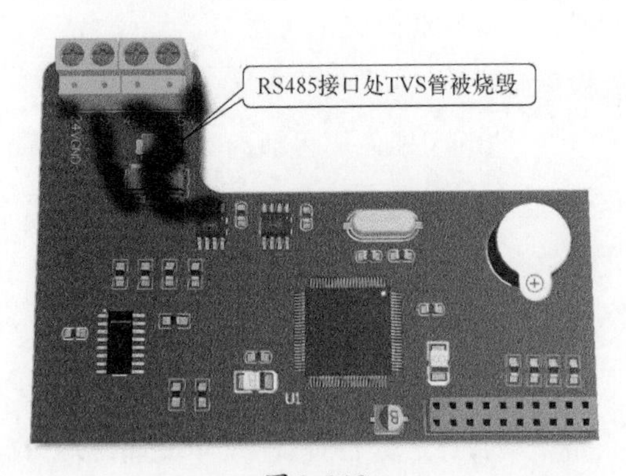

图3-119

（6）测试各接线口电压发现：B厂设备每个RS485接线端子相对现场安装的其他接地的金属机壳的电压高达220VAC。

（7）找到问题所在：B厂设备与C厂设备连接的线路电压是220VAC。这是由于施工接线时，220VAC的相线与B厂设备直流电源端子的24V GND短接了，从而让B厂的发电机调速控制器弱电端子全部附带了220VAC电压，导致RS485线路被烧毁。

解决故障理论指导：金属机壳接地

该案例的故障是涉及电力系统的中性点、金属机壳设备、塑料机壳设备等配合的一种典型故障。

将工程案例的线路结构简化为拓扑结构图，如图3-120所示。

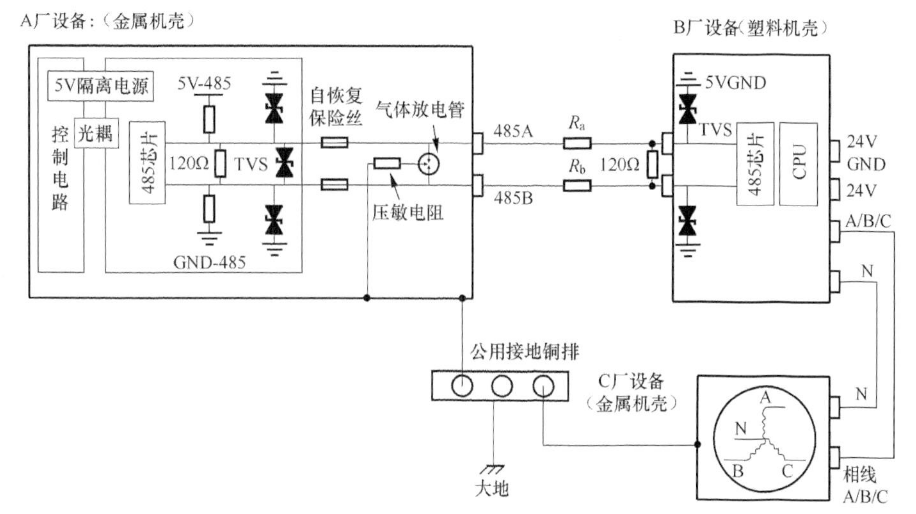

注：一般水轮发电机内的中性点与大地相连，以确定等电位

图3-120

A厂设备和B厂设备的RS485接口防护电路对比如表3-27所示，可以很明显地看出：同样是RS485电路，A厂设备具有非常好的多级防护。

表3-27

序号	A厂设备		B厂设备	
1	雷电防护电路	气体放电管	无	—
2	绝缘防护	气体放电管＋压敏电阻	无	—
3	通信短路过流防护	自恢复保险丝	无	—
4	静电干扰防护	TVS	静电干扰防护	TVS
5	通信距离增加	上拉电阻、下拉电阻	无	—
6	信号完整性 阻抗匹配	端接电阻	无	—
7	通信电源隔离	电源隔离＋光耦隔离	无	—

C厂设备的相线电压（交流电压220V）串到了B厂设备的24VDC供电电源系统，从而在24V GND上叠加了一个交流分量电压220V。由于A厂设备有多级防护，因此保证了即使通信线路的RS485叠加了交流分量电压，也会因为有隔离电源的存在，不至于将故障扩大到CPU和其他通信线路。

那么为什么当A厂、B厂、C厂设备同时运行时就会出现A厂、B厂设备通信中断，且烧坏设备的情况呢？

因为B厂设备用的是塑料机壳，不用接地；A厂设备用的是金属壳体，需要接地；C厂设备的工作中性点需要接地。在B厂设备漏电，且漏电压传给A厂设备后，通过公用的保护接地端子，A厂设备与B厂设备形成高电压，从而烧毁B厂设备。

故障（1）分析：B厂设备与C厂设备配合调试正常，这是因为B厂设备用的是塑料机壳，不需要接入大地，所以B厂设备即使串入了强电压，由于其没有与大地形成回路，因而也不会被烧坏。

故障（2）分析：因为没有C厂设备的交流分量电压的参与，所以A厂设备与B厂设备配合调试是正常的。

故障（3）分析：A厂、B厂、C厂设备同时运行时，交流分量电压由C厂设备产生。在B厂设备中，错误的接线导致交流电压与24V GND叠加到了一起；又由于B厂设备没有通信电源隔离（即5V GND与24V GND是连接在一起的）、没有信号隔离等措施，因而交流分量电压通过485A和485B信号线进入了A厂设备。干扰信号回路如图3-121所示。

由于A厂设备用的是金属外壳，且有防雷保护、防过流保护措施，所以，超过RS485正常通信电压5V的电压通过气体放电管与压敏电阻后进入了与大地连在一起的公用接地极，从而形成了一个完整的交流回路。

在A厂设备的保护电路未损坏前，A厂、B厂、C厂设备联合带负载可以通信，保护器件的失效（如气体放电管或压敏电阻被烧毁）会导致B厂设备220VAC经过B厂设备的TVS后进入485A和485B信号线，最后进入公用接地极形成强电回路。

案例中，B厂设备烧坏的是TVS，A厂设备烧坏的是压敏电阻。

通过以上案例，我们可以更加明白设备接地的重要性。

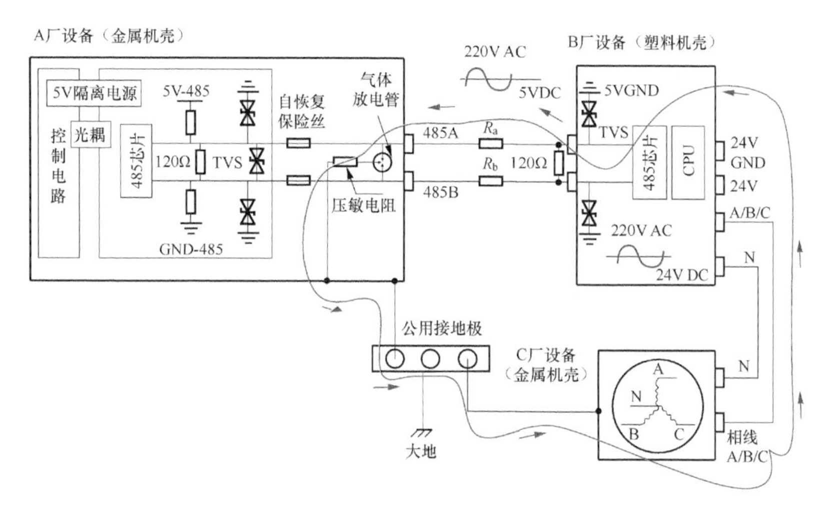

图3-121

在该案例中，如果A厂设备没有用金属机壳，且没有做良好的防护和机壳接地措施，那么B厂设备全部弱电端子（包括RS485A、RS485B）将带强电压220VAC；这时，如果操作工人触摸弱电端子的同时触摸到现场的金属接地机箱，强电流将通过其身体，使其触电，甚至可能危及其生命安全。

PCB工程师在设计电子产品时，如果用到220VAC强电压，则只要空间允许，就应在设备上设计保护接地端子。由于电子产品有EMC需求，所以推荐将设备的GND铜皮通过一个电容（推荐用支持3.75kV及以上的1206封装电容或者插件Y电容、安规电容）连接到保护接地端子，如图3-122所示。

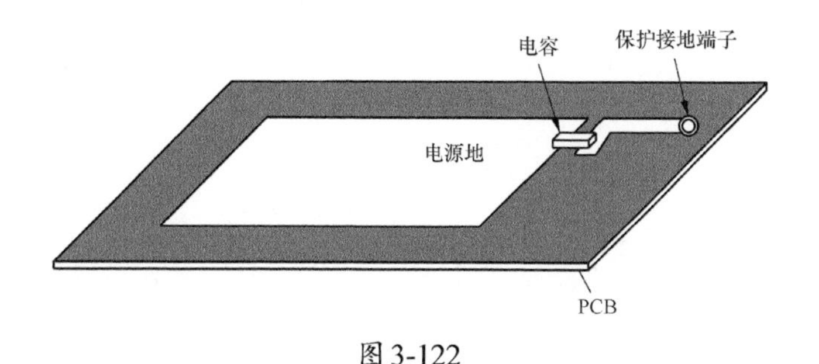

图3-122

电容具有隔断直流电、通过交流电的作用，在只有直流电时，其在电源地与保护接地端子之间就是浮地的效果；在交流电漏电时，电容可以起到一定程度的泄放保护作用。

3.6.5 案例5：RS485多设备通信失败

某公司开发了一套RS485采集系统，典型应用场景是“一个通信主机和15个采集从机通过以太网将数据传输给监控室”，系统如图3-123所示。该公司开展设计，并制造了两台通信主机和4台采集从机，经过调试设备通信成功，且各项指标满足客户需求。客户购买了10台通信主机和150台采集从机后到工程现场安装，安装完成后发现所有设备都无法正常工作。

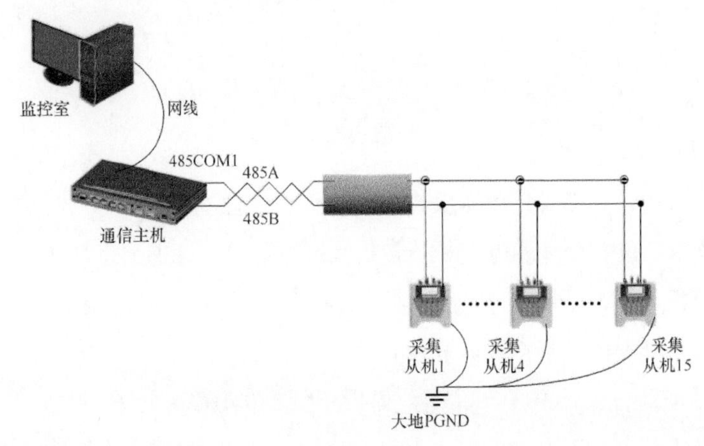

图3-123

故障现象及处理：客户现场调试发现，接4台采集从机时，通信一切正常；接15台采集从机时，通信异常，会随机出现某几台采集从机无法上传数据的现象。

电子硬件工程师根据设备的使用说明书和功能设计分别尝试了表3-28所示的4种调试方式，并得到了相应结果。

表3-28

调试方式	描述	结果
1	检查电缆是否断开，连接是否牢固	电缆一切正常
2	修改RS485通信波特率为1200bit/s、4800bit/s、9600bit/s	部分设备无法通信
3	增加RS485双绞线上匹配电阻120Ω在通信两端的最远距离	部分设备无法通信
4	修改通信主机轮询发送报文的时间间隔	部分设备无法通信

案例中故障的处置措施

（1）电子硬件工程师处理故障：依据工程现场的情况，在测试时搭建和现场接近的测试环境，即一台通信主机和15台采集从机，通信波特率为9600bit/s。

（2）测试时，通信主机分别单独连接采集从机1、采集从机2、……、采集从机15，都能采集到数据，说明所有的设备都是能正常工作的。

（3）通信主机连接采集从机1+采集从机2+……+采集从机15，发现有几台采集从机无法通信，故障现象在测试时复现。

（4）电子硬件工程师在485A信号线和485B信号线之间夹上示波器探头，探头的夹子夹在CON-485B上，探针勾在CON-485A上，发现485A信号线和485B信号线之间的波形特别差，如图3-124和图3-125所示。485A信号线和485B信号线之间的正常波形应该只有方波，怎么会出现有规律的三角波呢？经过对电路原理图（见图3-126）进行分析，可以确定电路设计并无明显错误。

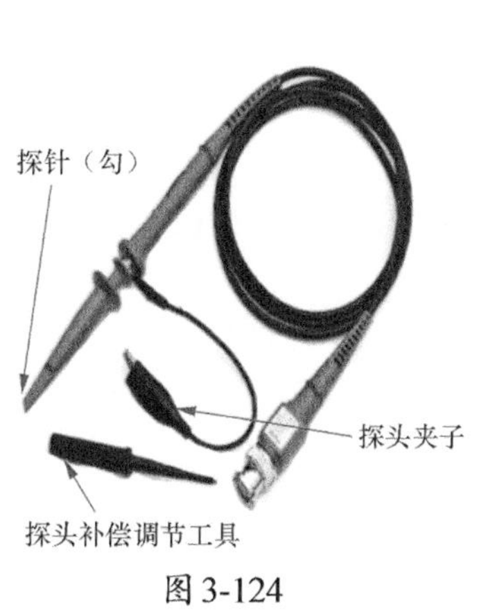

图3-124

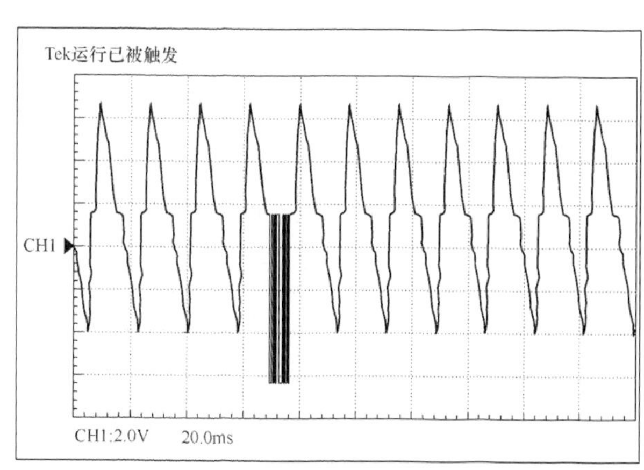

图3-125

（5）电子硬件工程师尝试接入不同数量的采集从机，并测量485A信号线和485B信号线之间的波形。对比图3-127和图3-128的波形可以发现，采集从机连接越多，三角波的变化幅度越大（测试环境温度为37℃）。通信正常时只有方波，不应该出现三角波。

（6）根据电路原理图分析信号的传输路径可知，产生三角波的原因是传输路径上的F1（防雷模块电路EPSP-20）的特性变化，如防雷模块的容性、感性、充放电效应等。

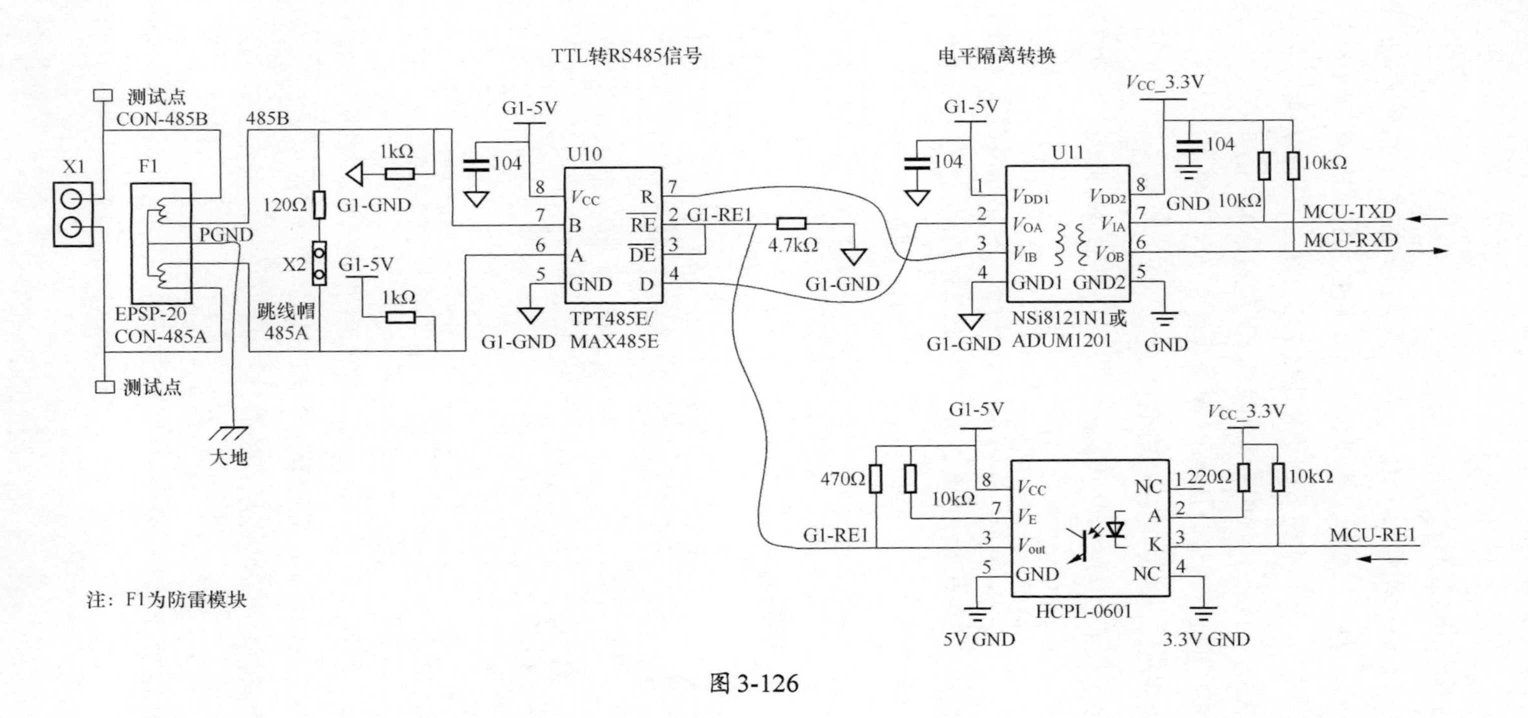
TTL转RS485信号
电平隔离转换
测试点
CON-485B
485B
X1
F1
PGND
EPSP-20
CON-485A
测试点
大地
120Ω
G1-GND
1kΩ
X2
G1-5V
1kΩ
跳线帽
485A
G1-5V
104
U10
V_{CC}
B
A
GND
R
RE
DE
D
G1-GND
TPT485E/
MAX485E
G1-RE1
4.7kΩ
G1-GND
G1-5V
104
U11
V_{DD1}
V_{OA}
V_{IB}
GND1
V_{DD2}
V_{IA}
V_{OB}
GND2
G1-GND
NSi8121N1或
ADUM1201
GND
V_{CC}_3.3V
104
GND
10kΩ
10kΩ
MCU-TXD
MCU-RXD
G1-5V
470Ω
10kΩ
G1-RE1
V_{CC}
V_E
V_{out}
GND
NC
A
K
NC
HCPL-0601
V_{CC}_3.3V
220Ω
10kΩ
MCU-RE1
5V GND
3.3V GND
注：F1为防雷模块

图 3-126

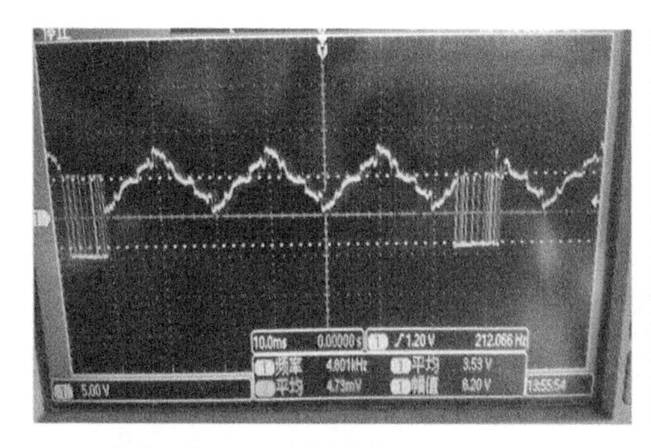

一台通信主机 + 一台采集从机，无匹配电阻 120Ω

图 3-127

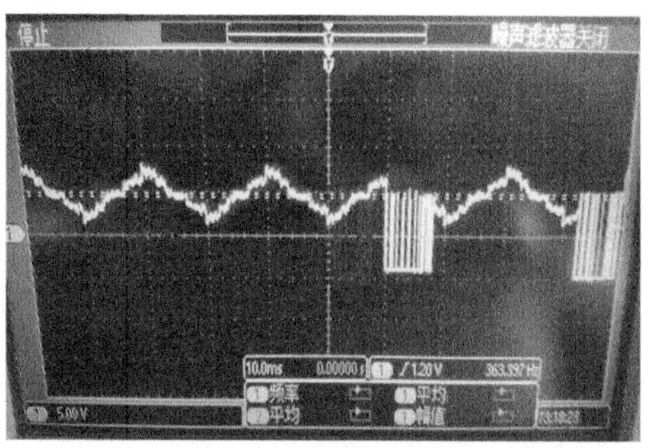

一台通信主机 + 两台采集从机，无匹配电阻 120Ω

图 3-128

此防雷模块的工作原理为：在RS485的485A信号线、485B信号线上分别串联一个防雷器件，将485A信号线、485B信号线雷电干扰导入PGND，并通过PGND的金属机壳汇入大地，此处PGND的铜皮与金属机壳的螺钉连接在一起。

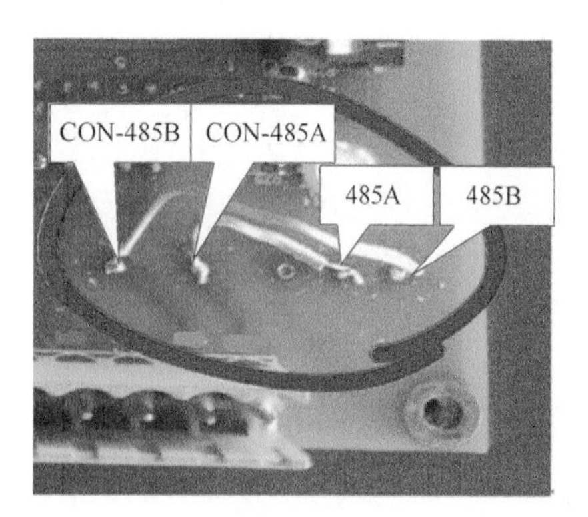

图 3-129

（7）取消焊接防雷模块F1，将485A与CON-485A直接连接、485B与CON-485B直接连接，如图3-129所示。

再次测量485A信号线与485B信号线之间的波形（即CON-485A与CON-485B之间的波形），发现无三角波干扰，如图3-130所示。

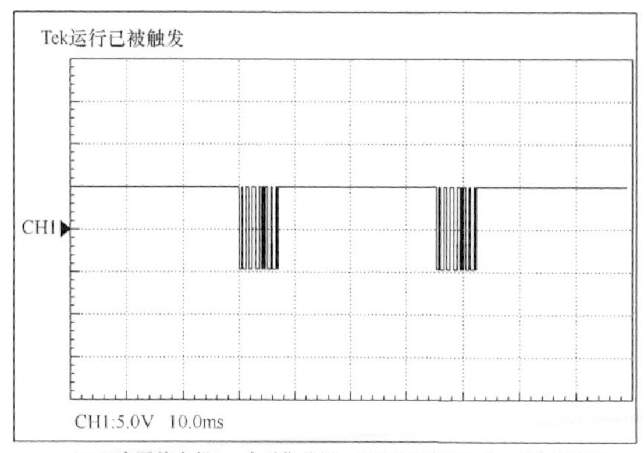

一台通信主机+一台采集从机，无匹配电阻120Ω，无防雷模块

图 3-130

（8）将15台采集从机的防雷模块都去掉，按第（7）步处理后，根据系统图重新布线连接，通信时波形依然为方波，没有三角波产生，所有设备都能正常通信。

案例小结

在电子电路中，当通信设备规模扩大，总线通信产生故障时，电子硬件工程师分析并解决故障的思路和步骤可参考表3-29。

表3-29

步骤	描述	备注
1	了解设备通信参数，修改软件参数观察现象	了解情况
2	搭建产生故障的同等规模测试环境，争取复现故障现象	故障复现
3	调整测试规模，观察并记录通信现象，对比通信关键波形，观察是否符合电路设计预期信号波形	核对指标
4	定位产生故障的区域和产生故障的电路，尝试整改并验证	定位故障、尝试整改
5	故障预防，整改使用防雷模块的产品，防止问题重复出现；同时在设计新产品时，推荐在485A、485B信号线上增加TVS，如SMBJ系列6.5V等级保护管；利用总线通信的设备增加实际接入总线的设备数量，通过实际组网测试	总结经验、推广预防
6	特别注意：如果厂家提供的说明书上写可接入15台设备，那么就应该实际接15台设备进行通信测试；如果说明书上写可接入32台设备，那么就应该实际接32台设备进行通信测试。 我国大多数中小型公司使用RS485总线时，说明书上写可允许接入的设备达32个、64个、128个，这往往是根据使用的485芯片手册参数写的（手册标注该芯片支持32/64/128节点），实际上可能并没有用实际设备进行测试。工程运用时，匹配电阻以及通信电缆长度、粗细、是否屏蔽、阻抗是否是120Ω、是否是双绞线等因素都会影响通信质量。这里就出现了研发人员必然会面临的问题：在不确定样机是否能让客户满意、客户是否有后续大量订单前，研发公司通常做的样机是2～5台；而只有该批次样机让客户满意了，才会批量生产；假如在这2～5台样机没有暴露出来问题，那么当现场实际接入了超过研发样机数量的设备时，就可能出现问题。 即使样机满足了客户的要求，有经验的研发公司也会在设备出货前先做一个小批量测试，且按实际应用场合搭建测试环境，如果测试不合格则立即整改，合格后再批量交付给客户使用，避免在工程现场出现批量性故障	设备小批量测试的重要性

第4章 设备硬件复位知识

复位就是利用信号把硬件电路恢复到起始状态，类似于计算器的清零。此处的"硬件电路"泛指微控制器（或单片机）或具有逻辑功能的模块。复位分冷启动复位和热启动复位，如表4-1所示。

表4-1

复位	复位源	现象
冷启动复位	系统停电后再上电引起的硬复位	会使系统从ISP监控程序区开始执行程序，检测到不合法的ISP下载命令流后，会软复位到用户程序区执行用户程序
热启动复位	控制RESET脚的硬复位	会使系统从用户程序区开始（例如51单片机从0000H开始）直接执行用户程序
	内部看门狗复位	会使单片机直接从用户程序区开始执行用户程序
	通过对ISP_CONTR寄存器写指令产生软复位	会使单片机直接从用户程序区开始执行用户程序

如果没有稳定的复位信号，则可能会导致芯片或模块无法正常启动。复位信号一般是一个持续特定时间的高电平或低电平的脉冲信号。最简单的复位电路只需要利用电阻、电容，轻触按键即可实现，如图4-1所示。更严谨的复位电路需要由专用的复位芯片实现。

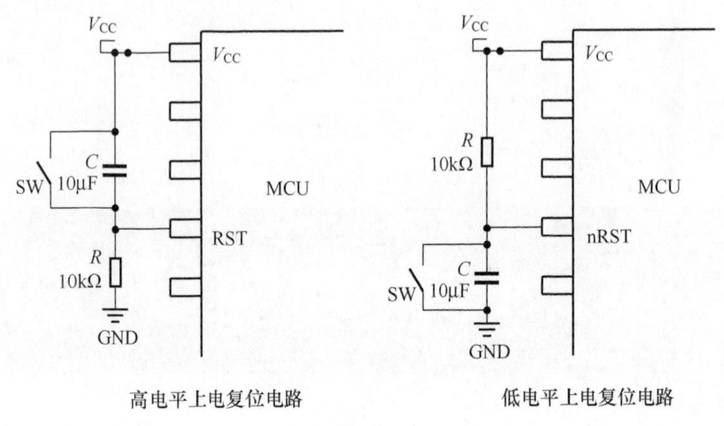

图4-1

（1）依据不同的MCU，RST脚上的R、C需要适当调整参数值，以满足上电复位时序（充放电时间常数t=RC）。R通常为1～100kΩ，选择10kΩ的居多；C可为10μF、1μF、0.1μF等。

（2）SW为手动复位按键。

4.1 复位芯片介绍

不同厂家生产的芯片的RST脚的特点有所不同，如表4-2所示。

表4-2

序号	类别	代表型号	描述
1	单片机	STC89C51RD（51单片机典型代表）	宏晶科技，RST脚，高电平有效。上拉为高电平并维持至少24个时钟+10μs后开始复位，RST变为低电平后单片机开始执行用户程序
		DSPIC33FJ128GP706A	美国微芯，RST脚，低电平有效。推荐低电平上电复位电路电阻R=10kΩ，电容C可不焊接
2	ARM系微控制器	GD32E103××系列	北京兆易创新科技，RST脚，低电平有效。推荐低电平上电复位电路电阻R=10kΩ（CPU内部已集成40kΩ上拉电阻），C=0.1μF；典型复位持续时间为2ms

续表

序号	类别	代表型号	描述
2	ARM系微控制器	STM32F103××系列	意法半导体，RST脚，低电平有效。推荐低电平上电复位电路电阻R=10kΩ（可无R，CPU内部集成50kΩ上拉电阻），C=0.1μF；典型复位持续时间为2.5～4.5ms
		LPC1778××系列	恩智浦半导体，RST脚，低电平有效，C=0.1μF；典型复位持续时间大于60μs
		TM4C1231E××系列	德州仪器，RST脚，低电平有效。推荐低电平上电复位电路电阻R=10kΩ，C=0.01μF；外部管脚复位脉冲典型持续时间为250ns
3	FPGA	EP4CE10E22I7	Altera，芯片默认情况下无复位管脚，FPGA软件工程师通过开发软件环境可自定义把某个输入管脚作为RST脚，做芯片复位键。通常FPGA都是自带电源上电复位键的，所以在没有外部输入管脚作为RST脚时也具有复位功能。复位管脚电平由电子硬件工程师和FPGA软件工程师共同决定。推荐设计为低电平有效；在多个MCU和FPGA互联传输数据时，推荐在FPGA的管脚上设计一个可连接控制的RST脚

除了芯片指定的RST脚可以让芯片复位，微控制器还具备多种触发芯片内核复位的方式，如图4-2所示。

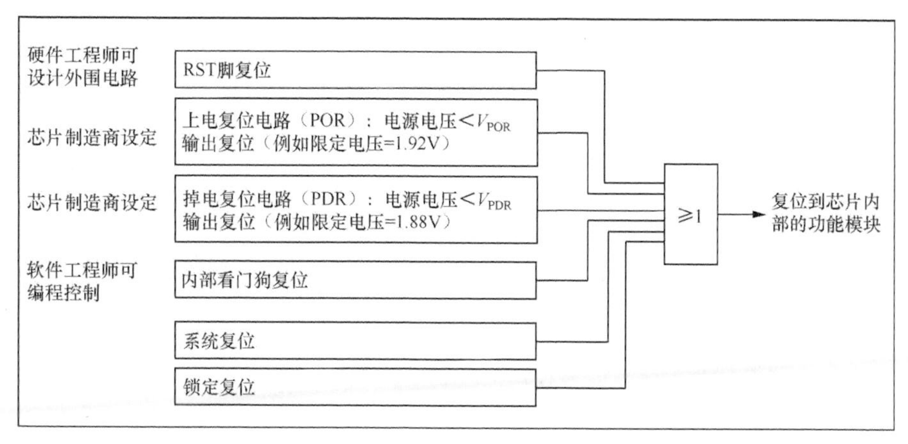

图4-2

4.2 外部看门狗复位

在使用MCU的过程中，当程序运算数据量大、通信协议帧过长时，会出现程序运行不稳定、程序跑飞或宕机等现象。在程序运行出错后，为了让MCU可以自行复位以恢复正常运行，发明了专用的复位芯片，俗称“看门狗”芯片。

看门狗芯片的工作原理是：如果MCU在一定时间内没有给看门狗芯片发送一个脉冲信号，则看门狗芯片认为MCU出故障了，就会输出一个复位信号（通常为200ms）让MCU复位。

虽然目前大多数MCU都集成有“内部看门狗”功能，但由于MCU内部的看门狗芯片也是程序能控制的，同样存在运行出错的风险，因此在工业产品、运行环境严苛的场合，大多数生产企业依然坚持使用外部看门狗，以分析并判断重启复位故障。

市面上有几类专用的看门狗芯片，它们的功能略有不同，如表4-3所示。

表4-3

序号	型号		描述简介
1	监测电压和喂狗时间间隔	706系列，如SGM706（圣邦微）、IMP706、MAX706（美信）	看门狗芯片具有3个功能：①可以手动轻触按键触发复位；②1.6s内没有收到喂狗信号DONE则触发复位；③某一电路电源电压波动低于门限值时触发复位
2	只监测电压	MAX6710（美信）	监控多路电源电压，电压波动低于门限值时输出复位信号
3	喂狗时间间隔可设定	TPL5010（德州仪器）	适用于低功耗电子产品。通过外部电阻设置唤醒（WAKE）间隔时间，100ms至7200s可选。需要在设置的唤醒间隔时间内与第二次脉冲信号发出前至少20ms给喂狗信号一个脉冲，否则复位信号发出低电平让MCU复位

进行电路设计时，通常借鉴公司已有的电路设计图，但是产品不同设计阶段的电路设计图移植后需要修改以适配，最终以产品调试后的参数为准。

4.3 I/O脚默认状态不同的MCU复位

4.3.1 案例背景

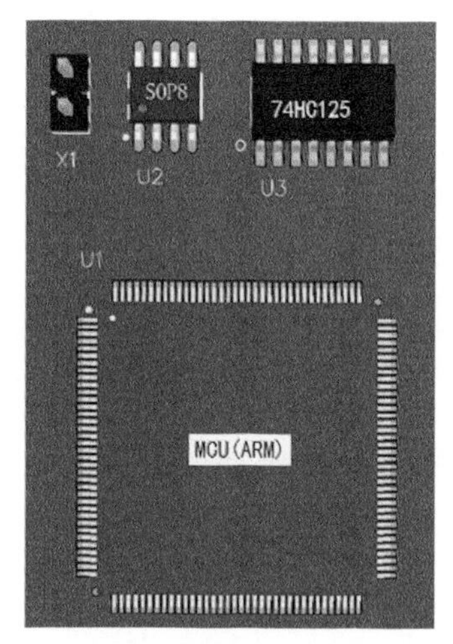

图4-3

某公司生产的PCB板卡因为需要将一颗集成芯片（位于U2处）替换成新型号芯片，所以其MCU需要全部复位重启。PCB板卡示意图如图4-3所示。

（1）U2处焊接的是PCB板卡MCU的看门狗芯片，其型号为IMP706RESA，更换为新型号MAX706RESA后引起了MCU复位重启。

（2）两种芯片的电源、管脚封装全部兼容。

观察PCB板卡的电路原理图，如图4-4所示，对信号进行分析。

为防止程序运行中出现意外情况（比如程序运算过多、内存不足，“跑飞”后程序宕机），要求MCU必须在规定时间内给看门狗芯片一个高低电平变化，俗称“喂狗”。

依据IMP706RESA手册分析电路逻辑，具体如下。

默认情况下，MCU的P1.2脚在1.6s内翻转高低电平，确保WDOUT信号不变且不输出复位低电平。

X1是一个跳线帽（短接器），与U3（74HC125芯片）的作用相同，即让WDOUT信号与nMR信号相连，从而进入U2的1脚。

ARM-WDI→1.6s内未翻转（喂狗）→WDOUT信号变为低电平→通过跳线帽X1，nMR信号变为低电平→U2的7脚输出的nRSTIN信号变为低电平→MCU的nRST脚收到低电平，复位重启。

假如MCU的boot程序启动流程复杂，时间大于1.6s还未“喂狗”，为了避免MCU复位，设计师在WDOUT与nMR之间选用了可控制使能导通的74HC125芯片。这样就可以让MCU启动时间远远大于1.6s，因而可以避免复位。

当MCU启动稳定后，ARM-WDI输出稳定（如周期为1s）的方波，然后控制74HC125芯片使能脚（MCU-P1.1）从高电平变为低电平，让12脚复位信号到11脚（即WDOUT信号到WDOUT-nMR，再到nMR），这样避免了1.6s内没有电平翻转（喂狗）而复位的情况。

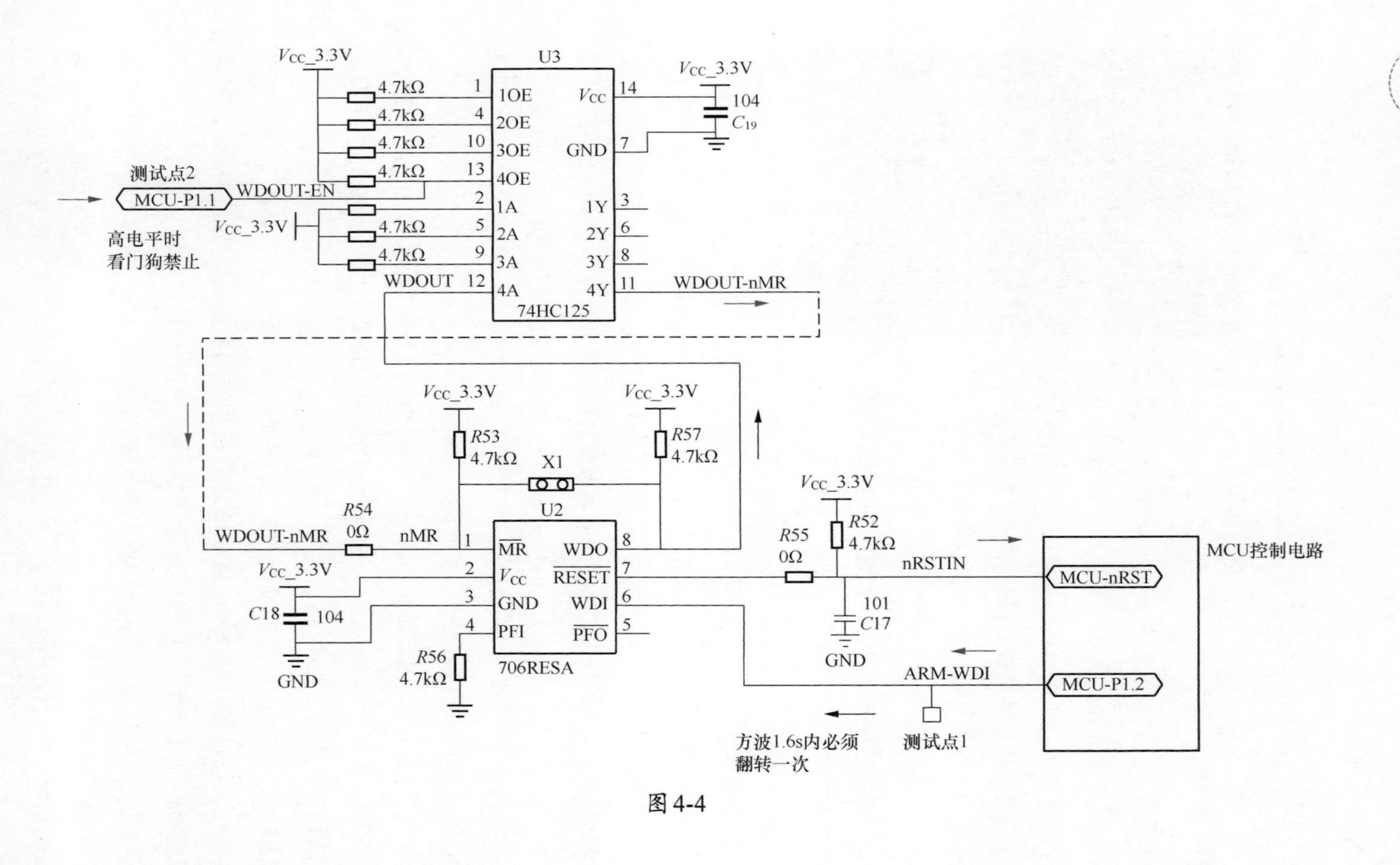
U3
74HC125
1OE
2OE
3OE
4OE
1A
2A
3A
4A
1Y
2Y
3Y
4Y
GND
WDOUT
WDOUT-EN
WDOUT-nMR
MCU-P1.1
测试点2
高电平时
看门狗禁止
U2
706RESA
MR
WDO
RESET
WDI
PFO
PFI
GND
X1
R52
R53
R54
R55
R56
R57
4.7kΩ
0Ω
C17
C18
C19
101
104
nMR
nRSTIN
ARM-WDI
测试点1
方波1.6s内必须
翻转一次
MCU控制电路
MCU-nRST
MCU-P1.2

图 4-4

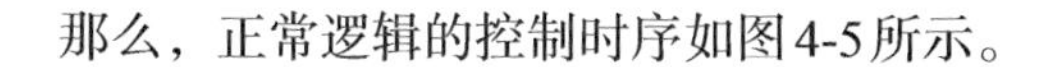

那么，正常逻辑的控制时序如图4-5所示。

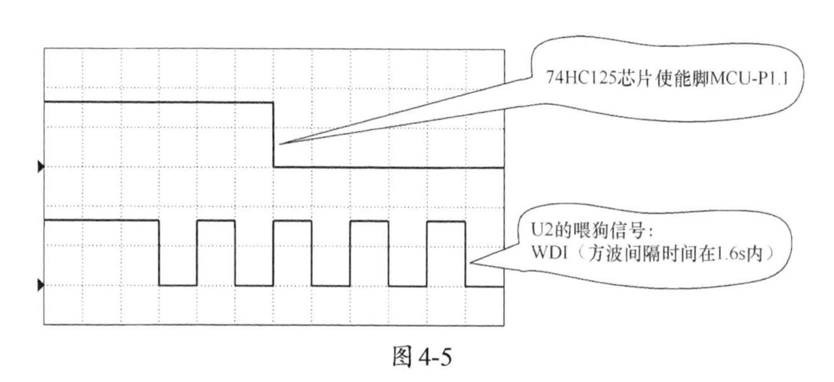

图4-5

4.3.2 故障分析

对比两块故障PCB板卡的波形。选择两块故障PCB板卡，分别编号。故障PCB板卡1焊接原型号芯片，故障PCB板卡2焊接新型号芯片，如表4-4和图4-6所示。

表4-4

板卡序号	U2处焊接芯片
故障PCB板卡1	IMP706RESA
故障PCB板卡2	MAX706RESA

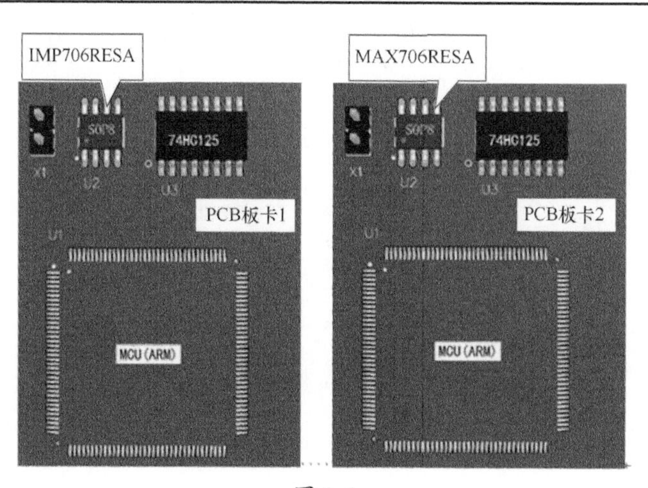

图4-6

常见原因：74HC125芯片使能导通，MCU-P1.1从高电平变为低电平时，喂狗信号还未开启。即出现了图4-7所示的时序，看门狗输出复位信号。

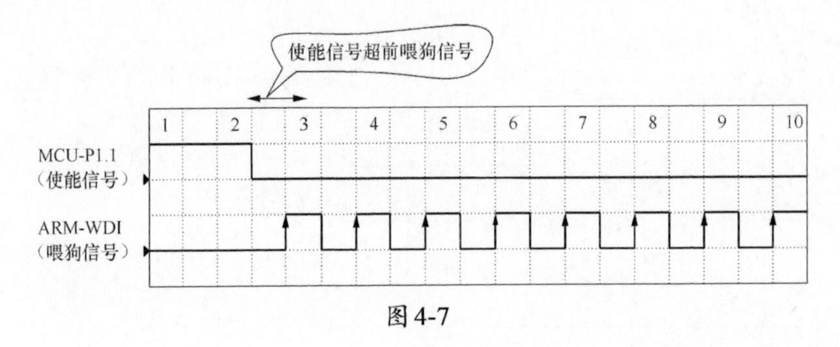

图4-7

电子硬件工程师分别对故障PCB板卡1、故障PCB板卡2的信号电平进行检测，发现故障PCB板卡1、故障PCB板卡2的喂狗信号的波形都是1s翻转1次，并且时序一样，波形的幅值有些差异，但是IMP706RESA没有复位。

故障PCB板卡1（焊接IMP706RESA芯片）的波形如图4-8所示。

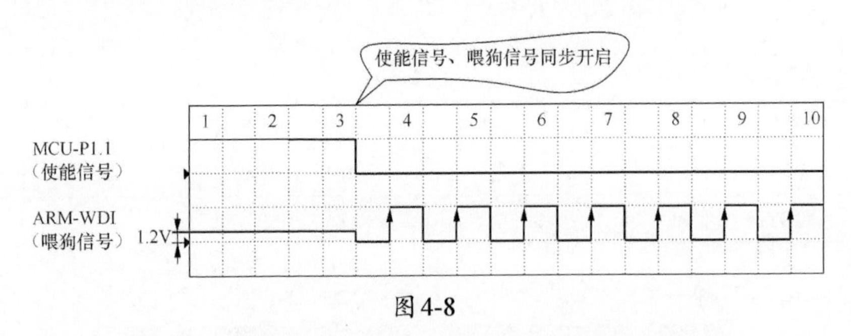

图4-8

故障PCB板卡2（焊接MAX706RESA芯片）的波形如图4-9所示。

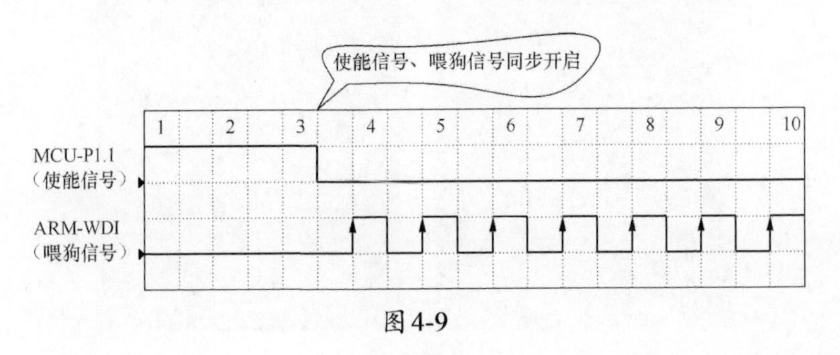

图4-9

发现IMP706RESA芯片的ARM-WDI脚默认状态不是低电平，而是1.2V左右，处于TTL电平判断的高阻态。TTL电平通常认为低于0.4V是低电平，高于2.4V是高电平。1.2V介于两者之间，故不能被芯片识别为高电平或低电平。

对比IMP706RESA芯片与MAX706RESA芯片的数据手册，IMP706RESA芯片的数据手册如图4-10所示。

DIP/SO

$\overline{\text{MR}}$ 1 | 8 $\overline{\text{WDO}}$
V_{CC} 2 | 7 $\overline{\text{RESET}}$
GND 3 | IMP706 | 6 WDI
PFI 4 | 5 $\overline{\text{PFO}}$

MicroSO

$\overline{\text{RESET}}$（RESET）1 | 8 WDI
$\overline{\text{WDO}}$ 2 | 7 $\overline{\text{PFO}}$
MR 3 | IMP706 | 6 PFI
V_{CC} 4 | 5 GND

管脚编号		名称符号	功能
IMP706R/S/T/J			
DIP/SO	MicroSO		
1	3	$\overline{\text{MR}}$	手动复位输入，低电平LOW时触发复位脉冲。通过 TTL/CMOS 逻辑驱动引脚，或者通过一个开关将引脚短路至地，可驱动一个250μA 的上拉电流通过这个管脚
2	4	V_{CC}	+5V电源输入管脚
3	5	GND	所有信号的参考GND
4	6	PFI	断电电压监视器输入。当PFI小于1.25 V 时，$\overline{\text{PFO}}$变低。不使用时，连接PFI到地或V_{CC}
5	7	$\overline{\text{PFO}}$	断电电压输出。当PFI小于1.25V时，输出低电平，以及允许输入（灌）电流
6	8	WDI	看门狗输入。WDI控制内部的看门狗定时器。WDI的高或低信号持续1.6秒，使内部定时器运行超时，引起$\overline{\text{WDO}}$变为低通过悬空WDI或将WDI连接到高阻抗的第三状态缓冲器，看门狗的功能将被禁用内部看门狗定时器在以下情况下清除: RESET复位维持；WDI 为第三状态；或 WDI 为上升或下降边沿
6	–	NC	不连接
7	1	$\overline{\text{RESET}}$	低复位输出。当V_{CC}低于复位阈值时(IMP705:4.65 V，IMP705J: 4.00 V，IMP706:4.40 V)触发低电平脉冲典型值200毫秒，并一直保持为低。当V_{CC}上升超过复位阈值或$\overline{\text{MR}}$从低到高时，$\overline{\text{RESET}}$输出典型值200ms低电平当WDO连接到$\overline{\text{MR}}$，看门狗超时会触发复位
8	2	$\overline{\text{WDO}}$	看门狗输出。当内部看门狗时间超过1.6s时，$\overline{\text{WDO}}$输出低电平，如果看门狗未被清零，则不会变为高电平。同时，当V_{CC}低于复位门限值$\overline{\text{WDO}}$也输出低电平与$\overline{\text{RESET}}$脚不同，$\overline{\text{WDO}}$输出低电平没有最小脉冲宽度时间限制。$\overline{\text{WDO}}$从低电平变为高电平无时间延迟

图4-10

MAX706RESA芯片的WDO与$\overline{\text{MR}}$相连后，管脚低电平在示波器200ms扫描时测量不到WDO的波形，但是$\overline{\text{RESET}}$脚依然会输出低电平。这是因为MAX706RESA芯片的$\overline{\text{MR}}$脚的持续时间最小约为150ns，这就足以让$\overline{\text{RESET}}$脚输出低电平了，将示波器设置到ns（纳秒）级进行扫描，描述如图4-11所示。

5V供电时，$\overline{\text{MR}}$脚的最小持续时间阈值为150ns，如果电子硬件工程师选用的逻辑电路或者用三极管搭建的电路下降低电平持续时间小于150ns，那么将无法让

WDO的低电平输出给$\overline{\text{MR}}$，导致无法复位输出$\overline{\text{RESET}}$低电平。$\overline{\text{MR}}$脚的最小持续时间阈值大于150ns时，实测波形如图4-12所示。

直流电气特性

（MAX706P/R:V_{cc}=2.7V to 5.5V，典型温度：T_J=T_A=+25℃）

参数	符号	条件		最小值	典型值	最大值	单位
看门狗定时器输出（WATCHDOG OUTPUT）							
$\overline{\text{WDO}}$输出电压	V_{OH}	$V_{RST(MAX)}$<V_{CC}<3.6V	I_{SOURCE}=500μA	0.8V_{CC}			V
	V_{OL}	$V_{RST(MAX)}$<V_{CC}<3.6V	I_{SINK}=500μA			0.3	
	V_{OH}	4.5<V_{CC}<5.5V	I_{SOURCE}=800μA	V_{CC}−1.5			
	V_{OL}	4.5<V_{CC}<5.5V	I_{SINK}=1.2mA			0.4	
手动复位输入（MANUAL RESET INPUT）							
$\overline{\text{MR}}$上拉电流		$\overline{\text{MR}}$=0	$V_{RST(MAX)}$<V_{CC}<3.6V	25	70	250	μA
			4.5<V_{CC}<5.5V	100	250	600	
$\overline{\text{MR}}$脉冲宽度	t_{MR}	$V_{RST(MAX)}$<V_{CC}<3.6V		500			ns
		4.5<V_{CC}<5.5V		150			
$\overline{\text{MR}}$输入阈值	V_{IL}	$V_{RST(MAX)}$<V_{CC}<3.6V				0.6	V
	V_{IH}	$V_{RST(MAX)}$<V_{CC}<3.6V		0.7V_{CC}			
	V_{IL}	4.5<V_{CC}<5.5V				0.8	
	V_{IH}	4.5<V_{CC}<5.5V		0.2			
$\overline{\text{MR}}$信号到复位输出延迟	t_{MD}	$V_{RST(MAX)}$<V_{CC}<3.6V				750	ns
		4.5<V_{CC}<5.5V				250	

当使用3.3V给IMP706芯片供电时，$\overline{\text{MR}}$触发复位脉冲宽度需要大于等于150ns。

图4-11

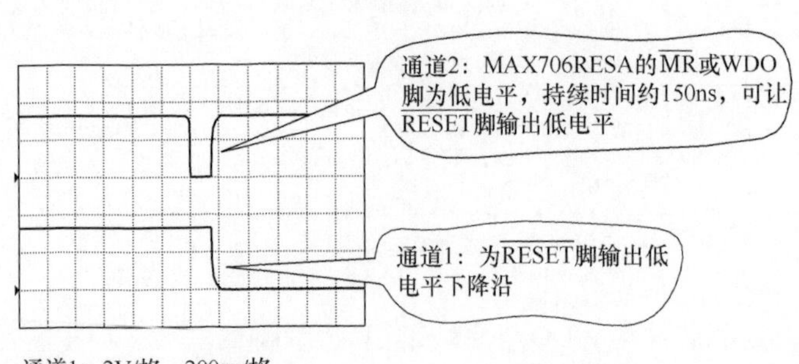

图4-12

对比数据手册可知：两个芯片触发内部1.6s倒计时的机制不同，具体说明如下。

IMP706RESA芯片的MCU-P1.1比ARM-WDI提前变为低电平，未引起复位，倒计时从ARM-WDI的第一次电平边沿变化开始，并与1.6s比较。

MAX706RESA芯片的MCU-P1.1比ARM-WDI提前变为低电平，引起复位，倒计时从芯片一上电就开始，并与1.6s比较。

整改方案：调整看门狗喂狗时序，如图4-13所示。

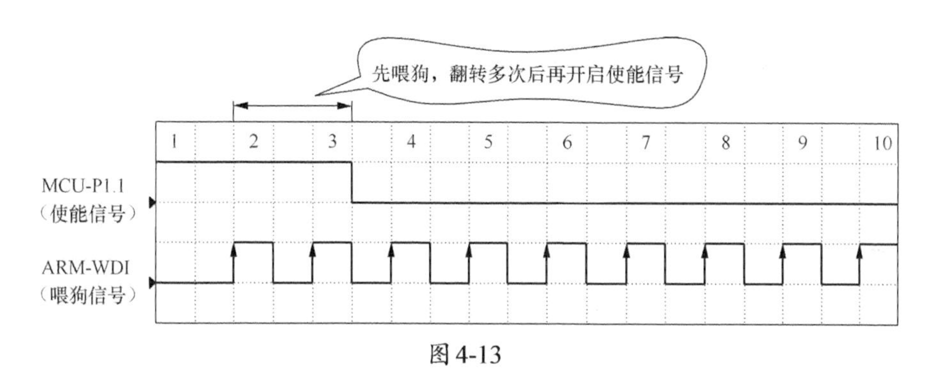

图4-13

ARM-WDI先喂狗（推荐至少喂狗两次），再使能MCU-P1.1信号。

修改软件时序后，IMP706RESA芯片与MAX706RESA芯片都可以用在此PCB板卡上（因为故障已得到解决）。

另外一种整改方案：软件不做修改，将MAX706RESA芯片更换为MAX706ARESA芯片（该芯片喂狗前，如果连接在高阻状态的管脚，则不会使能看门狗计时功能）。

I/O状态知识延伸

不同厂家生产的MCU的GPIO脚的默认状态不完全一致。例如，51单片机（5V供电）在芯片上电至程序正式运行之前，I/O脚的状态为高电平居多。在高电平控制继电器输出的场合，该I/O脚上的高电平可能就会直接在上电瞬间触发高电平使能的继电器动作（通常在几十至几百微秒之间一个脉冲），立刻又取消动作，造成设备误动作。

ARM架构的MCU通常在上电至程序运行前，I/O脚的默认状态较多为输入状态或悬空（三态）状态。在这些状态下，若上电时间很短，程序未运行设置，则可能会发生很多电子设备运行异常的情况。推荐在MCU的I/O脚增加上拉电阻、下拉电阻，以确保其处于一个可控的电平状态。本书选取了具有代表性的ARM芯片，举例说明如下。

以NXP（恩智浦）、TI（德州仪器）、ST（意法半导体）三家公司的ARM系列中的典型芯片为例进行说明，如表4-5所示。

表4-5

	NXP	TI	ST
芯片型号	LPC1778FBD	TM4C1231E6PZ	STM32F103VET6
芯片特点	ARM-cortex-M3，支持最高120MHz运行 封装 LQFP144 144 109 1 108 LPC178x/7x 36 73 37 72	ARM-cortex-M4F，支持最高 80MHz 运行封装 LQFP100	ARM-cortex-M4F，支持最高 72MHz 运行封装 LQFP100
程序未配置时，芯片管脚的GPIO脚的默认状态（特殊功能管脚除外）	复位时，管脚配置为输入模式，管脚被内部上拉到3.3V，参见芯片手册“6.2管脚说明”	复位时，管脚配置为无驱动的“三态”模式，参见芯片手册“10.3初始化和配置”。三态：不是高电平，也不是低电平	复位时，管脚默认配置为浮空输入模式。参见芯片手册RM0008的GPIO默认配置值

注：

（1）LPC1778FBD的参数来源于“LPC178X/7X product data sheet Rev.5.5-26 April 2016”。

（2）TM4C1231E6PZ的参数来源于“TM4C1231E6PZ微控制器数据手册-2015”。

（3）STM32F103VET6的参数来源于“STM32F103xC, STM32F103xD, STM32F103xE Datasheet-production data Rev12 November 2015”和“RM0008 Reference Manual STM32F103XX December 2018”。

LPC177×系列可以看到内部上拉电阻（R_{GPIOPU}）的典型（常规）值是20kΩ，GPIO单元特性如图4-14所示。

GPIO 单元特性					
参数	参数名称	最小	常规	最大	单位
R_{GPIOPU}	GPIO 内部上拉电阻	13	20	30	kΩ
R_{GPIOPD}	GPIO 内部下拉电阻	13	20	35	kΩ
I_{LKG+}	GPIO 输入漏电流	—	—	1.0	μA
	GPIO 输入漏电流(配置成ADC或模拟管脚输入时)	—	—	1.0	μA
T_{GPIOR}	GPIO 上升时间，2-mA驱动	—	14.2	16.1	ns
	GPIO 上升时间，4-mA驱动		11.9	15.5	
	GPIO 上升时间，8-mA驱动		8.1	11.2	
T_{GPIOF}	GPIO 下降时间，2-mA驱动	—	25.2	29.4	ns
	GPIO 下降时间，4-mA驱动		13.3	16.8	
	GPIO 下降时间，8-mA驱动		8.6	11.2	
上升时间、下降时间：测量从20% V_{DD} 到80% V_{DD} 的时间					

图4-14

STM32F103VET6芯片内部上拉电阻的典型值是40kΩ，如图4-15所示。

GPIO 单元特性					
参数	参数名称	最小	典型	最大	单位
R_{PU}	GPIO 弱上拉等效电阻	30	40	50	kΩ
R_{PD}	GPIO 弱下拉等效电阻	30	40	55	kΩ
I_{LKG}	GPIO 输入漏电流	—	—	±1.0	μA
	GPIO 输入漏电流（V_{IN}=5V，I/O FT）	—	—	3.0	μA
C_{IO}	I/O 脚电容	—	5	—	pF

图4-15

4.4 喂狗翻转次数临界点MCU复位

4.4.1 案例背景

某公司要研发新的PCB板卡，需要在20天后交货。开发过程中公司借鉴了电路模块的看门狗复位电路，制作了5套样机，样机PCB板卡原材料成本为600元/块。

新PCB板卡出现了MCU不断复位重启的情况。经过软件工程师确认，新旧PCB板卡的启动部分的程序完全一致。原PCB板卡如图4-16所示，新PCB板卡如图4-17所示。

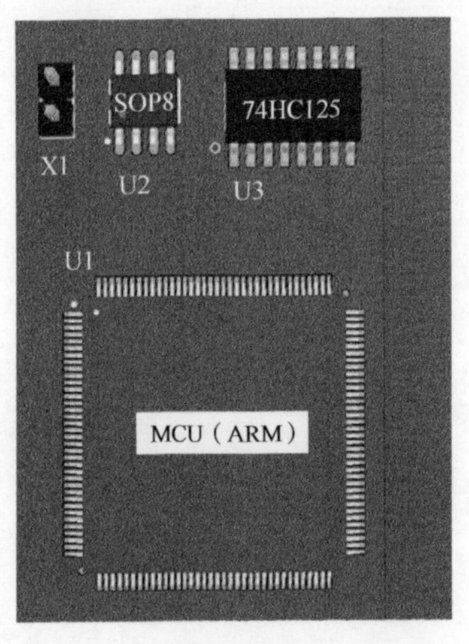

图4-16

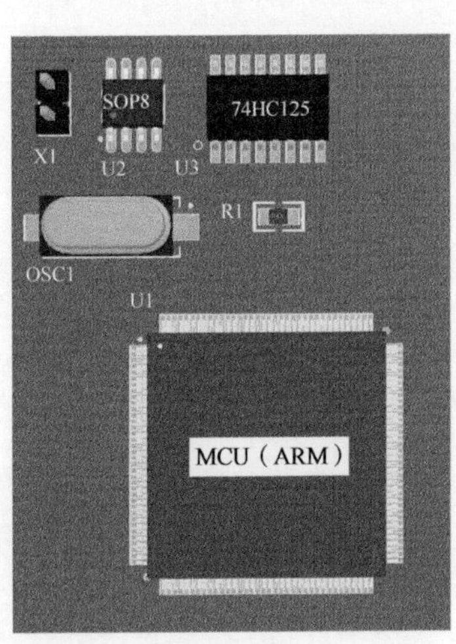

图4-17

（1）新设计的PCB板卡借鉴了电路模块的看门狗复位电路。

（2）U2处焊接的是PCB板卡MCU的“看门狗”芯片，其型号为MAX706RESA。

（3）原电路模块PCB板卡和新PCB板卡的主MCU型号一致。

4.4.2 故障分析

电子硬件工程师按表4-6所示的步骤进行故障分析与应对处理。

表4-6

步骤	名称	描述
1	对目标	20天后，PCB板卡必须交给客户

续表

步骤	名称	描述
2	定指标	若要重新加工、焊接、调试PCB板卡，则需预留14～18天。可用排查时间为1天，之后必须给出明确的答复
3	找差距	对比新旧PCB板卡的信号差异
4	想办法	对比新旧电路图的差异，仔细查阅借鉴的电路模块的前后级电路信号的输入与输出；用多通道示波器同时测量新旧PCB板卡的同一个信号的波形，通过不同的波形来分析软硬件的结合程度

电子硬件工程师处理故障的步骤，如图4-18所示。

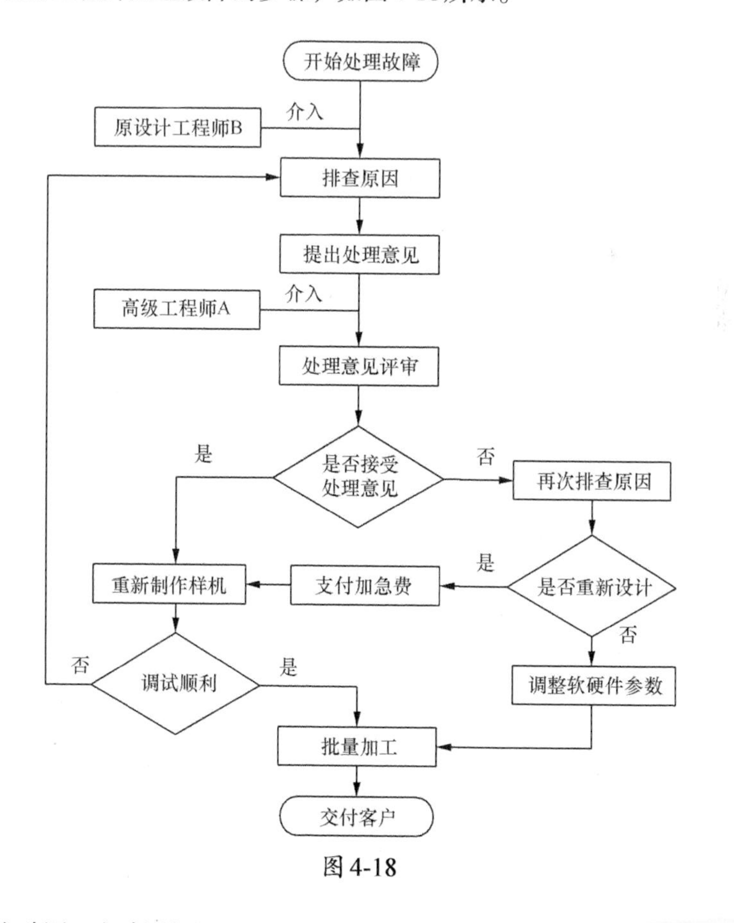

图4-18

分析电路图，电路图如图4-19所示。由于该PCB板卡中多个芯片都会用到U2产生的复位信号，所以难以确定电路模块1、2、3的异常是否会导致nRSTIN信号受到影响。

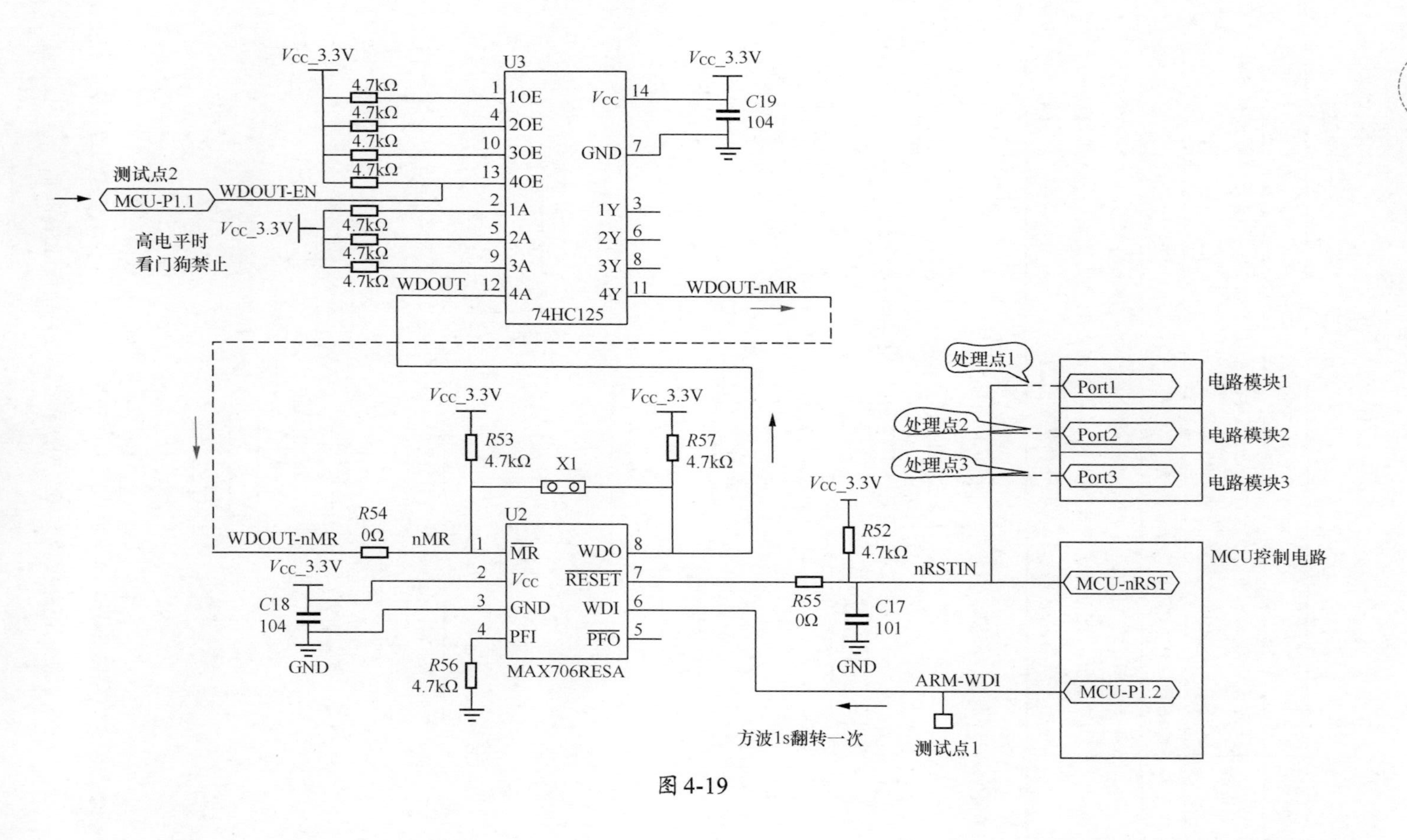
U3
1OE
2OE
3OE
4OE
1A
2A
3A
4A
V_{CC}
GND
1Y
2Y
3Y
4Y
74HC125
V_{CC}_3.3V
4.7kΩ
C19
104
测试点2
MCU-P1.1
WDOUT-EN
高电平时
看门狗禁止
WDOUT
WDOUT-nMR
U2
$\overline{MR}$
V_{CC}
GND
PFI
WDO
$\overline{RESET}$
WDI
$\overline{PFO}$
MAX706RESA
R53
4.7kΩ
R57
4.7kΩ
X1
R54
0Ω
nMR
C18
104
GND
R56
4.7kΩ
R52
4.7kΩ
R55
0Ω
C17
101
nRSTIN
ARM-WDI
方波1s翻转一次
测试点1
处理点1
处理点2
处理点3
Port1
Port2
Port3
电路模块1
电路模块2
电路模块3
MCU控制电路
MCU-nRST
MCU-P1.2
图 4-19

电子硬件工程师在PCB板卡上直接用小刀割断铜线，割断位置为图4-19中标注的“处理点1、处理点2、处理点3”，并且不焊接*R*55电阻，让MCU完全脱离与MAX706RESA的联系。

MCU完全脱离与MAX706RESA的联系后，MCU不再复位。由此断定：本次MCU复位是MAX706RESA看门狗电路引起的。

利用双通道示波器同时监测图4-19中标注的测试点1——（ARM-WDI）喂狗信号，测试点2——（MCU-P1.1）使能看门狗信号，得到的波形如图4-20所示。

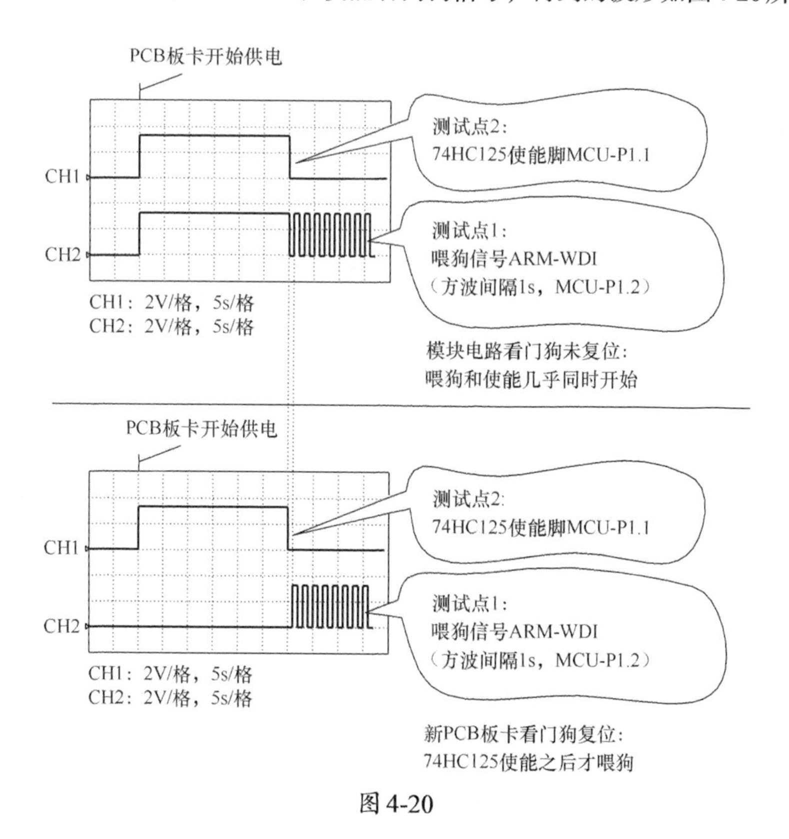

图4-20

观察图4-20所示的波形可以发现，给PCB板卡供电前，在两个PCB板卡上相同位置测试的ARM-WDI喂狗信号的波形一致，都为低电平。

给PCB板卡供电后，电路中的ARM-WDI喂狗信号的波形明显不同，图4-20的上图中的ARM-WDI喂狗信号切换为高电平，下图中的ARM-WDI喂狗信号保持为低电平。

分析图4-20所示的波形，可发现喂狗方波的初始变化区别，如表4-7所示。

表4-7

	原PCB板卡（看门狗未复位）	新PCB板卡（看门狗复位）
ARM-WDI喂狗信号	74HC125使能启动后，喂狗方波出现前是高电平	74HC125使能启动后，喂狗方波出现前是低电平
	喂狗方波出现第一个变动，方波出现下降沿	喂狗方波出现第一个变动，方波出现上升沿

软件工程师查看程序的源代码后指出：ARM-WDI喂狗信号的第一个电平应该为低电平（下降沿）。

故障原因：在原PCB板卡的电路图中，在MCU端焊接了一个上拉电阻$R1$，如图4-21所示。所以PCB板卡上电后，MCU控制方波开始喂狗前，ARM-WDI喂狗信号一直为高电平；当启动喂狗后出现方波时，第一个波形就是下降沿。

在新PCB板卡的电路图中，MCU端焊接了一个下拉电阻$R1$，如图4-22所示。ARM-WDI喂狗信号本身在程序未控制前就被下拉到低电平；程序控制后第一个输出的电平也是低电平（出现两个低电平重叠），所以只有第2次输出高电平时才能看到上升沿（实际上软件已经完成了输出一次低电平和一次高电平）。

由于在PCB板卡上电到方波开始喂狗前，74HC125的使能信号已经导通，如图4-22中的虚线部分所示，因此WDOUT信号将通过U3（74HC125芯片）与WDOUT-nMR信号连通，触发nRSTIN信号变为低电平（MCU-nRST与MAX706RESA关联了），从而导致MCU复位重启。

找到了故障原因，不用重新设计与加工PCB板卡，只需要修改控制逻辑即可。修改方式如下。

- MCU上电运行后，编程控制单片机的I/O口，将其设置为输出模式，默认输出的第一个电平为高电平。
- ARM-WDI喂狗信号的方波变化时间间隔为1s（MAX706RESA的喂狗门限在1.6s内）。
- 推荐ARM-WDI喂狗信号的高低电平切换3次以后，74HC125芯片的使能才打开。
- 调整为图4-23所示的时序。

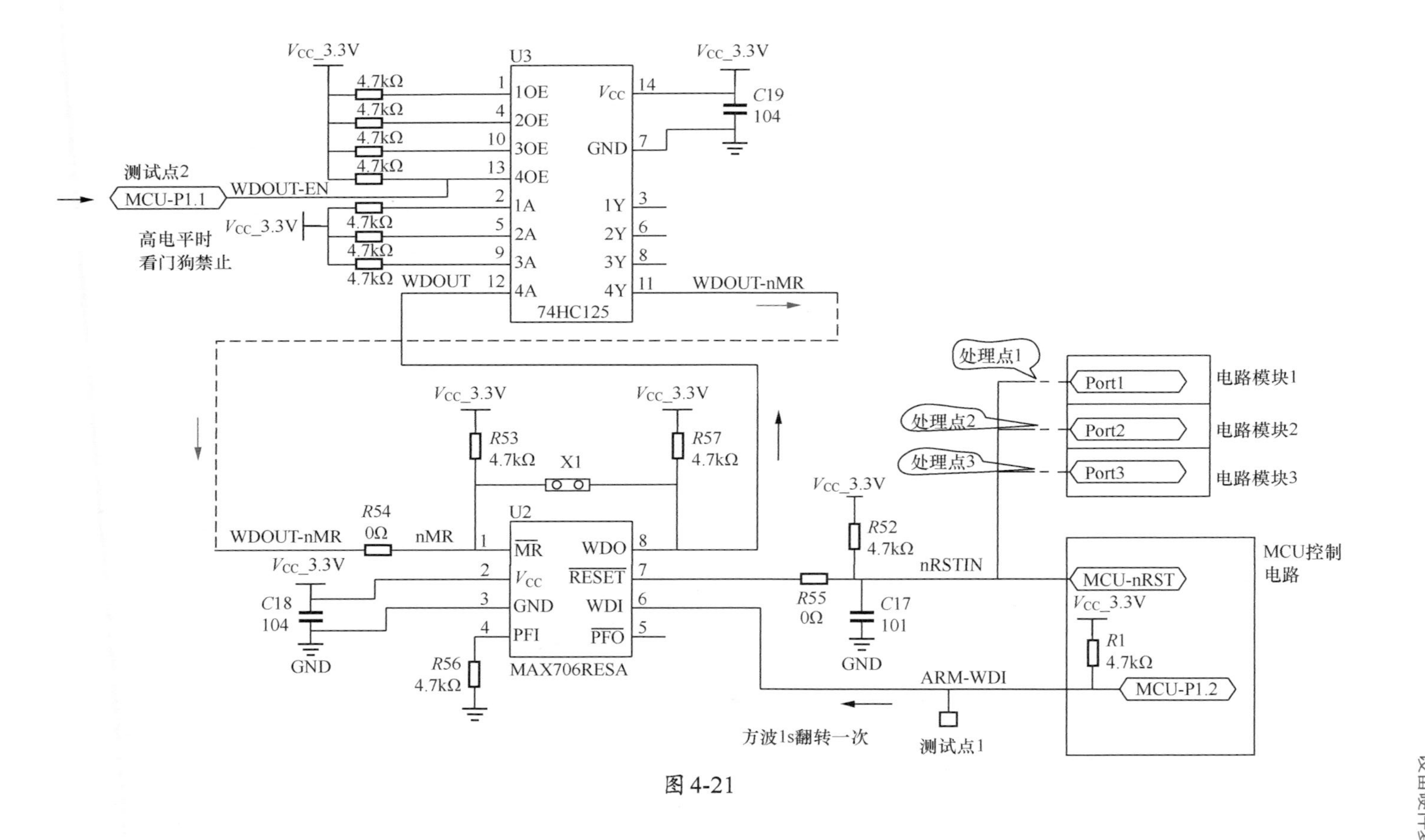
U3
74HC125
1OE
2OE
3OE
4OE
1A
2A
3A
4A
1Y
2Y
3Y
4Y
GND
C19 104
测试点2
MCU-P1.1
WDOUT-EN
高电平时
看门狗禁止
WDOUT
WDOUT-nMR
U2
MAX706RESA
MR
GND
PFI
WDO
RESET
WDI
PFO
R53 4.7kΩ
R57 4.7kΩ
X1
R54 0Ω
nMR
C18 104
R56 4.7kΩ
R52 4.7kΩ
R55 0Ω
C17 101
nRSTIN
处理点1
处理点2
处理点3
Port1
Port2
Port3
电路模块1
电路模块2
电路模块3
MCU控制
电路
MCU-nRST
R1 4.7kΩ
MCU-P1.2
ARM-WDI
方波1s翻转一次
测试点1

图 4-21

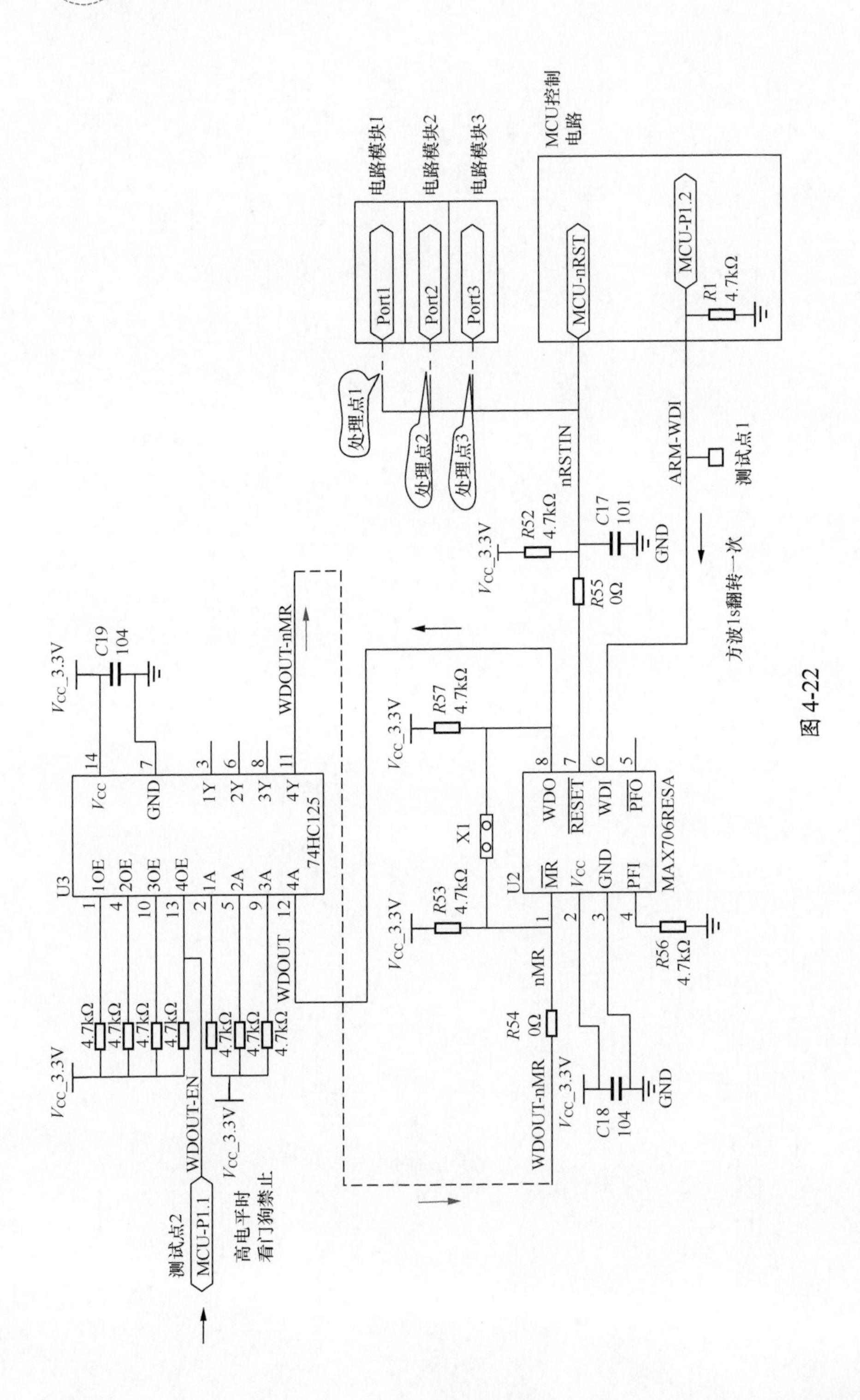
MCU控制电路
电路模块1
电路模块2
电路模块3
Port1
Port2
Port3
MCU-nRST
MCU-P1.2
R1 4.7kΩ
处理点1
处理点2
处理点3
nRSTIN
ARM-WDI
测试点1
R52 4.7kΩ
C17 101
GND
R55 0Ω
方波1s翻转一次
Vcc_3.3V
C19 104
WDOUT-nMR
R57 4.7kΩ
R53 4.7kΩ
X1
U2
MR
Vcc
GND
PFI
WDO
RESET
WDI
PFO
MAX706RESA
R56 4.7kΩ
nMR
R54 0Ω
C18 104
U3
1OE
2OE
3OE
4OE
1A
2A
3A
4A
1Y
2Y
3Y
4Y
74HC125
WDOUT
WDOUT-EN
MCU-P1.1
测试点2
高电平时看门狗禁止

图4-22

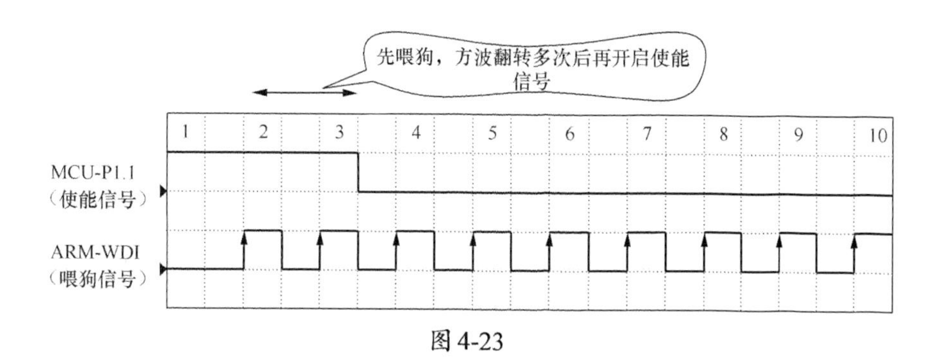

图4-23

第5章 提炼软件算法

本章将介绍一种模拟量采集转换偏差补偿方法：利用Excel获取算法补偿硬件偏差。

假如检测某传感器的模拟采样有5个样本，标号分别为0#、1#、2#、3#、4#，它们的模拟曲线如图5-1所示，曲线趋势相同，但是特定检测值存在偏差。

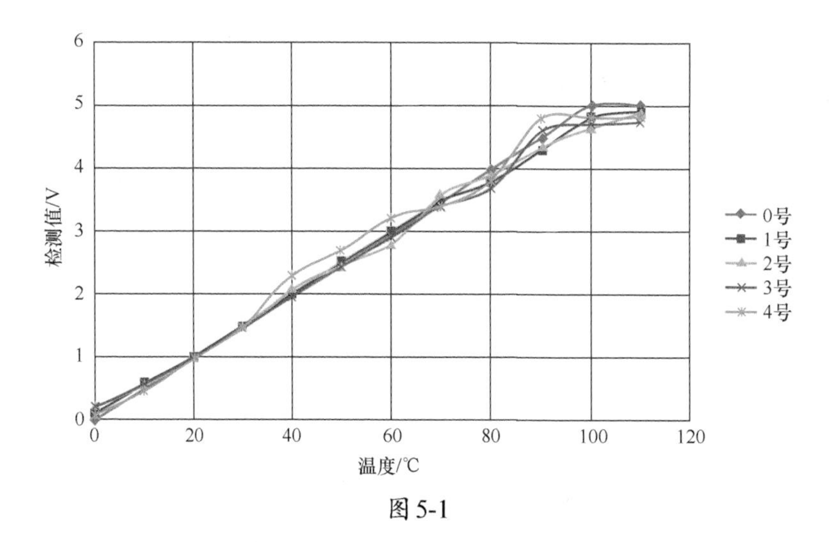

图5-1

软件工程师采用数学公式将提取的算法融入程序，可在大规模生产时对模拟量进行补偿校正（例如，$y=ax^2+bx+c$公式中，x为自变量，y为因变量，a、b、c为电子硬件工程师提供给软件工程师的参数值）。

此方法适用的场景：传感器、检测仪表等研发样机性能达标，但批量生产检测有偏差，此时可通过软件算法进行校准补偿。

5.1 案例背景

某智能设备开发公司长期设计数字通信设备，现需要依据市场新需求设计一款温度监控设备。该公司考虑借鉴并参考同类设备进行设计，使用相同型号的温度传感元件。该传感元件供电电压 V_{CC}=5V，可检测温度为0～100℃，输出电压为0～5V，传感器输出值与检测值呈线性变化，检测变化精度为0.2℃ /10mV。

该公司设计的温度传感器整机供电为24V，采用三线制，如图5-2所示。项目开展一个月以后，该公司设计并生产了两台温度传感器样机，调试合格。但批量生产100台温度传感器后，发现只有8台温度传感器可以达到设计指标，其余92台温度传感器的检测数据都存在偏差巨大的问题，导致该公司不敢按订单出售产品。

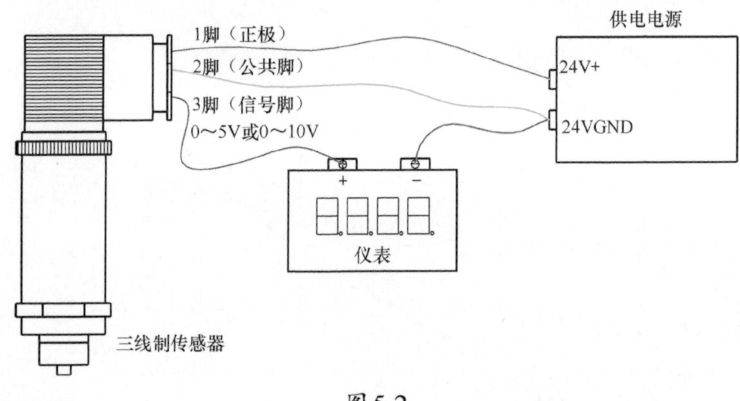

图5-2

故障分析

（1）硬件设计人员严格检查了设计参数：按照传感器元件数据手册规定的参数范围，选用的是偏差为0.1%的电阻、偏差为2%的电容，无其他不符合设计要求的参数。

（2）软件设计人员严格检查了每一行代码，检测判断逻辑都正常；在工程样机上测试多次，检测数据正确，全都符合线性变化要求。

（3）生产采购部仔细核对了生产的BOM物料清单，所有元器件的型号与厂家研发样机使用的元器件的型号一致。唯一不同的是研发样机的PCB加工厂家是深圳市的A公司，批量生产的温度传感器的温度传感器的PCB加工厂家是成都市的B

公司。生产采购部再次在深圳市的A公司紧急加工了一批PCB，生产的温度传感器依然无法全部达到要求，只有十几台温度传感器可以达到设计指标。

需要重点考虑的要素：传感器检测元件的线性度、个体差异性、标定校准。

在该公司工作的软件人员采取通过软件算法修正和补偿的措施（例如，零点飘移修正、线性度补偿、波动消抖等），重新更新程序，最终在未改动所有硬件的情况下，该公司生产的200台温度传感器全部达到检测要求，且准确度偏差符合要求。

解决上述案例中的技术问题采用的方法是统计学的“归纳算法”。

传感元件是传感器、变送器设计的数据来源，也是材料科学的重点研究内容。材料的物理特性、化学特性变化是传感元件准确度的依据。

传感元件的变化往往是电阻值的变化、弯曲度的变化等，虽然这种变化有一定的线性关系，但是传感元件在批量加工时往往又会有一定的个体差异。利用电学知识，为传感元件加入适当电压，可以将电阻值的变化、弯曲度的变化等转变为电压、电流或数字信号。传感元件被设计为传感器后才能方便地被应用于各种场合，如热电偶、热电阻、PT100。传统传感器的常见安装方式如图5-3所示。

垂直于管道轴线的安装方式

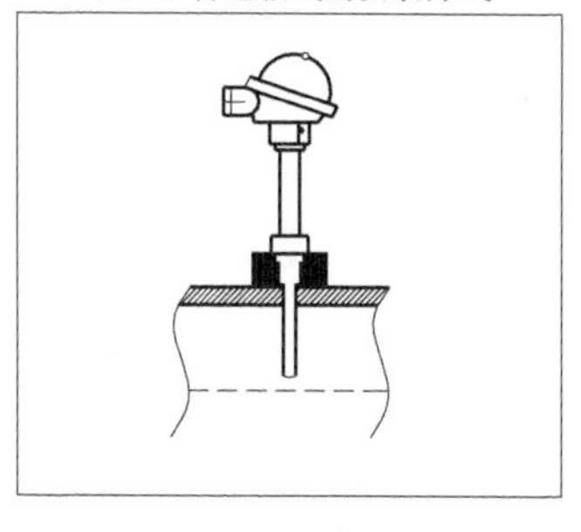

在弯曲管道上的安装方式

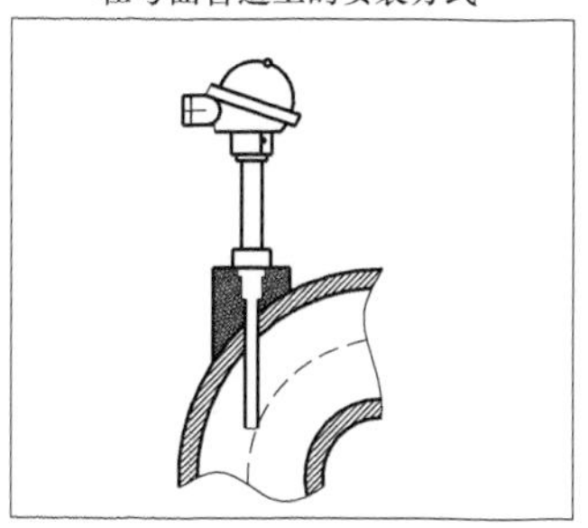

与管道轴线的夹角为锐角的安装方式

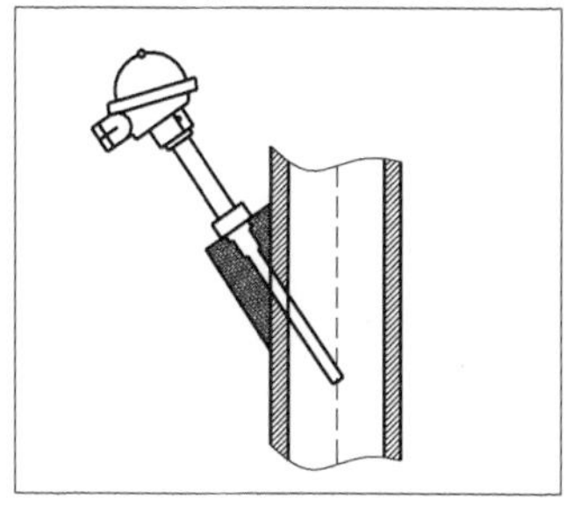

在锅炉烟道中的密封安装方式

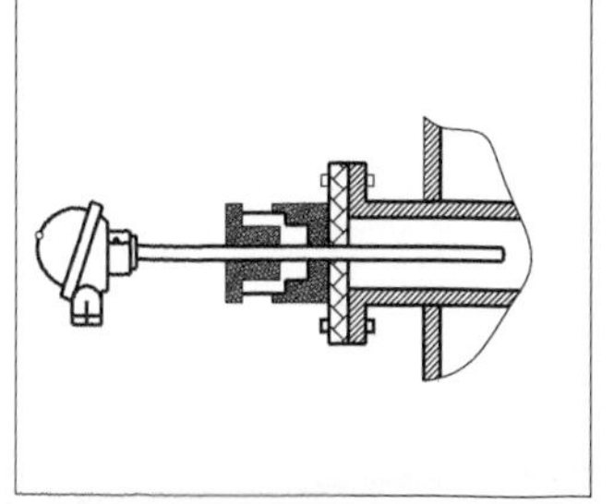

图5-3

在设计研发类似的传感器时，要清楚地认识到：模拟量转化为数字量时，A/D转换器的精度、传感元件的样本数量、采样统计模型都将影响软件设计。

5.2 提炼算法的步骤

为了方便阐述原理，对案例场景建立模型，描述如下。

一款温度传感元件的供电电压V_{CC}=5V，可以检测的温度为0～100℃，输出电压为0～5V；传感器输出值与检测值呈线性关系，检测变化精度为2℃/0.1V。要求用此温度传感元件设计一款满足批量生产要求的温度传感器。

特别说明：传感元件利用物理特性、化学特性输出信号，在批量加工后厂家的数据手册中写着传感元件的变化呈线性，但是这个线性是有个体差异的。传感器设计公司在使用传感元件时，需要进行校准、补偿、消抖等操作。针对某类传感元件的补偿算法是传感器设计公司的核心技术之一。提炼补偿算法的步骤如表5-1所示。

表5-1

步骤	通过Excel可以自动得到拟合曲线的数学公式
1	实际测试传感元件样本的检测值，并输入Excel，观察样本的散点图
2	算出多个样本检测值的算术平均值，并输入Excel，观察样本的散点图
3	利用样本检测值的算术平均值拟合到理论检测值，观察拟合曲线的趋势
4	利用Excel工具自动生成趋势曲线的数学公式。 （1）单片机MCU性能差的推荐用线性数学公式进行算法补偿；（2）单片机MCU性能好的推荐用多项式数学公式进行算法补偿。 MCU性能好坏的参考依据：程序在进行算法补偿时，是否支持浮点运行，程序是否卡顿。这由软件工程师测试时自行判断

检测电压值数据可通过AD芯片、万用表、单片机自带的AD芯片采集。推荐采用该传感元件最终产品的板卡检测方式采集。例如使用的是MCU芯片和传感元件构成的传感器，那就用MCU芯片的A/D转换器采集。

5.2.1 实际样本检测值

传感器样本检测值如表5-2所示。

表5-2

第1阶段：获取实际检测值与偏差值（单位：V）										
	实际温度/℃	理论检测值*a*	实际检测值*b*1	偏差值（*b*1−*a*）	实际检测值*b*2	偏差值（*b*2−*a*）	实际检测值*b*3	偏差值（*b*3−*a*）	实际检测值*b*4	偏差值（*b*4−*a*）
		0#	1#		2#		3#		4#	
测点1	0	0	0.1	0.1	0.2	0.2	0.2	0.2	0.1	0.1
测点2	10	0.5	0.6	0.1	0.55	0.05	0.48	−0.02	0.48	−0.02
测点3	20	1	1	0	1	0	1	0	1	0
测点4	30	1.5	1.5	0	1.5	0	1.49	−0.01	1.49	−0.01
测点5	40	2	2.01	0.01	2.1	0.1	1.96	−0.04	2.3	0.3
测点6	50	2.5	2.53	0.03	2.49	−0.01	2.48	−0.02	2.7	0.2
测点7	60	3	2.98	−0.02	2.8	−0.2	2.9	−0.1	3.2	0.2
测点8	70	3.5	3.48	−0.02	3.6	0.1	3.4	−0.1	3.4	−0.1
测点9	80	4	3.8	−0.2	3.9	−0.1	3.7	−0.3	3.8	−0.2
测点10	90	4.5	4.3	−0.2	4.35	−0.15	4.6	0.1	4.8	0.3
测点11	100	5	4.81	−0.19	4.65	−0.35	4.7	−0.3	4.8	−0.2
测点12	110	5	4.9	−0.1	4.9	−0.1	4.75	−0.25	4.8	−0.2

填表要求：

（1）元件所处环境的温度为0～100℃，实验室必须提供满足要求的测试环境，例如-10℃～110℃的高低温箱；

（2）表格中的实际检测值*b*1、*b*2、*b*3、*b*4是必须填写的；

（3）表格中的偏差值*b*1−*a*（即*b*1值减去*a*值）、*b*2−*a*、*b*3−*a*、*b*4−*a*是为了帮助读者理解差异而填写的，可以不填写。

（1）理论检测值a：依据传感元件获得的理论计算值。

（2）实际检测值$b1$、$b2$、$b3$、$b4$分别代表使用传感元件样本1#、2#、3#、4#共4只被测元件测得的值。

（3）0#表示理论计算值，在图表上是用来对比的参考值。

实际进行传感器测试时样本会更多（如10只），测试样本越多，提炼的补偿算法的补偿效果越好。

在Excel中填写好数值后，就可以利用Excel工具插入1#、2#、3#、4#和0#的曲线。

新建Excel并按表5-2所示的格式填入数值。选择【插入】→【插入散点图（X、Y）或气泡图】→【带平滑线和数据标记的散点图】，将弹出的空白画布拖到合适的位置，如图5-4所示。

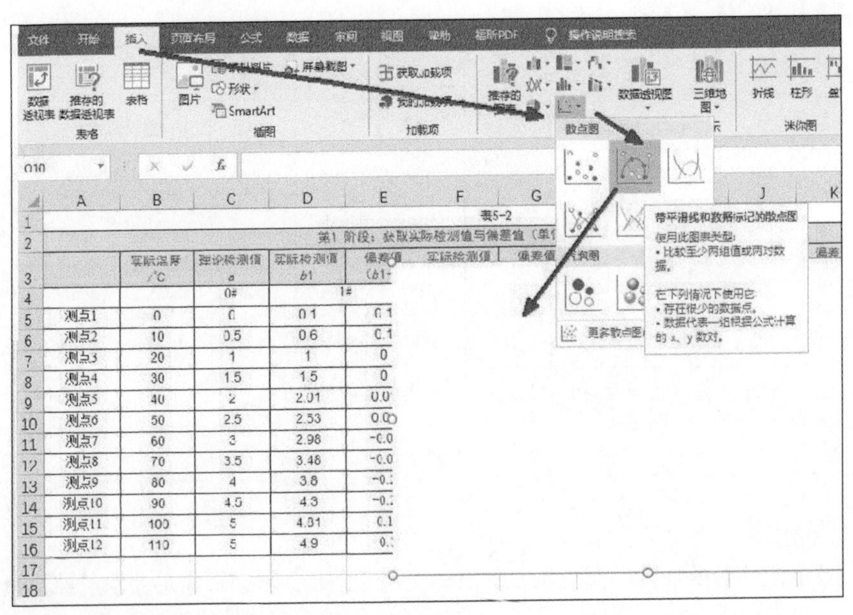

图5-4

单击空白画布，选择【设计】→【选择数据】，在弹出的对话框中单击【添加】按钮，如图5-5所示。这样做的目的是将1#、2#、3#、4#和0#的数据通过曲线形式展现出来，这一功能将重复使用多次。

单击【添加】按钮后，会弹出对话框，要求操作者添加一条曲线，如图5-6所示。

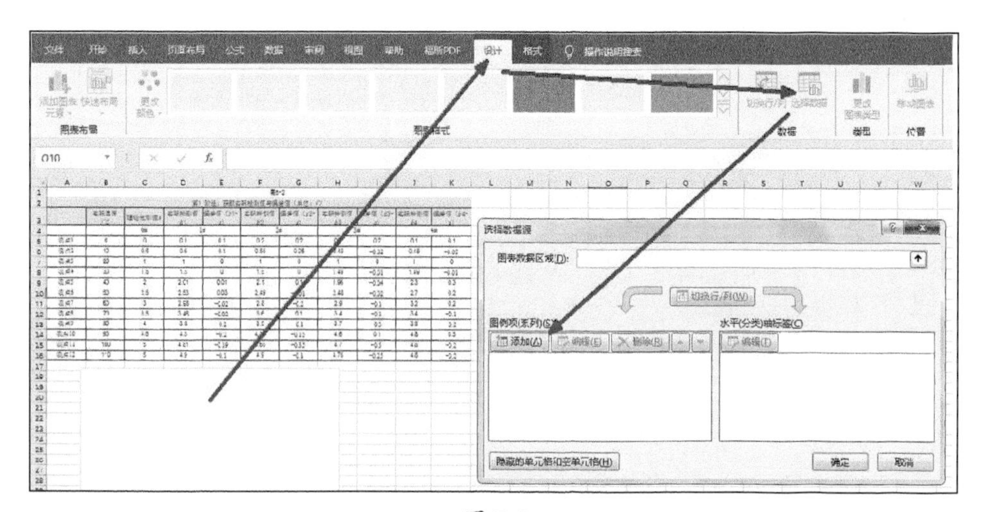

图 5-5

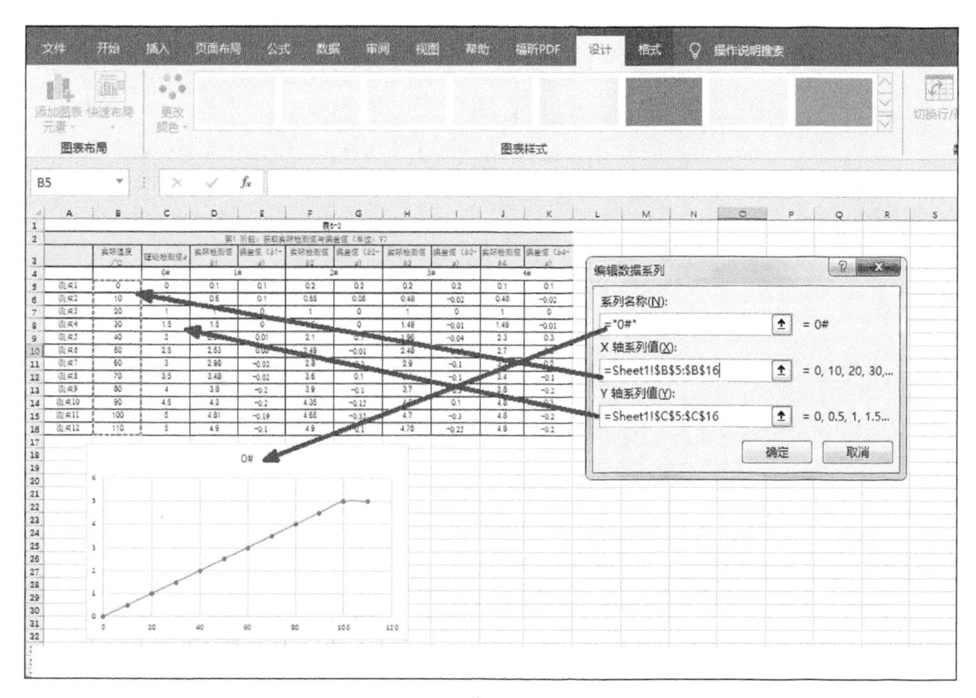

图 5-6

先添加理论检测值0#的曲线，在【系列名称】栏中输入“0#”。

分别确定“0#”这条曲线的X轴、Y轴数据的来源。例如，将测点的温度0～110℃作为X轴坐标，将传感元件的输出值作为Y轴坐标。然后单击【X轴系列值】栏右侧的小图标，直接选择温度数值为0～110℃的单元格区域，如图5-7所示。

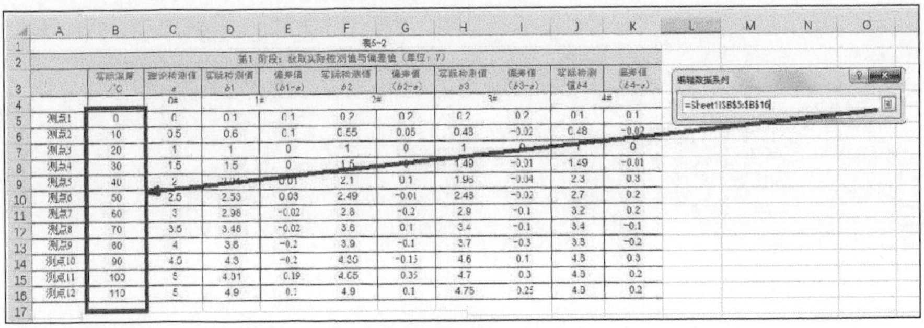

表5-2

第1 阶段：获取实际检测值与偏差值（单位：V）

	实际温度/℃	理论检测值a	实际检测值b1	偏差值(b1−a)	实际检测值b2	偏差值(b2−a)	实际检测值b3	偏差值(b3−a)	实际检测值b4	偏差值(b4−a)
		0#	1#		2#		3#		4#	
测点1	0	0	0.1	0.1	0.2	0.2	0.2	0.2	0.1	0.1
测点2	10	0.5	0.6	0.1	0.55	0.05	0.48	−0.02	0.48	−0.02
测点3	20	1	1	0	1	0	1	[illegible]	[illegible]	0
测点4	30	1.5	1.5	0	1.5	[illegible]	1.49	−0.01	1.49	−0.01
测点5	40	2	[illegible]	0.01	2.1	0.1	1.96	−0.04	2.3	0.3
测点6	50	2.5	2.53	0.03	2.49	−0.01	2.48	−0.02	2.7	0.2
测点7	60	3	2.98	−0.02	2.8	−0.2	2.9	−0.1	3.2	0.2
测点8	70	3.5	3.48	−0.02	3.6	0.1	3.4	−0.1	3.4	−0.1
测点9	80	4	3.8	−0.2	3.9	−0.1	3.7	−0.3	3.8	−0.2
测点10	90	4.5	4.3	−0.2	4.35	−0.15	4.6	0.1	4.8	0.3
测点11	100	5	4.81	−0.19	4.65	−0.35	4.7	−0.3	4.8	−0.2
测点12	110	5	4.9	−0.1	4.9	−0.1	4.75	−0.25	4.8	−0.2

编辑数据系列
=Sheet1!$B$5:$B$16

图5-7

选中单元格区域后按【Enter】键确认，如图5-8所示。

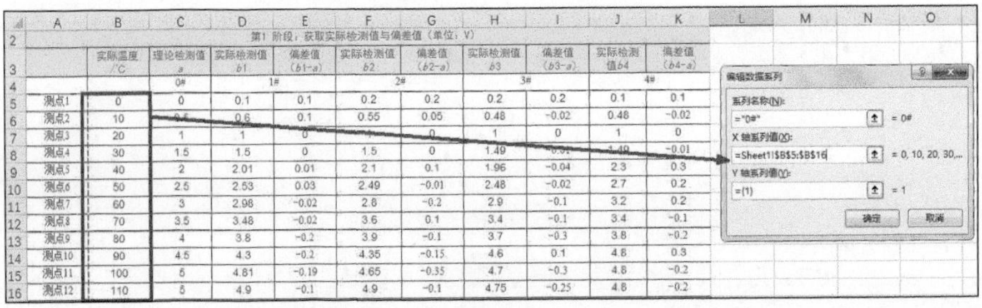

第1 阶段：获取实际检测值与偏差值（单位：V）

	实际温度/℃	理论检测值a	实际检测值b1	偏差值(b1−a)	实际检测值b2	偏差值(b2−a)	实际检测值b3	偏差值(b3−a)	实际检测值b4	偏差值(b4−a)
		0#	1#		2#		3#		4#	
测点1	0	0	0.1	0.1	0.2	0.2	0.2	0.2	0.1	0.1
测点2	10	0.5	0.6	0.1	0.55	0.05	0.48	−0.02	0.48	−0.02
测点3	20	1	1	0	[illegible]	0	1	0	1	0
测点4	30	1.5	1.5	0	1.5	0	1.49	[illegible]	[illegible]	−0.01
测点5	40	2	2.01	0.01	2.1	0.1	1.96	−0.04	2.3	0.3
测点6	50	2.5	2.53	0.03	2.49	−0.01	2.48	−0.02	2.7	0.2
测点7	60	3	2.98	−0.02	2.8	−0.2	2.9	−0.1	3.2	0.2
测点8	70	3.5	3.48	−0.02	3.6	0.1	3.4	−0.1	3.4	−0.1
测点9	80	4	3.8	−0.2	3.9	−0.1	3.7	−0.3	3.8	−0.2
测点10	90	4.5	4.3	−0.2	4.35	−0.15	4.6	0.1	4.8	0.3
测点11	100	5	4.81	−0.19	4.65	−0.35	4.7	−0.3	4.8	−0.2
测点12	110	5	4.9	−0.1	4.9	−0.1	4.75	−0.25	4.8	−0.2

编辑数据系列
系列名称(N):
="0#" = 0#
X 轴系列值(X):
=Sheet1!$B$5:$B$16 = 0, 10, 20, 30,...
Y 轴系列值(Y):
={1} = 1
确定 取消

图5-8

单击【Y轴系列值】栏右侧的小图标，将默认的“={1}”删除后再选择需要的Y轴数据区域，即理论检测值a区域，如图5-9和图5-10所示。

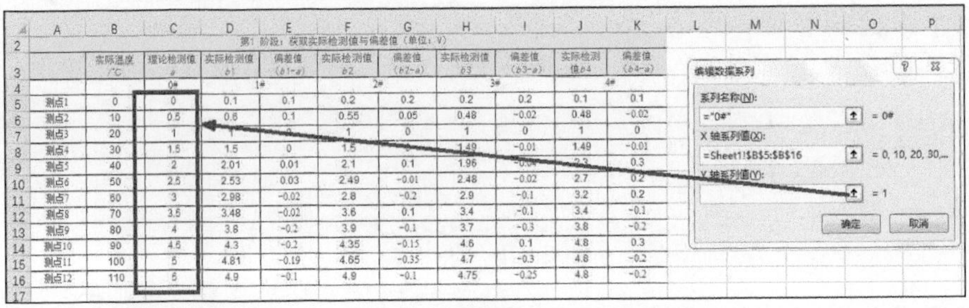

第1 阶段：获取实际检测值与偏差值（单位：V）

	实际温度/℃	理论检测值a	实际检测值b1	偏差值(b1−a)	实际检测值b2	偏差值(b2−a)	实际检测值b3	偏差值(b3−a)	实际检测值b4	偏差值(b4−a)
		0#	1#		2#		3#		4#	
测点1	0	0	0.1	0.1	0.2	0.2	0.2	0.2	0.1	0.1
测点2	10	0.5	0.6	0.1	0.55	0.05	0.48	−0.02	0.48	−0.02
测点3	20	1	1	[illegible]	1	0	1	0	1	0
测点4	30	1.5	1.5	0	1.5	[illegible]	1.49	−0.01	1.49	−0.01
测点5	40	2	2.01	0.01	2.1	0.1	1.96	[illegible]	[illegible]	0.3
测点6	50	2.5	2.53	0.03	2.49	−0.01	2.48	−0.02	2.7	0.2
测点7	60	3	2.98	−0.02	2.8	−0.2	2.9	−0.1	3.2	0.2
测点8	70	3.5	3.48	−0.02	3.6	0.1	3.4	−0.1	3.4	−0.1
测点9	80	4	3.8	−0.2	3.9	−0.1	3.7	−0.3	3.8	−0.2
测点10	90	4.5	4.3	−0.2	4.35	−0.15	4.6	0.1	4.8	0.3
测点11	100	5	4.81	−0.19	4.65	−0.35	4.7	−0.3	4.8	−0.2
测点12	110	5	4.9	−0.1	4.9	−0.1	4.75	−0.25	4.8	−0.2

编辑数据系列
系列名称(N):
="0#" = 0#
X 轴系列值(X):
=Sheet1!$B$5:$B$16 = 0, 10, 20, 30,...
Y 轴系列值(Y):
= 1
确定 取消

图5-9

	实际温度/℃	理论检测值 a	实际检测值 b1	偏差值（b1−a）	实际检测值 b2	偏差值（b2−a）	实际检测值 b3	偏差值（b3−a）	实际检测值 b4	偏差值（b4−a）
		0#	1#		2#		3#		4#	
测点1	0	0	0.1	0.1	0.2	0.2	0.2	0.2	0.1	0.1
测点2	10	0.5	0.6	0.1	0.55	0.05	0.48	−0.02	0.48	−0.02
测点3	20	1	1	0	1	0	1	0	1	0
测点4	30	1.5	1.5	0	1.5	0	1.49	−0.01	1.49	−0.01
测点5	40	2	2.01	0.01	2.1	0.1	1.96	−0.04	2.3	0.3
测点6	50	2.5	2.53	0.03	2.49	−0.01	2.48	−0.02	2.7	0.2
测点7	60	3	2.98	−0.02	2.8	−0.2	2.9	−0.1	3.2	0.2
测点8	70	3.5	3.48	−0.02	3.6	0.1	3.4	−0.1	3.4	−0.1
测点9	80	4	3.8	−0.2	3.9	−0.1	3.7	−0.3	3.8	−0.2
测点10	90	4.5	4.3	−0.2	4.35	−0.15	4.6	0.1	4.8	0.3
测点11	100	5	4.81	−0.19	4.65	−0.35	4.7	−0.3	4.8	−0.2
测点12	110	5	4.9	−0.1	4.9	−0.1	4.75	−0.25	4.8	−0.2

图 5-10

按【Enter】键确认，可以得到图5-11所示的结果。

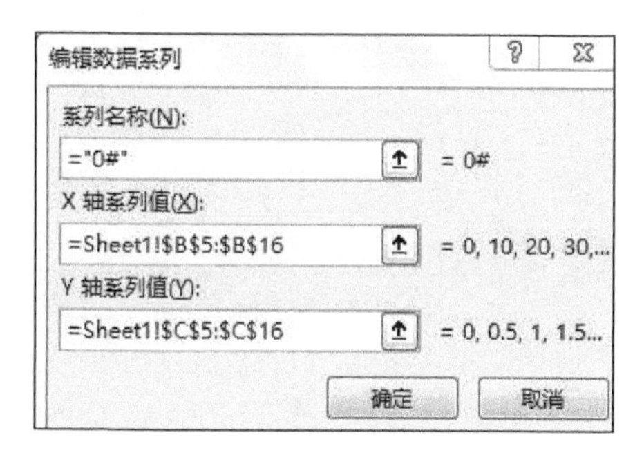

图 5-11

单击【确定】按钮，可以看到“0#”曲线，如图5-12所示。

此时散点图的坐标轴、标题栏都没有显示，不便于观看。需要先将坐标轴、标题栏都显示出来。单击曲线所在的画布，然后选择【设计】→【添加图表元素】，如图5-13所示。

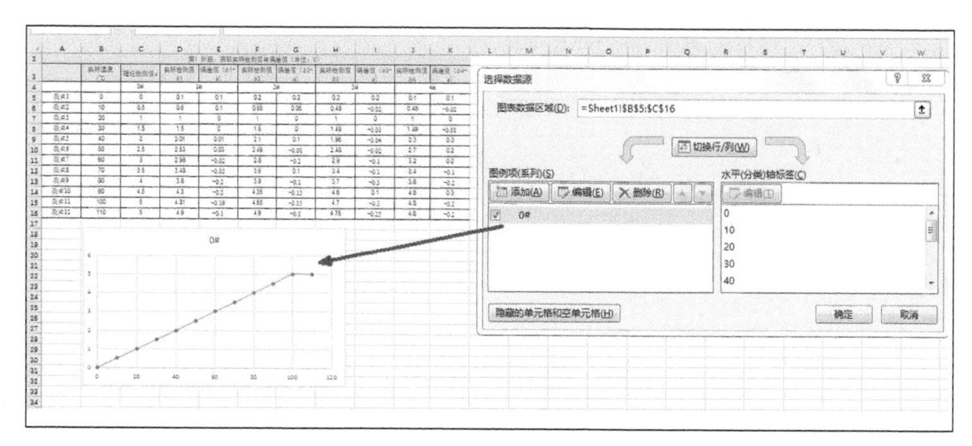

图 5-12

分别选择【主要横坐标轴】【主要纵坐标轴】【图例】选项，如图5-14所示。

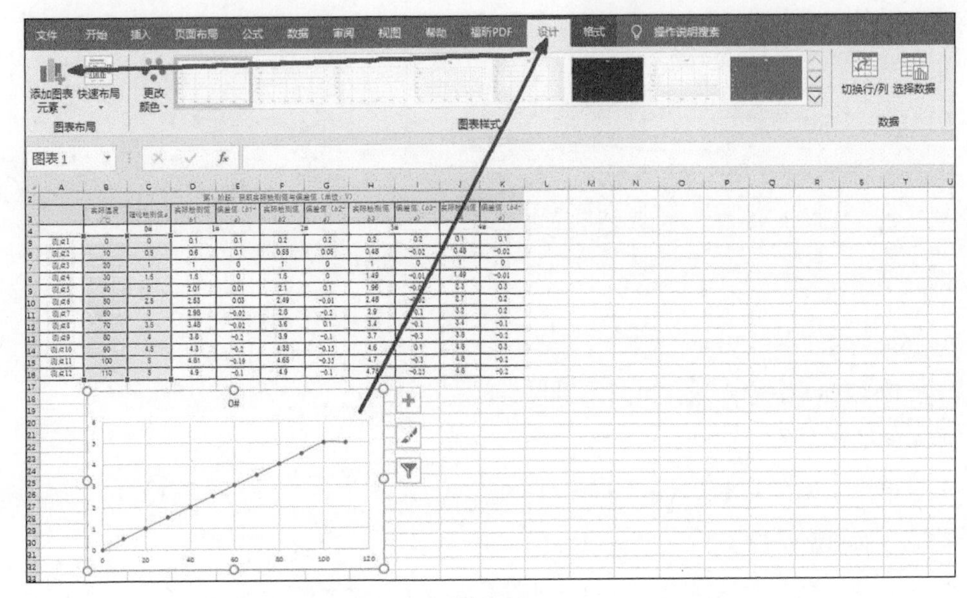

图 5-13

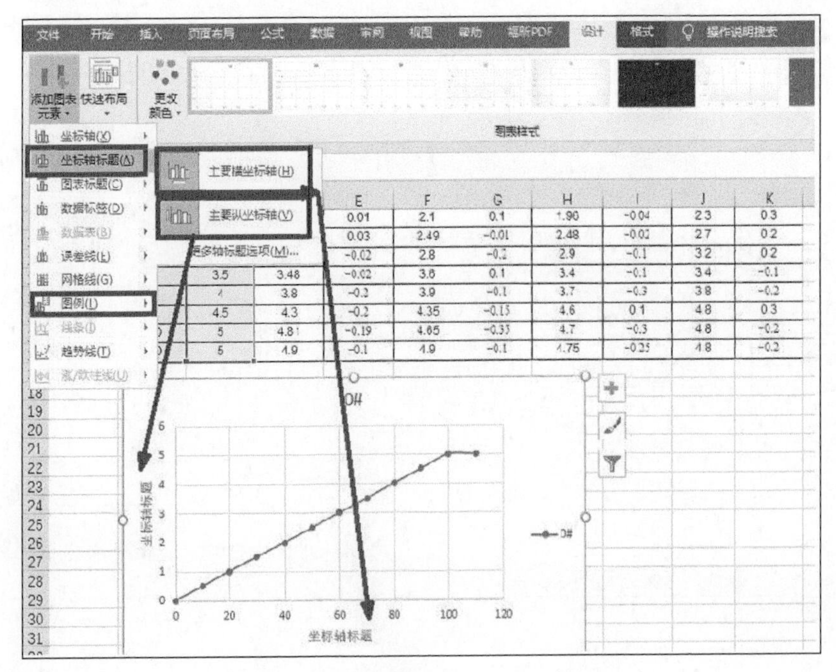

图 5-14

选择【图例】子菜单中的【右侧】选项，如图5-15所示。

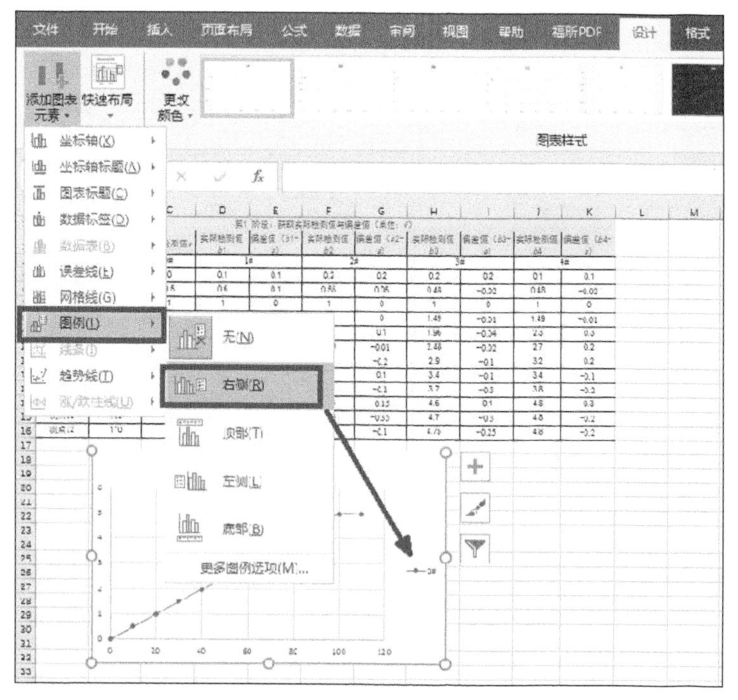

图 5-15

此时可以看到更完善的曲线，双击横坐标轴标题和纵坐标轴标题可以修改文字，如图5-16所示。

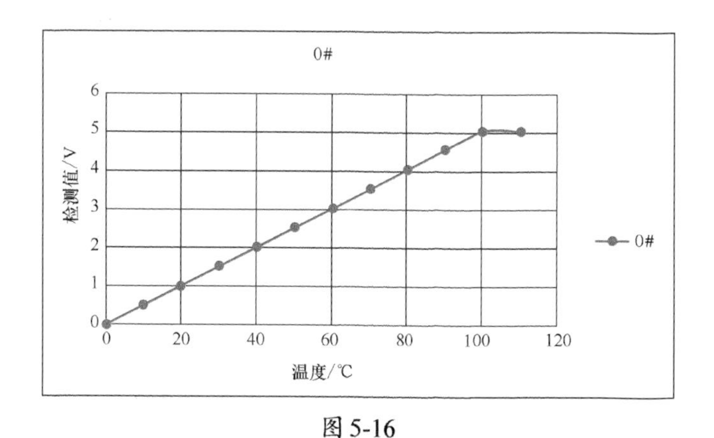

图 5-16

按照同样的方式分别添加1#、2#、3#、4#曲线。再次选择【设计】→【选择数据】→【添加】，如图5-17所示。

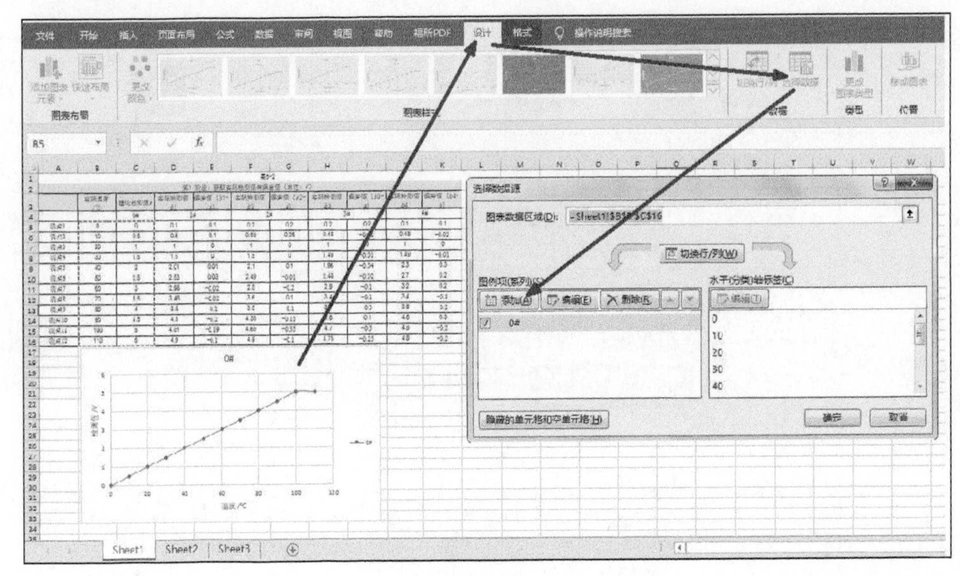

图 5-17

依次添加1#、2#、3#、4#的曲线数据，如图5-18所示。

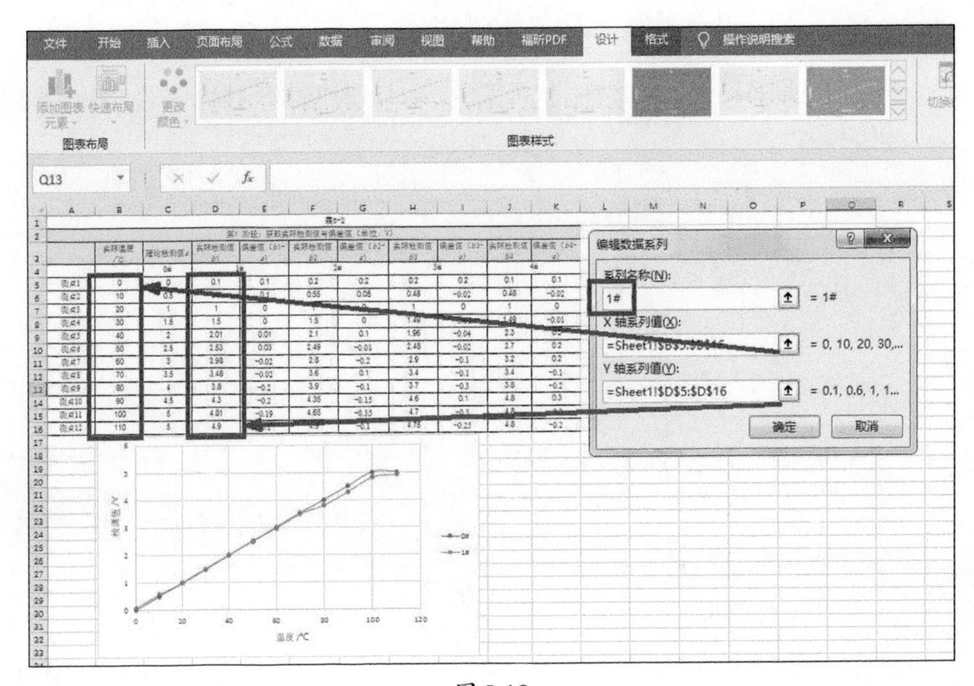

图 5-18

X轴都选择温度数值，Y轴分别选择$b1$、$b2$、$b3$、$b4$的实际检测值，如图5-19所示。

如此便可得到5条曲线：1条理论数据曲线，4条传感元件的实际检测数据曲线，如图5-20所示。

可以发现，即使是同一厂家生产的同型号产品，其检测值也是有一定差异的。所以电子硬件工程师或者软件工程师测试样机时，如果只测试了一个或两个传感元件就批量生产使用，几乎都会出现批量性的产品性能不一致、检测数值不准确的情况。

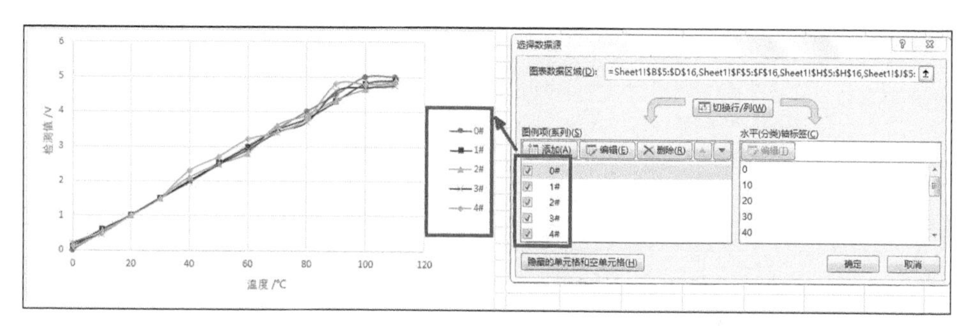

图 5-19

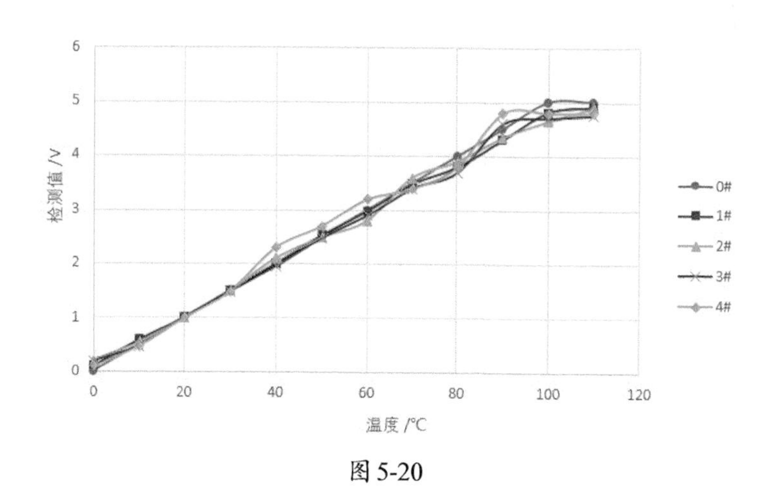

图 5-20

例如，仅以4#曲线检测值为计算依据，将提炼的补偿算法运用到1#、2#、3#的传感元件，到了90℃左右，其实际检测值会明显偏离理论值。

所以在设计传感元件检测模拟量时，要求研发人员选取足够多的样本进行实测曲线的拟合。

5.2.2 样本检测值的算术平均值

对第1阶段的表格数据进行处理，计算算术平均值。

$$样本算术平均值C=\frac{实际检测值b1+实际检测值b2+实际检测值b3+实际检测值b4}{4}$$

计算结果如表5-3所示。

表5-3

第2阶段：计算样本实际检测值的算术平均值（单位：V）							
	实际温度/℃	理论检测值 a	实际检测值 $b1$	实际检测值 $b2$	实际检测值 $b3$	实际检测值 $b4$	样本算术平均值 C
		0#	1#	2#	3#	4#	$(b1+b2+b3+b4)/4$
测点1	0	0	0.1	0.2	0.2	0.1	0.15
测点2	10	0.5	0.6	0.55	0.48	0.48	0.5275
测点3	20	1	1	1	1	1	1
测点4	30	1.5	1.5	1.5	1.49	1.49	1.495
测点5	40	2	2.01	2.1	1.96	2.3	2.0925
测点6	50	2.5	2.53	2.49	2.48	2.7	2.55
测点7	60	3	2.98	2.8	2.9	3.2	2.97
测点8	70	3.5	3.48	3.6	3.4	3.4	3.47
测点9	80	4	3.8	3.9	3.7	3.8	3.8
测点10	90	4.5	4.3	4.35	4.6	4.8	4.5125
测点11	100	5	4.81	4.65	4.7	4.8	4.74
测点12	110	5	4.9	4.9	4.75	4.8	4.8375

利用Excel可以得到一个样本算术平均值与理论检测值的曲线对比图，如图5-21所示。获取曲线的方法不再重复讲解，请参考0#曲线的获取方法。

对比样本算术平均值曲线和理论检测值曲线，可以看到，样本数量越多，得到的曲线偏差概率与理论检测值的拟合度就会越精确。

观察曲线可以发现：在0～70℃时，线性较好；在70～90℃时，样本算术平均值与理论检测值出现偏差；在90～110℃时，样本算术平均值与理论检测值出现明显偏差，如图5-22所示。

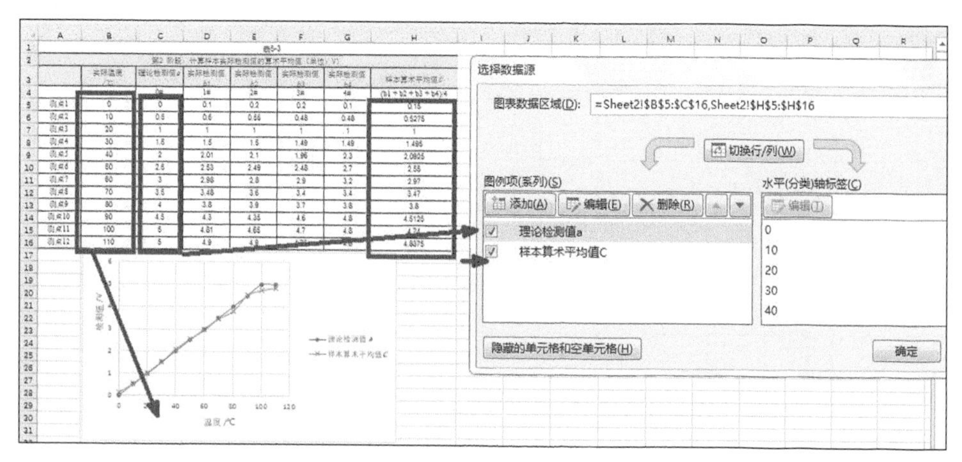

图5-21

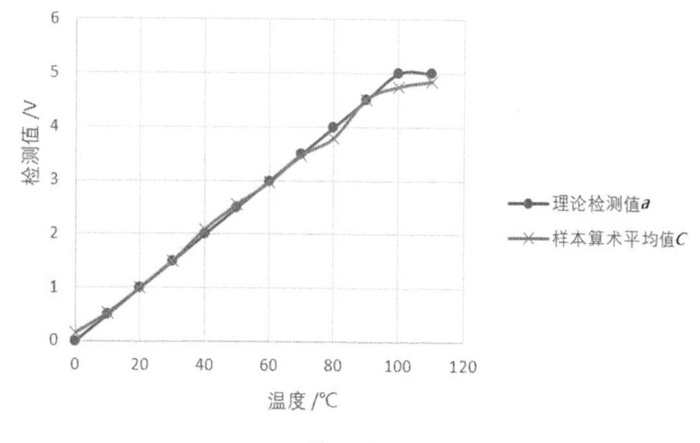

图5-22

所以软件需要借助样本算术平均值的拟合曲线上的每一个点的值通过一个算法得到理论检测值，这样就能让传感元件的每一个值都可被检测且符合产品的要求。

5.2.3 将样本算术平均值拟合到理论检测值

依然利用第2阶段的表格数据，将第2阶段的表格数据复制一份并修改相关内容，如表5-4所示。

表5-4

第3阶段：样本算术平均值作 X 轴，理论检测值作 Y 轴（单位：V）							
	实际温度/℃	理论检测值 a	实际检测值 $b1$	实际检测值 $b2$	实际检测值 $b3$	实际检测值 $b4$	样本算术平均值 C
		0#	1#	2#	3#	4#	$(b1+b2+b3+b4)/4$
测点1	0	0	0.1	0.2	0.2	0.1	0.15
测点2	10	0.5	0.6	0.55	0.48	0.48	0.5275
测点3	20	1	1	1	1	1	1
测点4	30	1.5	1.5	1.5	1.49	1.49	1.495
测点5	40	2	2.01	2.1	1.96	2.3	2.0925
测点6	50	2.5	2.53	2.49	2.48	2.7	2.55
测点7	60	3	2.98	2.8	2.9	3.2	2.97
测点8	70	3.5	3.48	3.6	3.4	3.4	3.47
测点9	80	4	3.8	3.9	3.7	3.8	3.8
测点10	90	4.5	4.3	4.35	4.6	4.8	4.5125
测点11	100	5	4.81	4.65	4.7	4.8	4.74
测点12	110	5	4.9	4.9	4.75	4.8	4.8375

根据表格数据，可得到一条新的关联曲线，如图5-23和图5-24所示。

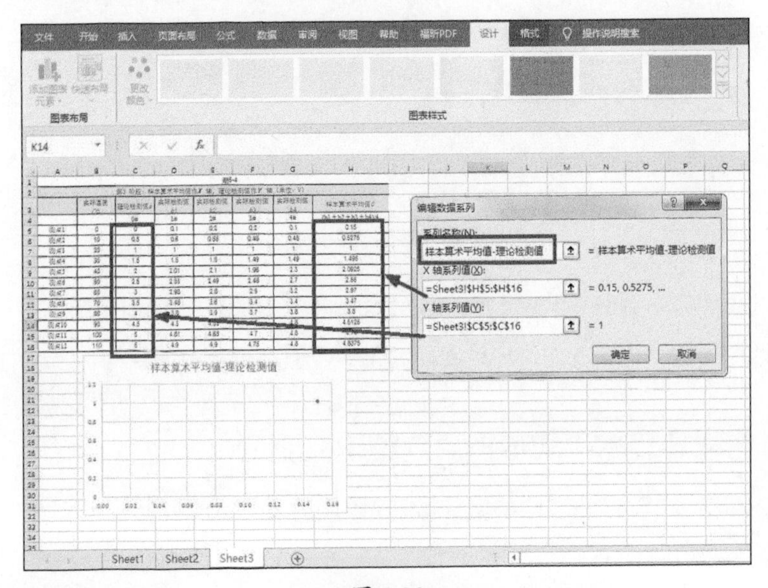

图5-23

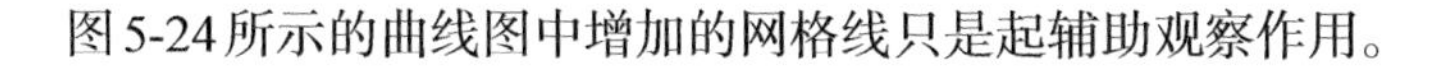
图5-24所示的曲线图中增加的网格线只是起辅助观察作用。

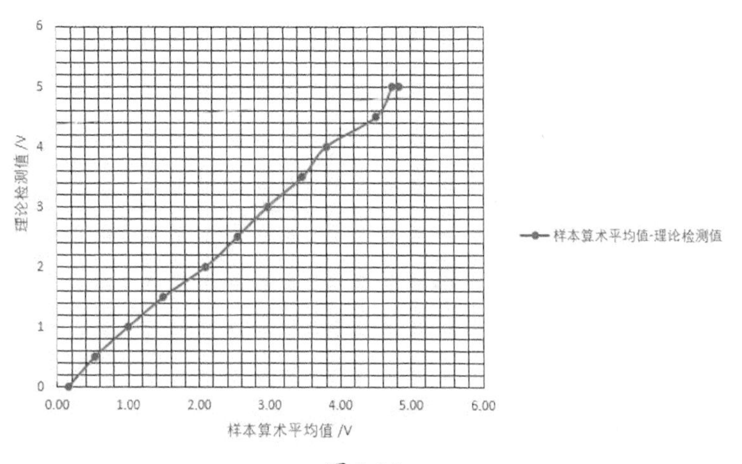

图5-24

选中新生成的曲线，单击鼠标右键，在弹出的菜单中选择【添加趋势线】命令，如图5-25所示。

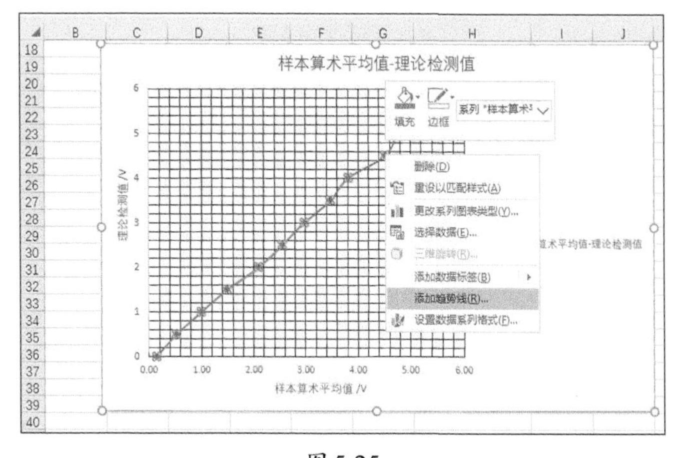

图5-25

可以看到图中新增了一条趋势线，如图5-26所示。有了趋势线才能生成算法公式。

趋势线有多种模式，如【线性】【多项式】模式等。选择不同的模式会得到不同的算法公式。

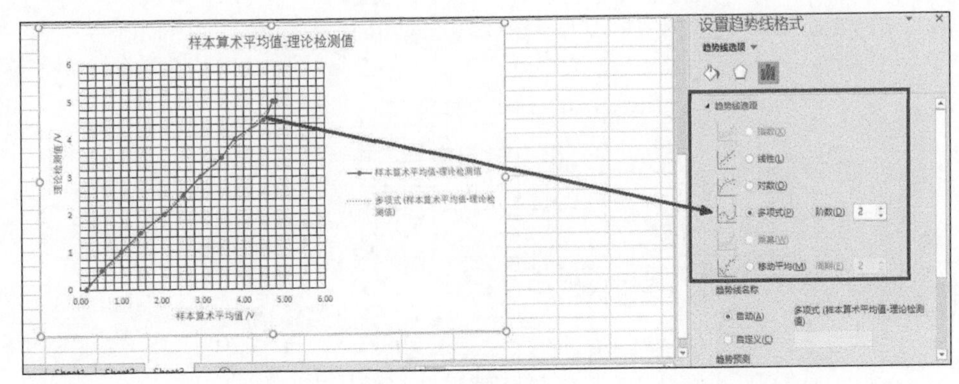

图 5-26

5.2.4 提取算法公式

情形1：当嵌入式开发设备处理器、MCU运算能力不足时，推荐选择【线性】模式，线性补偿算法公式的形式为$y=kx+b$。

例如，选择【线性】模式，然后勾选【显示公式】，如图5-27所示，得到的线性补偿算法公式为：

$$y=1.0541x-0.1153$$

软件工程师就可以借助这个算法公式将每一次采样算出来的实际检测值当作x代入该公式计算，得到的y值即补偿后的检测值。这个补偿后的检测值比单个传感元件测试得到的值更符合批量生产的要求。

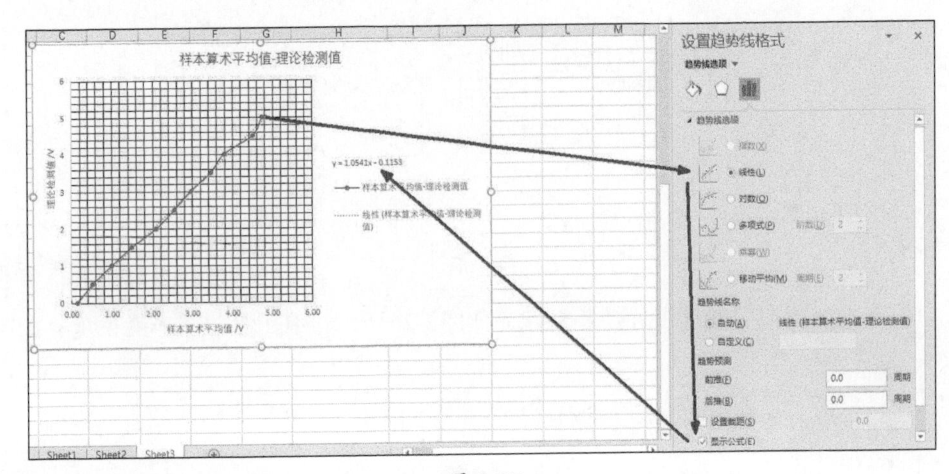

图 5-27

情形2：当嵌入式开发设备处理器、MCU运算能力足够时，推荐选择【多项式】模式，因为通过【多项式】模式公式计算的补偿检测值更为精确。选择【多项式】模式，然后勾选【显示公式】，如图5-28和图5-29所示。

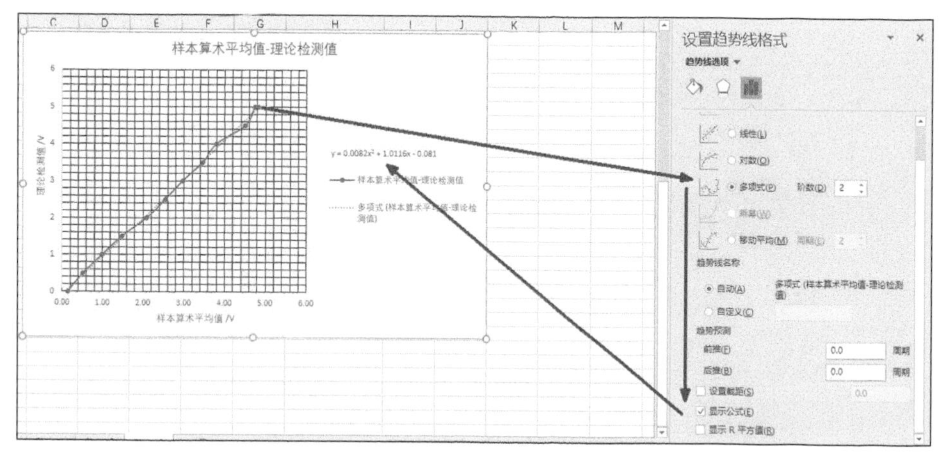

图5-28

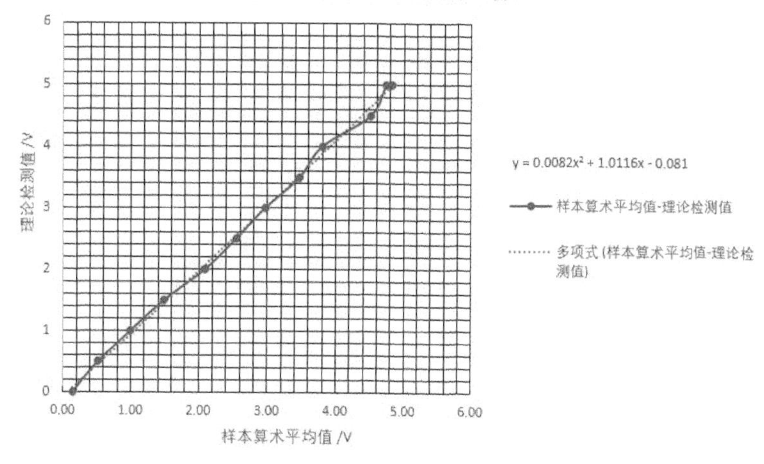

图5-29

由图5-29可知，得到的多项式补偿算法公式为：

$$y = 0.0082x^2 + 1.0116x - 0.081$$

软件工程师就可以借助这个算法公式将每一次采样算出来的实际检测值当作x

代入该公式计算，计算得到的y值即补偿后的检测值。这个补偿后的检测值比单个传感元件测试得到的值更符合批量生产的要求。

面对模拟元器件的批量性检测问题，运用数理统计知识进行分析，借助Excel获取补偿算法公式，能帮助电子硬件工程师、软件工程师校正模拟量检测值。

第6章 电子硬件工程师岗位工作场景

6.1 项目立项及赶工

各种科研管理、研发流程管理的文章都推荐研发项目依照调研，立项，审批，制定概要功能方案、软件方案和硬件实施方案，撰写测试报告，验收报告等顺序展开工作。在实践中，研发项目可能就是公司某个阶段对客户承诺的某个功能，并没有一个明确技术指标需求的指导文件，在这种情形下，研发人员就需要开始工作了。

随着研发项目工作的逐渐展开，客户对功能的需求增加，技术指标也有所变化，致使研发人员经常超负荷工作。在正常的8小时工作之外，研发人员往往还会延长一些工作时间以便处理紧急任务，如图6-1所示。

工作中，很少按某个特殊工种、工艺需要的合理时间来设置研发节点，大多是以市场销售时承诺项目交付的总时间周期倒推算出每个工作节点需要的时间。

技术类工作往往存在很多不确定性，这迫使具有风险意识的研发管理者、工程师放弃休息时间，尽可能地为再次验证、测试多留些时间，以规避到截止时间才发现问题而没有足够时间解决的窘况。如果客户的需求不是那么急迫，那么市场销售人员应在承诺客户之前先与研发人员共同对交付时间进行商洽并确认，如图6-2所示。

图 6-1

技术难点需要特定的开发周期，工作才可能出成果。如果能够利用的开发周期太短，那么便会产生潜在的产品质量风险。交付周期和开发周期是两个相互矛盾的要素。协调好这两者之间的关系并最终按期交付是研发工作中最能考验工程师综合研发协调技能的。

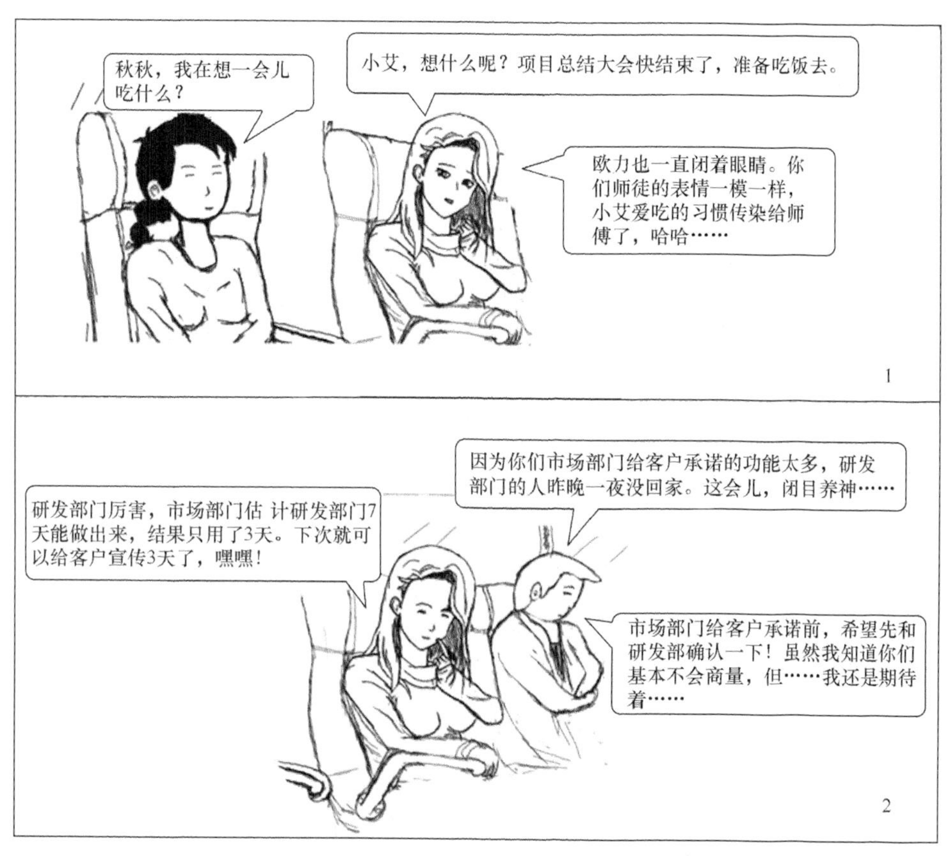

图 6-2

6.2 项目技术评审

由于电子设备的功能具有复杂性、多样性，因此项目的参与者——多位设计师将分别设计不同的模块。在技术评审会议上，每一位评审员的思考侧重点都会不同。常见的硬件设计评审会议如图6-3和图6-4所示。

技术评审的主要内容分述如下。

（1）评审电路及PCB设计是否合理。

技术评审会议既是对设计师的产品进行查漏补缺，也是考验一个科技型企业的研发管理是否规范的重要流程。在评审会议上提交电路图、PCB的目的是检验设计是否合理和是否存在缺陷，以便设计师能及时修改，避免制造时出现问题，造成损失。

图 6-3

PCB 评审的常规事项如下。

- 对板件直角进行圆弧化处理，避免使用者割破皮肤。考虑板件功能、元器件疏密程度、板件层数是否合理。

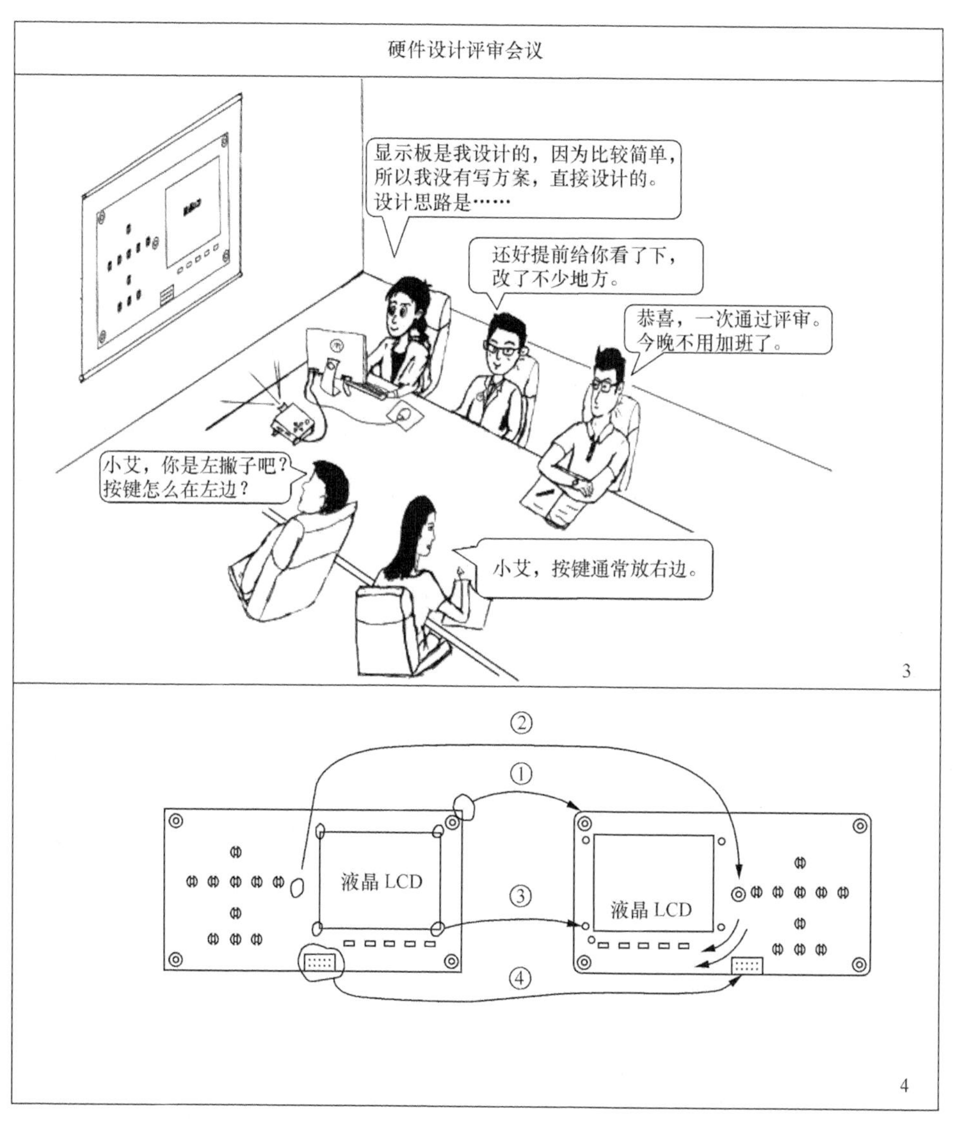

图 6-4

• 板件尺寸较大时，除了要安装固定孔，还要考虑板件的翘曲度，添加力学受力固定点。

• 为特殊零配件、功能部件预留安装固定孔。

• PCB 板卡有多余的空间时，对外接口、接插件应具有必要的丝印文字说明，有利于后期使用与维护。

- 设计人机交互界面，优先考虑客户是用右手操作。
- 复杂的电路设计、PCB设计应提前交给同事交叉审查，减少评审时多方的分歧，提高会议效率。

（2）评审设备机箱的结构设计是否合理。

例如户外设备，其结构可设计为“借雨自清洗”的倾斜结构。

如今，越来越多的物联网设备、工业设备安装在各种场合，非标准设计的机箱也随处可见。如果国家标准、行业标准没有限定，且客户只是指定了机箱的最大尺寸，那么建议电子硬件工程师尽量缩小PCB尺寸，这便于结构工程师合理利用结构空间，将机壳顶部设计为倾斜状，借助雨水、风可以较好地清洁户外设备顶部的灰尘、树叶、鸟屎等，如图6-5和图6-6所示。

图6-5

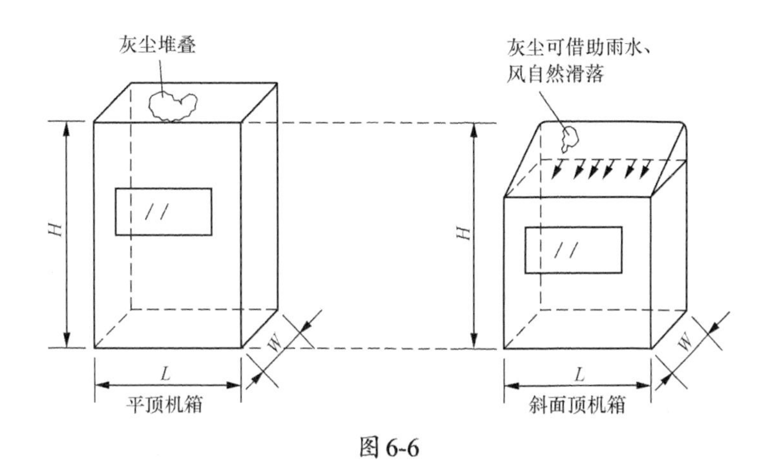

图6-6

在产品设计阶段，设计工作者往往会考虑超越功能本身的需求，这些需求涉及使用和维护设备的便利性，包括：（1）产品的使用寿命；（2）工程人员的维护工作量；（3）设备可能产生的散热不良的问题；（4）人们的视觉感受，及对美好生活环境的向往。

技术评审会议需营造资深技术人员点评、讲解，新技术人员学习和提问的良好氛围。

企业运营应该层次化分工，让每个岗位上的工作者都能看到目标，以使得各自行动起来更有信心。

6.3 产品测试

硬件工程师喜欢夏天去低温实验室，冬天去高温实验室，因为高低温测试箱附近的环境是冬暖夏凉。在标准大气压下，水的凝固点为0℃、沸点为100℃。而低温测试箱的温度可以达到-40℃，可以让水结冰。因此常常有人开玩笑："研发中心的电子硬件工程师夏天可以一边测试一边吃冰棍。"然而工业设备的老化低温测试箱常年用于各种设备的测试，充满了有害物质、病菌等，不符合食品卫生安全要求，因此严禁用于处理食物。安全对话如图6-7所示。

在EMC实验室测试时，由于测试仪器的电磁场会变化，因此可能对某些特殊仪表、电子与机械类首饰等产生磁化影响，如图6-8所示。

大型低温实验室
好大的低温实验室!
牛工，产品我推进实验室了，接线就拜托你了。
放心！千锤百炼。每天接线1000台。
牛工，这个实验室可以同时测1000台吗？
最多可以测1200台。稳定保持零下40℃！
可不可以顺便给我冻几根冰棍？
……
低温实验室的确可以让水结冰,但是用工业设备处理的食物不符合食品卫生安全的要求,不能吃!

图 6-7

随身饰品不建议带入实验室
小艾，今天是端午节，你吃了几个粽子？
吃了一个肉粽，一个糯米粽。师傅，我这几天从实验室出来，发现手表快几分钟，为什么呢？
机械手表吗？手表戴的哪只手？
是机械手表。比师傅的手表小一些。我戴的右手。
磁场耦合板
磁感线
被测试设备
手表
小艾，机械手表比电子手表对机械配合程度的要求高，手表零件长期在电子实验室中，存在被磁化的可能。游丝被磁化出现搭圈，震荡周期变短，时间就会比标准时间要快，你的手表现在需要消磁。
铁块
方法2
方法3
消磁方法
方法1：送手表维修店用专业手表消磁器消磁，大约几分钟即可成功消磁。
方法2：找一个不带磁性的铁块，中心要有一个洞。将手表来回穿越孔洞，手动消磁。
方法3：找一个铁盒子，将其加热到一定温度，然后用纸巾把手表包裹后放进铁盒子。利用铁盒子消磁。

图 6-8

6.4 项目收尾

在项目前期，制订硬件方案、软件方案都会对项目研发的产品成本进行估算，但项目开发完成后，实际成本往往比方案成本要高一些，所以在项目结束后需要再次统计产品的研发材料成本。项目收尾工作包括：（1）企业在总结项目时，统计项目的报废材料成本，可为市场部门推广产品时的销售定价提供参考；（2）研发管理者对每一个PCB板件的材料成本进行统计，便于后续研发产品时参考；（3）账务人员应核实研发样机材料报表，抽查实物核对，确保报表上记录的材料与实物使用的材料对应相符，如图6-9所示。

图6-9

6.5 产品工艺指导书

不同的公司因为岗位职责设置不同，编写产品工艺指导书的可能是研发设计人员，也可能是生产制造人员，但都应该遵循一定的原则：①编写工艺指导书的目的是让使用人员在没有受到培训时也能够参照产品工艺指导书完成产品的生产，且不会出现偏差；②产品工艺指导书应有明确的指导性和实践性，例如，装配的螺丝钉尺寸型号、零件装配高度、倾斜角、工具规格、辅料等都应配上图和说明文字，如图6-10和图6-11所示。

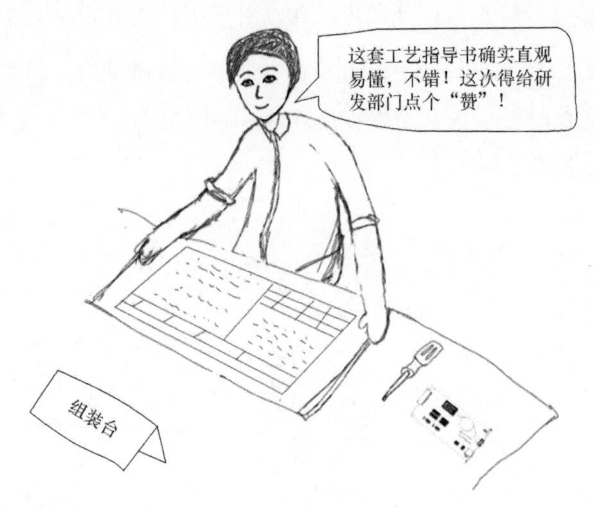

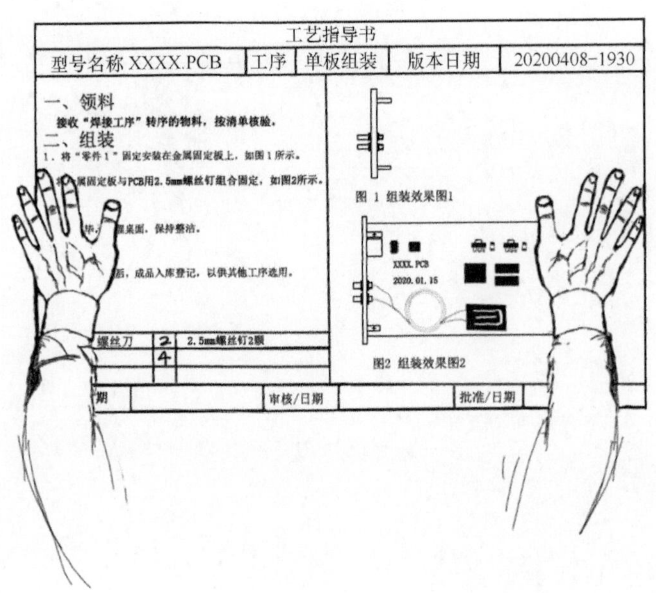

图6-10

图 6-11

产品工艺指导书需经过生产制造的相关人员预览和审核，确定其具有可执行性后才可正式签字并将其发布到各具体应用岗位。

6.6 产品发布和培训

在研发产品正式发布移交时，研发部门应当邀请生产制造、市场营销、品质管理等部门需要了解新产品的人员参与新产品发布会。在发布会上，发言人需要介绍本次发布的产品、平台的特点及客户群，产品制造工艺的注意事项，调试安装指导书的使用方式，维护返修预案等基本事宜，如图6-12所示。

在电子集成、科技领域专注电子设备研发、生产、销售、维护业务的综合性企业和与客户沟通的市场销售人员需要学习一些必要的专业技术和产品知识，以便能够和客户进行常规的技术业务沟通。市场销售人员还需要定期更新技术和产品知识，如图6-13所示。

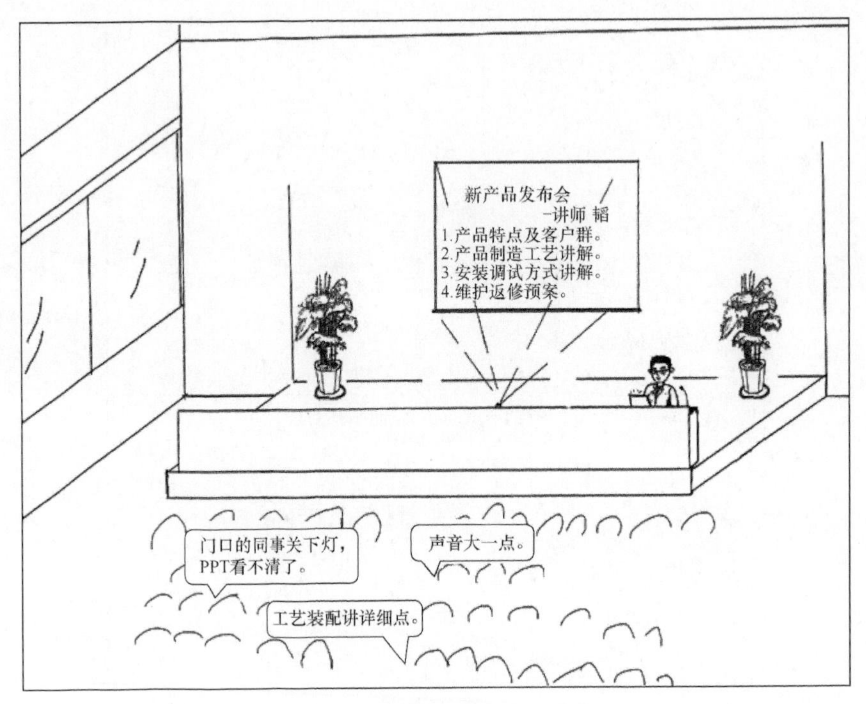
新产品发布会
-讲师 韬
1.产品特点及客户群。
2.产品制造工艺讲解。
3.安装调试方式讲解。
4.维护返修预案。
门口的同事关下灯，PPT看不清了。
声音大一点。
工艺装配讲详细点。

图 6-12

时代进步，知识更新。
欧力，公司要求销售部门的人员都要学习5G业务，好难。直接让研发同事去对接客户、讲解技术，多省事啊。
打铁还需自身硬，一问三不知，客户对我公司产品就没信心了。

图 6-13

“精于术，勤于业，做一行，精一行”是每个岗位的工作者应有的职业素养。

6.7 产品维护

电子产品的种类繁多，使用场合千差万别。同样的产品，有的用在城市的空调房间内，有的用在偏远的山区工厂。工业设备往往售价昂贵，如果设备在使用过程中出现了问题，那么生产、销售该类设备的厂商就需要依据不同等级的故障派出不同技术层次的技术人员前往现场解决问题。

当设备工作正常时，常规的维护工作，如清扫、数据巡视记录等通常是由客户单位自行完成的，如图6-14所示。

只有设备运行出现了技术故障，才需要设备的研制单位（公司）派遣技术人员前往现场协助处理。

图6-14

在交通如此发达的21世纪，依然还有很多需要技术人员几乎把飞机、火车、汽车都换乘后才能抵达的地方，如图6-15所示。

图6-15

为了避免技术人员在维护工作期内浪费太多时间，需要工程师们在产品售出前将产品性能调试到最佳状态，且不要盲目地缩短研发周期，避免产品存在批量性的质量隐患。

后记　电子硬件工程师心得

从硬件研发及应用的角度来看，电子硬件工程师岗位分为不同层次，有从事IC芯片内部设计的电子硬件工程师，也有进行设备维护的电子硬件工程师，还有围绕特定的MCU、CPU、FPGA、DSP等做应用开发的电子硬件工程师。

做应用开发的电子硬件工程师就像"保姆"，在设备的全生命周期内"照料"设备。

亲爱的读者，如果你也是一名电子硬件工程师，那么笔者要告诉你一个好消息："电子硬件工程师和软件工程师相比，电子硬件工程师的头发会比软件工程师的头发多一点点。"原因是软件工程师的工作涉及大量的业务层面等，他们需要在代码的编写上投入较长的时间和承担较大的压力。电子硬件工程师没有这些苦恼，顶多就是烧毁元件、器件，调试多次才发现导致设备出故障的原因。

脱离电子硬件工程师的具体工作，笔者认为研发人员的事业风险主要有三大类：择业风险、职业风险、财务风险。

1. 择业风险

是否有择业风险主要取决于电子硬件工程师所在的企业、公司是否面临生存危机；如果企业遇到了无法度过的生存危机，那么电子硬件工程师也就没有了可以施展一技之长的平台。为此，电子硬件工程师和企业之间有一种相互依存的关系。在企业健康发展的时候，电子硬件工程师需要把自己的聪明才智尽可能地发挥出来，让企业因为有这些发挥才华的电子硬件工程师的存在而更加壮大。一个朝气蓬勃的电子研发企业，只要经营者懂得尊重员工，并热爱这个行业，积极向该行业的其他企业学习，那么该企业就能给电子硬件工程师提供施展才华的平台。

2.职业风险

从电子硬件工程师的视角观察，一个企业设计的产品如果不能顺利地生产，就没有价值。尽管要确保产品的产能和经济效益，但研发设计不应该为了追求利润而在产品设计的原材料、开发周期上打折扣。如果一个企业的管理者为了获利而采取违背研发本质的策略，那么无论这个企业已经成长得多么伟大，其都将会被历史抛弃，并且是留不住学识丰富的奋斗者的。如果企业的管理者价值观正确，且管理得当，那么这样的企业一定是未来的“明星”。在这样的企业中，电子硬件工程师们需要做的就是努力让自己与企业一起成长。电子硬件工程师最好的状态是：电子硬件工程师的成长速度比企业进步的速度快一点，但不要快得太多。如果电子硬件工程师的成长速度比企业的成长速度慢得太多，那么其就跟不上企业的要求，因而会痛苦不堪、身心疲惫，感受不到研发的快乐；如果电子硬件工程师的成长速度比企业的成长速度快得太多，那么其就容易瞧不上企业的管理者，因而会抱怨怀才不遇，充满怨气，同样感受不到本该拥有的研发快乐。

乐于工作，沉浸于研发的电子硬件工程师都有一些共同的特点，如下所述。

（1）电子硬件工程师会的技能刚好比公司要求的多一点点，水平也比要求的高一点点。

（2）电子硬件工程师研发的产品是有利于社会的。

（3）企业给电子硬件工程师的物质回报是及时的。

（4）电子硬件工程师善于发现工作中的弊端，并愿意为此提出解决方案，且得到管理者的支持。

3.财务风险

研发人员的财务风险是：企业否定了研发项目的价值，减少了对研发项目、研发人员的投入。如何能顺利地获得企业对研发资金、人员招聘、人员激励的支持，是每一个研发从业者，尤其是研发管理者都无法回避的难题。研发部门是一个耗费资金较多的部门，研发产品的价值需要在制造、销售都成功后才能体现出来。笔者见过大量的项目成功，但是产品失败的案例。如果一个企业沉迷于KPI考核，而不结合企业运营是职能组织架构、项目组织架构，还是矩阵组织架构的实际情况来制订相应的弹性工作机制和考核模式，那么该企业的研发部门可能会忽略研发人员的物质生活需求的。

如何对待电子硬件工程师这个职业呢？

（1）不与同行人争才貌。

从技术工作者的角度来看，要成为企业的优秀人才，不能采取狭隘的方法来形成自己的独特优势。这样只会卡住自己的“脖子”，这不是技术工作者应该走的道路。正确的做法应该是以奋斗者的视角看待与自己同行的伙伴，给予对方合理的帮助。

每个企业、每个部门或许都会遇到草莽“英雄”，提着鸟枪还没想清楚怎么打仗就站起来了，虽然占领了一个山头，但是不成章法，不具备传承性。这种“英雄”的做法不值得提倡、学习。笔者前面已经说过，研发部门是一个耗费资金较多的部门，研究是将金钱变成知识的过程，研发人员的工作是将知识转变成价值，而价值还需要等到产品制造出来、销售出去变成金钱才能体现出来。如果一个研发人员不尊重自己所在企业老一辈电子硬件工程师的历史贡献，对待自己的新同伴不友好，那么他不会是一个合格的工程师。研发人员应跳出攀比“谁懂得多”的思维怪圈，从不同的方面去实现个人的价值。

（2）谦卑让人。

情绪管理是最好的“化妆品”，不快乐比任何劳累都消耗人的精力，情绪一旦崩塌，即使你貌若天仙，外貌和气质被拖垮也只是一瞬间的事情。电子硬件工程师、产品经理不能高高在上，更不能“佯装一肚子学问，却见不得客人”；应该通过接待朋友、供应商、客户来加深外界对我们个人的认识，因为对个人的信任会上升为对这个人背后的组织的信任。

遇到不同的人，讲不同领域的话题。专业技术严谨的电子硬件工程师应该在闲暇之余阅读人文社科类的书籍。虽说隔行如隔山，但人文故事、文化传承是跨越地域、超越年龄限制的。其有人文精神的人与他人合作时更懂得变通。

（3）认识自我价值。

笔者曾遇到过这样一位电子硬件工程师，他设计了一块PCB板卡，打样了9个版本，最后才定型生产，但最终设备在客户处运行时总是出现电源被烧毁的情况，导致客户退货。电子硬件工程师设计PCB板卡，打样调试1～3个版本后成功，这在合理的范围内。如果需求一直没有改动过，PCB板卡打样4次以上，那电子硬件工程师自身就需要反思责任心、基本功等因素了。

对此，每一位职业化的电子硬件工程师都应当保持谦卑。我们认为的技术厉害的人往往都局限在研发设计这一个阶段，如果从研发项目是否顺利转产、维护工作量是否少来衡量，或许很多研发人员都算不上厉害。设计的产品没有市场就没有规模，没有规模就不会有丰厚的价值回报。

（4）处理研发过程中的困难和问题。

有的困难和问题是日常的、重复的、有规律的，我们可以尝试用规范的制度来予以解决。研发管理中有一个值得学习的地方：一线的电子硬件工程师们发现问题应及时上报，如果还能提出一个可行的解决方案，那就更好了。什么样的枪炮最适合作战，一线的士兵最有发言权。

在研发过程中，有的困难和问题是偶发的、重大的，需要通过书面报告交给公司决策者来解决。

在产品交付这一方面，研发人员和市场销售人员的目标是一致的。职业素养让我们深刻地明白，“质量好、服务好、价格低、快速响应”是客户最基本的诉求。

研发工作中最常见的一个问题就是：客户需求急迫，研发周期短，但研发部门对研发技术不够有信心。市场部门在全国“刨”了很多的“坑”是好事，研发部门应该赶紧去“种树”。市场的需求是要满足的，困难也是要克服的，研发人员不能说我们的“小树”还没有长大、还不能“种”，应先满足客户的需求，将“小树”种上，技术的“小树”可能会出现营养不良的情况，那也不要紧，毕竟我们还会再去“维护和浇水”，只要客户满意了，“小树”就种活了，研发人员的知识就转变成了价值。

（5）重视研发管理。

研发领域有一个问题是：人才为何流失？举个例子：某位优秀战士一路披荆斩棘、身经百战，在面临战场上的敌人时，他总能很好地卧倒并匍匐前进进攻敌人。将军不能因为这位战士曾经匍匐前进进攻成功，就总安排他去进攻。这样下去，总有一天这个会进攻的战士会在战场上损失掉。

为此研发管理经营者需要做好两方面的工作：尊崇德才兼备之人，抑制无德无才之辈站上领头位置。

① 好钢用到刀刃上。优秀的战士接受任务时负责关键性工作，担任技术指导和技术培训教练，辅助琐碎性工作可安排其他士兵完成。

② 智慧传承。将优秀战士安排在关键岗位，让其培养更多的战士学技术、练本领，形成一支善于匍匐前进进攻的队伍。避免无德无才的管理者，排挤打压优秀的一线士兵。

在企业运营管理中，企业和电子硬件工程师的关系是基于服务和回馈的契约关系，只有相互认可才能相互滋养、相互成就。总体来说，企业和员工之间，企业起主导作用，如果以古代的君臣体系来衡量，那么企业的每一级管理者都代表企业的决策意志，企业的每一位员工都是企业的执行单元。笔者认为：企业经营与部门管理也应学习“君人者制仁，臣人者守信”的精神内涵，管理者以兼利为和谐，员工要谨守信节，上下级之间就没有误解。

工作中最常见的现象之一就是：管理者常常忙于会议，员工常常忙于具体的工作事务，在上下级传达沟通不畅时，管理者和员工就会相互抱怨。比如员工可能抱怨管理者每天只知道开会，没有解决实际问题；而管理者常常在会议上协调各方资源感到身心疲惫时，内心可能也在抱怨员工。双方都没有主动、积极地消除“部门墙”这类沟通障碍。

换个思路，其实管理者和员工的想法本质上是一样的，都是为了设计的产品能满足需求。但是管理者的工作模式和研发一线人员的工作模式是不同的，区别在于：管理者是“精于术，勤于业”，一线人员是“勤于术，精于业”。管理者往往从业务层面看待研发的结果是否满足要求、产品是否按时交付，所以他们工作的大部分时间都用于业务，他们即使懂得技术也不会和一线人员比谁的技术更专业；一线人员则不同，因为执行就意味着投入大量时间在具体的操作上，他们即使懂得业务也没有太多精力介入会议沟通。

怎样才能处理好二者之间的关系呢？笔者认为：“管理”二字的精髓不在于管控，而在于赋予管理灵魂，阐述如下。

“管”就是收集信息，好的坏的都要收集，并通过书面的形式记录问题。

“理”就是为问题提出者提供合理的资源，可能是设备、工具、资金或者处理某件事情的权限。即使问题暂时不能解决，在下一次的座谈会上，管理者也应主动拿出问题清单，预先告知员工哪些问题已经处理了、哪些暂时还未处理，让员工看到管理者确实在推动进步、协调资源、解决问题。只要能保持解决问题的初心，研发过程中遇到的困难都是能克服的。

在研发企业中，从电子设备的设计到焊接、调试、安装等，每一个环节都应该有相应的技术支持文档，如焊接工艺指导书、调试工艺指导书、装配工艺指导书等。文档的作用是帮助使用者解决实际问题，凡是不利于产品产生价值的文档都可以不要。

电子硬件工程师们在完成主攻的任务后，可将剩余的精力投入职业主航道的“深水区”。当企业的“航行”方向需要调整的时候，电子硬件工程师提前在“深水区”探索得到的经验就可以派上用场了。

参考文献

[1] 杨文臣，李华．电力工程技术问答（变电　输电　配电专业）：中册、下册[M]．北京：中国电力出版社，2015.

[2] TELECOMMUNICATIONS INDUSTRY ASSOCIATION.Application Guidelines for TIA/EIA-485-A[S].2006.

[3] TELECOMMUNICATIONS INDUSTRY ASSOCIATION.TIA/EIA-485A Electrical Characteristics of Generators and Receivers for Use in Balanced Digital Multipoint Systems[S].1998.

[4] 422和485标准概述和系统结构[R]．TI应用报告ZHCA02.2002年6月．

[5] TEXAS INSTRUMENTS. RS-422 and RS-485 Standards Overview and System Configurations[M/OL].

[6] 中华人民共和国住房和城乡建设部，中华人民共和国国家质量监督检验检疫总局．电力工程电缆设计规范[S]．北京：中国标准出版社，2008.

[7] 陈韬，廖明燚，杜永强．可燃气体预警监控系统的设计与实现[J]．中国科技期刊数据库（科研），2015，39(12)：157-158.

[8] 毛忠宇，杨晶晶，刘志瑞，等．信号、电源完整性仿真设计与高速产品应用实例[M]．北京：电子工业出版社，2018.

[9] 徐兴福．ADS2011射频电路设计与仿真实例[M]．北京：电子工业出版社，2014.

[10] 国家电力调度通信中心．电力系统继电保护实用技术问答[M]．2版．北京：中国电力出版社，2000.

[11] Paul Scherz, Simon Monk.实用电子元器件与电路基础[M]．3版．夏建生，王仲奕，刘晓晖，等译．北京：电子工业出版社，2014.

[12] 王剑宇，苏颖．高速电路设计实践[M]．北京：电子工业出版社，2010.

[13] 张亮．电磁兼容（EMC）技术及应用实例详解[M]．北京：电子工业出版社，2014.

[14] 韩雪涛，吴瑛，韩广兴．从零学电工一本通[M]．北京：化学工业出版社，2020.

[15] 李正军，李潇然．现场总线及其应用技术[M]．2版．北京：机械工业出版社，2016.

[16] 林定皓．电路板组装技术与应用[M]．北京：科学出版社，2019.

[17] 黄卫伟．以客户为中心：华为公司业务管理纲要[M]．北京：中信出版社，2016.